BIBLIOTHÈQUE
SCIENTIFIQUE INTERNATIONALE

PUBLIÉE SOUS LA DIRECTION

DE M. ÉM. ALGLAVE

LIX

L'INTELLIGENCE

DES ANIMAUX

PAR

G.-J. ROMANES

Secrétaire de la Société Linnéenne de Londres pour la Zoologie

PRÉCÉDÉE D'UNE PRÉFACE SUR L'ÉVOLUTION MENTALE PAR

Edm. PERRIER

Professeur au Muséum d'histoire naturelle de Paris

———

TOME SECOND

LES VERTÉBRÉS

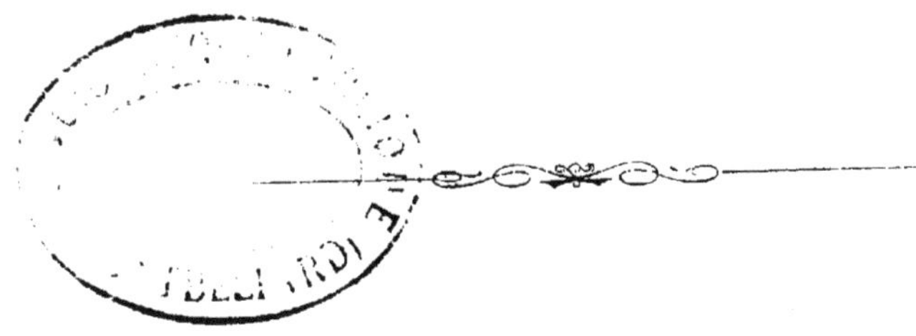

PARIS

ANCIENNE LIBRAIRIE GERMER BAILLIÈRE ET Cie

FÉLIX ALCAN, ÉDITEUR

108, BOULEVARD SAINT-GERMAIN, 108

—

1887

L'INTELLIGENCE DES ANIMAUX

CHAPITRE VIII

POISSONS

Quoique nous soyons arrivés à une division du règne animal dont les membres dépassent de beaucoup en intelligence ceux des autres subdivisions, il est à remarquer que les représentants les moins élevés de ce groupe supérieur, sont bien au-dessous au point de vue psychologique de certains types qui tiennent la tête des groupes inférieurs. Comme instinct ou comme intelligence, un poisson ne saurait être comparé à une fourmi ou à une abeille; ce qui montre combien peu l'affinité zoologique, voire même l'organisation morphologique sauraient servir à une classification psychologique des animaux. Car, quoi qu'en dise Von Baër qui a affirmé que l'organisme de l'abeille était aussi remarquable dans son genre que celui des poissons [1], personne ne songerait à soutenir que chez l'abeille ou la fourmi, la qualité de l'organisme est à la hauteur de celle de l'intelligence, et que sous le rapport organique comme sous le rapport intellectuel, ces insectes l'emportent également sur les poissons; de fait le parallélisme entre les deux développements n'est

1. *Fragments philosophiques*, traduits par Huxley, Taylor's Magazine, 1853, page 196.

pas de rigueur, et cela quand bien même on ne considérerait dans l'organisme que le système nerveux. Il est hors de doute que, toute proportion gardée, les hémisphères cérébraux d'un poisson, quelque petits qu'ils paraissent lorsqu'on les compare à ceux des vertébrés d'ordre supérieur, l'emportent énormément par leurs dimensions sur les ganglions œsophagiens qui constituent le cerveau d'un insecte ; et plus encore sur les lobes pédonculés et enroulés qu'on suppose correspondre à ces hémisphères dans le cerveau de la fourmi. Il est vrai que dans ce dernier cas il faut tenir compte de l'extrême petitesse de la fourmi et reconnaître en outre que, comme consistance et comme organisation, son cerveau est relativement très supérieur à celui de tous les autres invertébrés, à la seule exception peut-être de l'*octopus* et de ses congénères. Bien que le cerveau d'un poisson appartienne à un type destiné, en se développant en grandeur et en se compliquant, à éclipser par ses fonctions tous les autres genres de centres nerveux, il nous faut donc admettre que, pris aux degrés inférieurs de son évolution, chez les poissons par exemple, ce type le cède à celui des Invertébrés quand on considère ce dernier au dernier stade de son évolution, chez les hyménoptères.

ÉMOTIONS.

On observe chez les poissons des manifestations de peur, d'instinct belliqueux, de sentiments sociaux, sexuels et maternels, de colère, de jalousie, d'enjouement et de curiosité, c'est-à-dire un genre d'émotions analogue à celui des fourmis, et présentant tous les caractères qui distinguent la psychologie d'un enfant de quatre mois, sauf les sentiments de sympathie dont je n'ai pu relever aucune preuve ; il se pourrait néanmoins qu'ils existent.

La peur et les instincts belliqueux sont trop évidents, chez les poissons pour qu'il soit nécessaire d'en fournir des preuves spéciales. Les sentiments sociaux s'affirment par le nombre d'espèces qui voyagent par bancs, les émotions sexuelles par la façon dont ces animaux se courtisent, et l'instinct maternel par les nids que construisent certains poissons et le soin qu'ils ont de leurs jeunes. Schneider observa à l'aquarium de

Naples la manière dont plusieurs espèces de poissons veillent sur leurs œufs. Il raconte que l'un des mâles montait la garde tout autour d'un rocher sur lequel les œufs avaient été déposés, et nageait bouche ouverte vers tout intrus qui en approchait. Voici, d'ailleurs, le récit d'autres observations sur la manière de nicher de certaines espèces qui accusent une certaine ressemblance entre l'instinct maternel des poissons et celui des oiseaux, et un degré d'intensité comparable à celui qui caractérise le même instinct chez les fourmis, les abeilles et les araignées :

« Agassiz[1] raconte qu'étant à examiner certains produits » de la mer des Sargasses, M. Mansfield trouva dans le nom- » bre une masse sphérique de sargasse, grosse comme les » deux poings, qu'il lui apporta. Les branches et les feuilles » des herbes marines dont le paquet semblait exclusivement » composé étaient liées ensemble, et les fils élastiques qui » unissaient le tout formaient un chapelet, dont les grains » étaient par endroits, disposés par groupes de deux ou trois, » ou bien pendaient en grappe. En somme, c'était un nid et » les œufs dont il était rempli, étaient répandus de tous côtés » au lieu d'être rassemblés dans un creux. Il était évidem- » ment l'œuvre du *Chironectes*. Ce poisson construit ainsi » une sorte de berceau ambulant qui fournit ensuite à l'ali- » mentation des jeunes. Il est probable que pour bâtir le nid » en question, les Chironectes se servent de leurs singulières » nageoires pectorales[2].

» L'épinoche à dix arêtes (*Gasterosteus pungitius*) se range » parmi ceux de nos poissons indigènes qui construisent un » nid. Le 1er mai 1864, on mit un mâle de cette espèce dans » un aquarium de dimensions moyennes et établi dans de » bonnes conditions; puis, trois jours plus tard, deux femelles » à maturité. L'arrivée de ces dernières produisit sans retard » son effet sur le mâle; déployant aussitôt une grande acti- » vité, il se mit à construire un nid avec des brins d'herbe, » de radicelles mortes et des filaments de conferves, sur une » pointe de rocher entre des branches entrelacées de *myrio-*

1. *American Journal* de Silliman, février 1872.

2. Ces nids ont été observés depuis par les naturalistes du *Challenger* et par ceux du *Talisman*. (*Trad.*)

» *phyllum spicatum*, tout en s'octroyant de nombreuses ré-
» créations pendant lesquelles il faisait une cour assidue aux
» femelles. Sa manière de se rendre agréable consistait à
» nager autour d'elles par saccades en courant parfois sur
» elles bouche ouverte, le plus souvent sans mordre. En
» pareil cas, la femelle commence par faire la coquette, puis
» elle se laisse gagner et suit le mâle vers le nid en nageant
» juste au-dessus de lui. Arrivé au gite, son compagnon re-
» prend ses agaceries, feint de ne pas reconnaître l'endroit,
» nage à tort et à travers, et fait si bien que la femelle,
» après avoir vainement essayé de trouver le passage, se
» dépite et s'apprête à s'en retourner ; mais le mâle ne
» l'entend pas ainsi, et la ramène sans cérémonie. Au début
» de ses assiduités, il se met facilement en colère si la fe-
» melle tarde à se montrer sensible ; il l'attaque avec fureur
» et la force à se réfugier dans quelque coin obscur. Quant à
» ses façons en arrivant au nid, elles paraissent êtres dues à
» l'état d'inachèvement de ce dernier ; au bout du compte, il
» finit par fourrer sa tête dans l'ouverture, tandis qu'au-des-
» sus de lui la femelle, en apparence fort agitée, le suit de
» près. Sitôt qu'il laisse le passage libre en retirant sa tête,
» elle pénètre dans le nid et le traverse après un court séjour
» pendant lequel elle dépose ses œufs. Le mâle vient alors les
» féconder, chasse la femelle à une distance respectueuse et
» s'en va en chercher une autre. La construction du nid et
» le dépôt des œufs, prennent environ vingt-quatre heures.
» Dans l'exemple cité plus haut, le mâle montait la garde
» jour et nuit, et travaillait au nid constamment pendant le
» jour.

» L'Epinoche marin à quinze arêtes (*Gasterosteus spina-
» chia*), est également un poisson nidificateur. Comme site il
» choisit d'habitude les ports ou les endroits abrités où l'eau
» de mer pénètre dans toute sa pureté. Comme matériaux il
» se sert d'algues marines rouges ou vertes, qu'il trouve sur
» place ou qu'il va chercher ; il consolide le nid au moyen de
» touffes des corallines (*Janiæ*) qui poussent sur les roches,
» et confectionne ainsi une sorte de poire grosse comme le
» poing et longue de cinq à six pouces. Un fil élastique, sem-
» blable à de la soie, sert à relier le tout ensemble ; en l'exa-
» minant à la loupe, on dirait qu'il se compose de plusieurs

» cordons agglutinés à l'aide d'une substance qui durcit au
» contact de l'eau [1]. »

» M. Carbonnier, qui a étudié les mœurs du poisson-de-para-
» dis de la Chine (*Macropodus*), dont il avait de nombreux spé-
» cimens dans son Aquarium à Paris, vit le mâle construire
» un nid d'écume de 15 à 18 centimètres de diamètre et de 10
» à 12 en hauteur. Les bulles dont il se sert sont confection-
» nées à la surface de l'eau en aspirant l'air et en le rejetant;
» elles doivent leur consistance à une sécrétion muqueuse dont
» la bouche de l'animal est pourvue. Lorsque cette secrétion
» s'épuise, ce qui arrive quelquefois, il s'en va mordre et
» sucer des conferves dans les couches du fond, afin de sti-
» muler la muqueuse. Le nid achevé, la femelle y est intro-
» duite. Autre phénomène curieux à noter : c'est la manière
» dont le mâle s'y prend pour faire remonter les œufs du fond
» de l'eau jusques dans le nid. Se sentant probablement inca-
» pable de les transporter dans sa bouche, il commence par
» absorber une quantité d'air; puis, il va se placer en-des-
» sous des œufs et au moyen d'une contraction soudaine et
» violente des muscles de la bouche et du pharynx, il exhale
» par les ouïes tout l'air accumulé. Les franges de ces organes
» subdivisent la masse d'air en une sorte de poudre gazeuse
» qui enveloppe les œufs et les soulève à la surface. Au cours
» de cette manœuvre, le Macropode disparaît comme dans un
» brouillard et quand on le revoit son corps est couvert de
» petites bulles d'air semblables à des perles [2]. »

Le même écrivain, à propos des observations de Baker sur
l'épinoche à trois arêtes, qui ont paru dans les *Transactions
philosophiques,* s'exprime comme il suit :

« Il paraît, dit-il, qu'après que les œufs eurent été déposés,
» l'ouverture du nid fut agrandie pour l'exposer davantage à
» l'action de l'eau, le mouvement vibratoire du corps du mâle
» déterminant un courant presque continu à la surface des
» œufs. Au bout d'environ dix jours, le nid fut démoli, les
» matériaux dont il se composait disparurent, et l'on put voir
» les jeunes poissons osciller çà et là, moitié nageant moitié

1. *Instincts et émotions des poissons,* par Francis Day F.-L.-S. *Journal de la
Société linnéenne,* vol. XV, p. 36-37.
2. *Ibidem.*

» sautant, pour retomber ensuite rapidement sur les galets
» du fond, entraînés qu'ils étaient par le poids d'une portion
» de jaune d'œuf qui adhérait encore à leur corps. Tantôt au
» milieu de la bande, tantôt à ses côtés, le mâle faisait bonne
» garde, et bientôt sa vigilance fut mise à une rude épreuve
» par les autres poissons (deux tanches et une carpe), qui
» avaient aperçu le frai et faisaient tous leurs efforts pour
» tâcher de l'avaler. Malgré la taille de ses adversaires plus
» de vingt fois plus gros que lui, le courageux Epinoche n'hé-
» sita point à leur tenir tête ; s'attachant à leurs nageoires,
» les frappant à la tête et sur les yeux, il réussit à les chas-
» ser. Peu à peu les jeunes absorbaient le jaune d'œuf qui les
» empêtrait, et à mesure qu'ils croissaient en force, ils élar-
» gissaient le cercle de leurs gambades et s'éloignaient de
» plus en plus de leur gardien. Mais rien ne pouvait trom-
» per sa vigilance ; s'il les voyait s'élever à une trop grande
» hauteur au-dessus du fond, ou s'écarter trop du nid, il les
» prenait aussitôt dans sa bouche, les ramenait, et les *souf-*
» *flait* doucement à leur place. Le docteur Ranson a constaté
» le même dévouement de la part de l'Epinoche à dix arêtes
» (*G. pungitius*) pendant les six jours qui suivent l'éclosion [1]. »

Les poissons lophobranches, célèbres par leur « poche à
incubation », montrent également un sentiment familial très
développé [2]. M. Risso dit que les Syngnathes paraissent très
attachés à leurs jeunes dès le moment de leur éclosion et que
leur poche devient pour eux un lieu de refuge en cas de
danger [3].

M. Carbonnier raconte que « le mâle du poisson télescope
» (variété du *Carassius auratus* Linn.) accouche la femelle.
» Il vit trois mâles poursuivre une femelle pleine, la rouler
» comme une boule sur le fond sur une longueur de plusieurs
» mètres et continuer ainsi sans interruption pendant deux
» jours, jusqu'à la sortie des œufs [4].

» Il paraît aussi à peu près certain que les adultes peu-

1. *Instincts et émotions des poissons*, par Francis Day. *Journal de la Société linnéenne.*
2. Kaup, *Catalogue des poissons lophobranches* du *British Museum*, 1856, page 1.
3. Yarrell, *Poissons de la Grande-Bretagne*, 2e édit., II, p. 436.
4. *Comptes rendus*, 4 novembre 1872, p. 1127.

» vent éprouver des sentiments d'affection mutuelle : Jesse,
» après avoir capturé une femelle de brochet (*Esox lucius*)
» pendant la période de reproduction, constata que le mâle
» l'avait suivie jusqu'au bord de l'eau et qu'il hantait obsti-
» nément l'endroit où il avait vu disparaître sa compagne.

» M. Arderon [1] a cité l'exemple d'une Vandoise qu'il avait
» apprivoisée, et qui, se tenant tout près de la paroi de verre,
» suivait son maître de l'œil ; et plus tard celui de deux
» *Acerina cernua*, habitants du même Aquarium, qui se
» prirent d'affection mutuelle, si bien que l'un d'eux ayant été
» donné à un ami de M. Arderon, l'autre refusa toute nourri-
» ture et ne tarda pas à dépérir. Au bout de trois semaines,
» craignant une issue fatale, M. Arderon réintégra celui dont
» il avait disposé, et sitôt que les deux amis se furent ren-
» contrés, il y eut reconnaissance et bonheur parfait. Jesse
» cite un exemple analogue de la part de deux carpes [2]. »

La colère se manifeste chez plusieurs espèces de poissons
d'une manière très marquée ; et tout particulièrement chez les
Epinoches, quand leur territoire se trouve envahi. Ces animaux sont doués d'un curieux instinct qui les pousse à s'ap-
proprier une certaine partie du réservoir et à attaquer avec
furie quiconque a l'audace d'en dépasser la frontière imagi-
naire. En pareille circonstance, je les ai vus changer de couleur sur toute leur longueur, et s'élancer sur l'intrus avec des
mouvements qui respiraient la colère et la rage. Sans doute,
ici comme ailleurs, il est impossible de déterminer jusqu'à
quel point l'expression apparente d'une émotion est due à
l'existence réelle de l'état mental qui pour nous constitue cette ·
émotion ; nous nous en rapportons simplement au guide le
plus sûr que nous ayons.

En procédant de même, nous nous trouvons amenés à attribuer aux poissons des émotions joyeuses ; et rien ne saurait
mieux exprimer l'enjouement que plusieurs de leurs mouvements. En ce qui concerne la jalousie, c'est bien elle que
dénoteraient chez des animaux d'ordre supérieur les combats que chez les poissons les mâles se livrent pour s'assurer
la possession des femelles. Dans l'ouvrage récent que j'ai déjà

----

1. *Transactions de la Société royale*, 1747.
2. F. Day, *loc. cit.*

souvent cité, Schneider dit avoir observé un poisson mâle
(Labrus) qui ne se montrait jaloux que des autres mâles de
son espèce et ne craignait pas de laisser ceux d'une autre
espèce approcher de sa femelle.

Comme preuve de curiosité, il suffit de rappeler l'empressement avec lequel les poissons viennent inspecter tout objet
insolite. Les pêcheurs le savent si bien qu'ils mettent souvent
cette disposition à profit, en attirant le poisson avec une lanterne le long des rochers pour le percer de leur lance [1].

L'ingénieur Stephenson constata que des lanternes allumées
qu'il avait placées sous l'eau étaient entourées de poissons [2].

MŒURS SPÉCIALES.

En fait d'instincts spéciaux, nous pouvons citer le procédé
de la Baudroie (*Lophius piscatorius*) qui se cache dans la
vase et les herbes marines, tout en agitant dans l'eau les filaments dont elle est pourvue au-dessus du museau. Attirés par
le mouvement de ses organes, d'autres poissons approchent
et sont aussitôt saisis par le pêcheur. Mentionnons aussi le
Chelmon rostratus qui projette de sa bouche avec force et
précision une goutte d'eau et en frappe sa proie comme d'une
balle. C'est toujours quelque petit insecte, mouche ou autre,
posé quelque part au-dessus de l'eau et que ce choc soudain y
fait tomber [3]. L'origine de ce remarquable instinct doit, il me
semble, être attribuée à une adaptation intentionnelle dans le
principe, ce qui témoignerait d'un degré élevé d'intelligence
chez les ancêtres de ces poissons. Quant aux descendants ils
sont dignes de leurs aïeux, à en juger par le fonctionnement
si merveilleusement coordonné de la vue et du système
musculaire qui leur permet de mesurer la distance, de faire
la part de l'influence de la réfraction et de viser avec précision.

Dans les différentes parties du monde se trouvent plusieurs
espèces de poissons qui ont l'habitude de quitter les étangs

1. Shelley, Lignes écrites dans *la baie de Lerici*.
2. Smiles, *Vie des Ingénieurs*, vol. III, p. 69.
3. Voir l'article de Schlosser sur le « Poisson jaculateur », *Transactions
philosophiques*, 1764.

qui se dessèchent et voyagent par monts et par vaux à la recherche d'une eau plus abondante. Ainsi font les anguilles, qui se déplacent la nuit. Le docteur Hancock, dans un article publié par le *Journal zoologique,* cite une espèce de *Doras,* longue d'environ un pied, qui voyage la nuit, par bandes très nombreuses, pour trouver de l'eau. Se servant comme d'un pied du premier rayon de leur nageoire pectorale qui est très fort et dentelé, ces animaux se poussent à l'aide de leur queue et vont presque aussi vite qu'un homme. Dans les eaux douces de la Caroline, Bosc constata la présence de myriades d'*Hydrargyras,* autre espèce de poisson voyageur, qui avancent par sauts et toujours dans la direction de l'eau la plus proche même lorsqu'ils ne peuvent pas la voir ; du moins Bosc affirme s'en être assuré par expérience.

Mais de tous ces instincts, peut-être le plus curieux est-il celui de la perche grimpeuse (*Perca scandens*) découverte, en premier lieu, par Daldorff à Tranquebar ; car non seulement cet animal circule à la surface de la terre, mais il grimpe sur le palmier éventail, en quête de certains crustacés dont il se nourrit. Il se sert dans ces ascensions de ses ouïes grandes ouvertes, comme de mains au moyen desquelles il se suspend, pendant qu'il plie la queue de côté, et de bas en haut jusqu'à ce que les petites épines de la nageoire de l'anus viennent porter contre l'écorce ; puis, il ferme ses ouïes et redressant la queue, monte, pour ainsi dire, d'un échelon, et ainsi de suite. Toutefois, Sir E. Tennent, tout en admettant que les poissons puissent grimper sur les arbres, croit, avec Buchanan, que le fait observé par Daldorff peut se produire accidentellement, mais ne constitue pas pour cela une habitude chez l'animal [1].

Un grand nombre de poissons émigrent à certaines époques ; c'est le saumon qui paraît déployer le plus d'intelligence dans ses déplacements. Tous les ans, il quitte la mer et remonte les rivières pour y frayer. Il n'est pas absolument certain que ce soient les mêmes sujets qui frayent chaque année ; mais il est établi qu'ils reviennent souvent sinon invariablement frayer dans les mêmes rivières, soit qu'ils aient le souvenir des

---

1. *Histoire naturelle de Ceylan*, p. 351. Le même fait est affirmé par divers naturalistes pour l'*Anabas scandens*. (*Trad.*)

localités, comme les oiseaux, soit que ne fréquentant qu'une étendue restreinte de côte en temps ordinaire, ils se trouvent naturellement à portée de la même rivière quand vient le moment de frayer. M. Herbert Spencer, lui-même, grand amateur de pêche au saumon et par conséquent très versé en pareille matière, me dit que cette dernière hypothèse lui parait être la bonne ; et, comme preuve à l'appui, me raconte qu'un de ses amis a vu un saumon en frai nager le long de la côte et tout autour d'un hangar à bateaux, ayant l'air en quête d'une rivière quelconque où il pût pénétrer.

Les distances que les poissons parcourent en remontant les cours d'eau, sont tout aussi étonnantes que l'énergie qu'ils déploient en surmontant les obstacles de toute espèce qu'ils rencontrent. Ils pénètrent en Bohême par l'Elbe, en Suisse par le Rhin et, ce qui est encore plus surprenant, jusqu'aux Cordillères d'Amérique, par le Maragnon.

« Il ne leur faut que trois mois pour remonter aux sources
» du Maragnon (soit une distance de 3000 milles) malgré la
» rapidité extrême du courant, ce qui donne une moyenne de
» près de 40 milles par jour ; dans un cours d'eau tranquille ou
» dans un lac, leur vitesse serait quatre fois plus grande. Leur
» queue est un engin puissant muni de muscles d'une grande
» énergie ; ils s'en servent comme d'un ressort en la prenant
» dans la bouche et la détendant ensuite avec force, ce qui
» leur permet de s'élancer à douze ou quinze pieds, et de
» franchir les cataractes qui leur barrent le chemin ; s'ils ne
» réussissent pas du premier coup, ils répètent leurs efforts
» jusqu'à ce qu'ils soient couronnés de succès [1]. »

INTELLIGENCE GÉNÉRALE.

Pour ce qui est de l'intelligence générale des poissons, je commencerai par faire remarquer combien ils deviennent circonspects dans les eaux soumises à une pêche active. Et ce qui prouve que l'observation et par conséquent un degré considérable d'intelligence sont impliqués dans ce résultat, c'est que les jeunes truites sont beaucoup moins sur leurs gardes

---

1. Kirby, *Instincts et mœurs des Animaux*, vol. I, p. 119.

que leurs aînées. Bien plus, beaucoup de poissons quittent leurs repaires si on les dérange. D'autre part, la carpe, selon Kirby, s'enfonce dans la vase pour éviter le filet qui glisse au-dessus d'elle, ou bien si le fond est dur elle se tire d'affaire en bondissant.

« Aux îles Andaman, les forçats prennent des poissons
» au moyen de barrages qu'ils établissent à l'entrée des
» criques. Mais, au bout d'une semaine ou deux, la pêche
» devient nulle. Serait-ce, comme on le dit, à cause des cir-
» ripèdes, et autres organismes qui s'attachent aux pièces de
» bois ? Ce qui est bien plus probable, c'est que les poissons
» se méfient d'un endroit où ils ont vu tant des leurs entrer
» pour n'en point ressortir [1]. »

Lacépède [2] raconte que des poissons qui peuplaient, depuis plusieurs années, un bassin des Tuileries, accouraient à l'appel de leurs noms. C'était sans doute au son de voix plutôt qu'aux mots articulés qu'ils répondaient ; car le même auteur nous apprend que dans certaines parties de l'Allemagne, des truites, des carpes et des tanches venaient chercher leur pâture au son d'une cloche, et d'autres observateurs ont constaté le même fait dans différentes localités ; citons, entre autres, Sir Joseph Banko, qui se servait d'une cloche pour appeler ses poissons [3].

A la page 48 du XI° volume de *la Nature*, M. Mitchell cite comme exemple d'intelligence, le cas d'une perche dont il avait dérangé le nid rempli de jeune frétin. Trouvant la place évacuée le lendemain, il finit par découvrir la couvée à quelques mètres de distance en remontant le courant ; la perche avait creusé un trou dans le sable, y avait déposé sa famille, et montait la garde avec vigilance.... C'est, dit-il, la seule fois que j'aie jamais vu un « poisson veiller sur ses jeunes, et les déménager pour éviter un danger ».

Dans le même journal (Numéro du 19 décembre 1878) se trouve également une observation de M. J. Paractay, communiquée par lui à l'Association des pêcheurs de Manchester, et qui a rapport à une raie de l'aquarium de cette ville :

1. F. Day, *loc. cit.*
2. *Histoire des Poissons*, introduction, cxxx.
3. On trouvera d'autres exemples dans l'article de M. Day, déjà cité.

« Un morceau qu'on lui avait jeté était tombé juste dans
» l'angle du devant de cristal et du fond de sa case. La raie
» (elle était de forte taille) fit, à diverses reprises, de vains
» efforts pour s'en emparer, mais le morceau était trop près
» de la paroi pour que la bouche de l'animal, située comme
» elle est au dessous de la tête, pût l'atteindre. Reconnaissant
» l'inutilité de ses efforts, la raie sembla se recueillir, puis,
» après quelques instants de repos, elle prit soudain une posi-
» tion inclinée, la tête en haut et le dessous du corps faisant
» face au devant de la case, et remuant ses larges nageoires,
» elle détermina un courant ou vague de bas en haut qui
» souleva le morceau jusqu'à sa bouche. »

Ce qui ôte toute valeur à cette observation, c'est de n'avoir
pas été renouvelée, dans les mêmes conditions, de manière à
prouver que les mouvements du poisson, en tant qu'ils constituaient une adaptation aux circonstances, n'étaient pas entièrement fortuits ; aussi ne l'aurais-je pas citée, si plusieurs
auteurs ne l'avaient mise en avant comme une preuve remarquable d'intelligence de la part d'un poisson.

Je ne saurais terminer ce chapitre sans parler du *poisson
pilote*, du requin et de l'espadon. Les mœurs de ces animaux
sont fort différentes, mais elles ont cela de commun, qu'elles
sont également incertaines ; les observateurs ne sont pas
d'accord, et pour le moment nous ne saurions nous former
une opinion sur leur compte. Les anecdotes suivantes fe-
ront comprendre l'idée que s'en sont formée plusieurs observateurs :

Le capitaine Richards, de la marine royale, rapporte qu'un
requin, accompagné de quatre poissons pilotes, suivait un
appât qu'on lui avait jeté du vaisseau. Chaque fois qu'il cherchait à s'en emparer, l'un ou l'autre de ses compagnons accourait l'empêcher. Au bout de quelque temps, le requin fit
mine de s'éloigner ; mais sitôt qu'il fut à une bonne distance,
il revint rapidement vers le vaisseau, et réussit à avaler l'appât avant que les pilotes l'eussent rattrapé. Tandis qu'on le
hissait à bord, l'un de ces derniers s'attacha à son côté[1], et ne

---

1. Quels qu'en soient le but et la cause, le commensalisme du requin et de
divers poissons sont des faits psychologiques intéressants et ne sauraient faire
de doute. Les naturalistes du *Talisman* ont fréquemment observé des requins
peau-bleue (*Carcharias glaucus*) toujours accompagnés d'un certain nombre de

lâcha prise qu'une fois hors de l'eau ; puis tous les quatre se mirent à évoluer comme s'ils cherchaient leur ami avec toute l'apparence de l'inquiétude et de l'angoisse [1]. Le colonel Smith confirme cette observation ; par contre, M. Geoffroy a vu un poisson pilote s'évertuer à conduire un requin vers un appât [2]. La vérité est probablement que les poissons pilotes accompagnent les requins en vue des miettes qu'ils laissent tomber de leur table, et que quand ils paraissent les empêcher de mordre à un appât, le cas n'a pas de signification psychologique.

Quant à la coopération du Requin renard et de l'Espadon contre la baleine, tout ce que l'on peut dire c'est que, quoique peu probable à en juger par les antécédents, les preuves qu'on en cite sont trop nombreuses pour être passées sous silence. M. Day, qui paraît conclure à l'évidence, cite les exemples suivants :

« Un matin, vers deux heures, dit le capitaine Arn, en ra-
» contant un voyage à Memel, dans la Baltique, par un calme
» plat qui nous retenait dans les parages des Hébrides, l'équi-
» page fut appelé sur le pont pour assister à un combat que
» plusieurs requins (*Alopecias vulpes*) et quelques espadons
» livraient à une énorme baleine. Nous étions en plein été, et
» grâce à un temps clair et à la proximité des poissons, nous
» pouvions observer le combat à notre aise. Aussitôt que la
» baleine montrait son dos hors de l'eau, les requins bondis-
» saient en l'air à une hauteur de plusieurs mètres, puis re-
» tombaient violemment sur leur adversaire, lui administrant
» de terribles coups de queue dont le bruit ressemblait à celui
» d'une fusillade au loin. Les espadons, de leur côté, poignar-
» daient la baleine par en bas, si bien que chaque fois que la
» malheureuse créature se montrait, elle nageait dans une
» mare de sang. Ces manœuvres continuèrent pendant plu--
» sieurs heures, jusqu'au moment où nous perdîmes les

pilotes ; il s'agissait ici du *Naucrates ductor*, qui accompagne le requin sans s'attacher à lui et voyage d'ailleurs souvent d'une manière indépendante. Les pilotes dont il paraît être question dans le passage ci dessus, paraissent être des Remora (*Echeneis remora*) qui sont aussi des compagnons assidus des requins et se font habituellement transporter par eux en s'attachant à leur corps par leur ventouse céphalique. (*Traducteur.*)

1. Cuvier, *Règne animal*, X, 646.
2. F. Day, *loc. cit.*

» poissons de vue, et je crois fermement que la baleine finit
» par succomber.

» Le patron d'un bateau de pêche a, tout récemment, eu
» l'occasion d'observer les assauts que les requins livrent
» aux baleines et affirme que la mer est parfois rouge de
» sang. Il rapporte qu'une baleine, attaquée par ces pois-
» sons, se réfugia sous son vaisseau et y resta une heure
» et demie sans bouger. Il dit aussi avoir vu des requins
» bondir à la hauteur des mâts et retomber sur le dos
» de la baleine, tandis que, par suite d'un mouvement
» évidemment concerté, les espadons la poignardaient en
» dessous. »

CHAPITRE IX

BATRACIENS ET REPTILES

Il n'y a pas grand'chose à dire de l'intelligence des grenouilles et des crapauds. Les grenouilles paraissent avoir une idée nette de la localité, car plusieurs de mes correspondants m'affirment avoir connaissance de cas nombreux où ces animaux, après avoir été transportés à 200 et 300 mètres de leurs repaires, y sont revenus coup sur coup. Je crois pourtant que la raison pourrait bien en être dans l'humidité de ces repaires qui en révélait la direction aux grenouilles. En tout cas, il est certain qu'elles sentent l'humidité à une distance étonnante, comme le prouve l'exemple que cite Warden : un étang étant venu à se dessécher, les grenouilles qui l'habitaient allèrent droit à la pièce d'eau la plus proche qui se trouvait à une distance de 8 kilomètres [1].

Comme instinct spécial, citons celui qui a valu à une espèce de crapaud le nom de *Bufo obstetricans* ; le mâle accouche la femelle en détachant de son corps le fil gélatineux qui retient les œufs.

M. Duchemin en mentionne un autre dans un rapport à l'Académie des sciences de Paris [2], où il décrit la manière dont les crapauds tuent les carpes en s'établissant sur la tête du poisson et lui enfonçant leurs pattes de devant dans les yeux. C'est probablement sous le coup d'une excitation sexuelle que les crapauds agissent ainsi.

1. *Expériences aux États-Unis*, vol. II, p. 9.
2. 11 avril 1870.

Parmi mes correspondants se trouve une dame qui avait appris à une grenouille à reconnaître le son de sa voix et à venir quand elle l'appelait. Comme les poissons se montrent capables de ce genre de discernement, l'exemple en question me paraît suffisamment admissible, et je me crois autorisé à le citer dans les termes mêmes de ma correspondante :

« J'ouvrais, dit-elle, la porte de la palissade de fer qui en-
» tourait la pièce d'eau et j'appelais Tommy (c'était le nom
» que j'avais donné à la grenouille), aussitôt elle sautait hors
» des joncs dans l'eau et nageait jusqu'à moi ; quelquefois
» elle venait sur ma main. C'était après déjeuner que je lui
» donnais à manger, mais quelle que fût l'heure à laquelle je
» me présentais, elle répondait toujours à l'appel de son nom
» et semblait parfaitement apprivoisée. »

M. Pennent [1] parle d'un crapaud qui vécut pendant trente-six ans à l'état de familier, reconnaissant tous ses amis.

Il est établi que les grenouilles prévoient les changements de temps et s'y préparent à l'avance ; c'est plutôt une preuve de grande sensibilité que d'intelligence.

Mais voici une observation d'Edward, le naturaliste écossais, qui dénote une faculté considérable de jugement chez les grenouilles. Après avoir décrit le vacarme que produisaient une quantité de grenouilles par un clair de lune, il ajoute : « Les chanteurs venaient d'atteindre leurs notes
» les plus sonores quant tout à coup ils se turent tous d'un
» commun accord. J'étais dans l'étonnement, me demandant
» pourquoi le concert s'était terminé d'une manière aussi
» abrupte, lorsqu'en regardant autour de moi, je vis un
» hibou qui silencieux comme la mort était venu se poser sur
» le haut d'un fossé tout près de l'orchestre [2]. »

REPTILES.

Comme tous les vertébrés à sang froid, les reptiles se distinguent par le peu de développement de leurs facultés mentales dont la faiblesse est devenue proverbiale. Néanmoins, toute règle a ses exceptions, et Thompson en cite une :

1. Bingley, *Biographie animale*, vol. II, p. 406.
2. Smiles, *Vie d'Edwards*, p. 124.

« L'Iguane commun, dit-il, est d'un naturel doux et inof-
» fensif, mais son aspect ne prédispose pas en sa faveur,
» surtout sous l'influence de la peur ou de la colère. Ses yeux
» s'enflamment, il siffle comme un serpent, enfle la poche
» qu'il porte à la gorge, cingle l'air de sa longue queue,
» hérisse les écailles de son dos et la bouche ouverte de toute
» la largeur de ses mâchoires, il redresse sa tête couverte de
» tubercules d'un geste menaçant. Au printemps le mâle se
» montre très attaché à sa femelle, sa douceur naturelle fait
» place à un courage indomptable, il défend sa compagne
» avec une véritable furie et n'hésite pas à attaquer tout
» animal qui semble la menacer ; dans cette saison, il mord
» avec une telle tenacité qu'il faut ou le tuer ou lui porter des
» coups très violents sur le nez pour lui faire lâcher prise ;
» toutefois sa morsure n'est jamais venimeuse [1]. »

Plusieurs espèces de serpents couvent leurs œufs et témoignent de l'affection envers leurs jeunes ; mais en cela comme
dans leurs autres émotions, ils ne semblent guère s'élever au-
dessus du niveau des poissons. Il est cependant un exemple
que j'aurais lieu de citer plus loin (celui des serpents apprivoisés de M. et Mme Mann) qui dénote un degré de développement passionnel supérieur à celui que l'on rencontre chez les
vertébrés d'ordre inférieur. Pline ne nous dit-il pas que l'affection qui unit le mâle à la femelle de l'aspic est telle que si
l'on tue l'un d'eux, l'autre cherche à le venger ; assertion qui
se trouve confirmée ou plutôt expliquée par sir Emerson
Tennent, d'après lequel deux ou trois jours après la mort
d'un cobra on trouve souvent son compagnon à l'endroit où
il a péri.

Si nous passons maintenant à l'intelligence générale des
reptiles, tout en constatant sa grande infériorité à celle des
oiseaux et des mammifères, nous reconnaissons sans peine
qu'elle l'emporte sur celle des poissons et des batraciens.

Et d'abord en ce qui concerne les instincts spéciaux,
M. W. F. Barrett dans une lettre à M. Darwin à la date du
6 mai 1873 qui se trouve dans les manuscrits dont il a déjà
été question, raconte comme quoi il ouvrit avec un canif un
œuf d'alligator qui allait éclore et qu'aussitôt le jeune animal,

---

1. *Passions des Animaux*, p. 229.

malgré qu'il n'y pût voir encore, lui saisit le doigt et chercha
à le mordre. De même M. Davy dans son « Rapport sur
Ceylan » consigne une observation intéressante que lui
fournit un jeune crocodile sorti d'un œuf qu'il venait d'ouvrir. A peine libre, il se mit à courir droit vers un cours d'eau
voisin, et comme M. Davy cherchait à le faire dévier avec sa
canne, il prit une attitude menaçante identique à celle d'un
animal adulte.

Humboldt fit une expérience analogue avec de jeunes tortues, et il fait observer qu'elles éclosent habituellement pendant la nuit, que, par conséquent, elles ne peuvent voir l'eau
qu'elles recherchent et qu'elles doivent y être conduites par
le sentiment de la direction dans laquelle l'air est le plus
humide. Il ajoute que l'on avait essayé de mettre les jeunes
nouvellement éclos dans des sacs, de les porter ainsi à une
certaine distance du rivage, puis de les lâcher en les tournant
la queue vers l'eau ; mais que chaque fois, sans exception, ils
firent de suite volte-face et se dirigèrent sans hésiter et par
le chemin le plus court vers leur élément.

Les instincts des adultes sont presque aussi remarquables.
Voici comment Bates décrit leur vigilance inquiète à l'époque
de la ponte :

« Les plus grandes précautions sont nécessaires, dit-il,
» pour éviter de déranger ces créatures timides au moment
» où elles se rassemblent en troupes dans les parages du
» banc de sable, avant de se rendre à terre pour y pondre
» leurs œufs. Les employés ont soin de ne pas se montrer,
» et avertissent les pêcheurs d'avoir à se tenir à l'écart. Ils
» allument leurs feux dans un ravin profond sur les confins
» de la forêt, de manière à ce que la fumée en soit invisible.
» Et en effet, le passage d'un bateau dans les hauts fonds
» où les tortues se rassemblent, la vue d'un homme ou d'un
» feu sur le banc de sable, suffirait pour les empêcher de
» quitter l'eau la nuit suivante pour aller pondre, et si
» l'alarme se répétait à deux ou trois reprises, elles iraient
» chercher la tranquillité dans d'autres parages... A l'aube
» je quittai mon hamac en frissonnant, car par suite de
» l'énorme rayonnement de chaleur qui se produit la nuit
» sur le sable, le jour naît au milieu d'un froid très vif pour
» ce climat. Cardozo et son équipe étaient déjà sur pied,

» faisant le guet du haut d'une plateforme qu'ils avaient
» établie à cinquante pieds au-dessus du sol dans un grand
» arbre près de la station, et à laquelle on parvenait par
» une échelle grossière en lianes fibreuses. De cette hau-
» teur l'on peut observer la date des pontes successives, ce
» qui permit au « Commandante » de déterminer l'époque
» la plus convenable pour l'invitation générale qu'il envoie
» aux habitants d'Éga. Les tortues pondent leurs œufs
» la nuit; quand rien ne les trouble, elles sortent de l'eau
» par bandes immenses et se dirigent vers le centre, c'est-
» à-dire le point le plus élevé de la « *Praia* », ou champ
» de ponte. Elles choisissent ainsi l'emplacement qui, dans
» les saisons de pluie extraordinaires, sera le dernier à
» disparaître sous l'eau, alors que la rivière commence à
» monter avant que la chaleur du sable ait fait éclore les
» œufs. On serait presque tenté de conclure à un acte de pré-
» voyance consciente de la part de ces créatures; mais ce
» n'est, somme toute, qu'un exemple comme on en rencontre
» tant chez les animaux et où une habitude inconsciente
» produit le même résultat qu'un acte de discernement
» conscient. C'est de minuit à la pointe du jour que règne
» la plus grande activité. A l'aide de leurs pattes qui sont
» larges et palmées, les tortues creusent dans le sable fin
» des trous d'environ trois pieds de profondeur qu'elles rem-
» plissent l'un après l'autre de leurs œufs, chacune en four-
» nissant quelque cent vingt pour sa part et les recouvrant
» d'une couche de sable. Il ne faut pas moins de quatorze
» à quinze jours aux habitués d'une « praia » pour com-
» pléter leur ponte, alors que rien ne vient les interrompre.
» Quand tout est fini, la surface du terrain de leurs opéra-
» tions (en brésilien, taboleiro) ne se distingue du reste de
» la praia qu'en ce que le sable paraît avoir été fraîchement
» remué [1]. »

Le même naturaliste s'exprime comme il suit sur le
compte de l'alligator :

« C'est à de pareils indices, dit-il, que l'on reconnaît la
» timidité et la lâcheté de cet animal. Jamais il n'attaque
» l'homme quand il le voit sur ses gardes; mais il est assez

1. *Le Naturaliste dans la région des Amazones*, pages 285-286.

» rusé pour savoir quand il peut le faire avec impunité.
» Nous en eûmes la preuve quelques jours plus tard, etc... [1] »

De son côté, Jesse [2] cite à propos du même animal une anecdote fort curieuse qu'il dit tenir d'une personne dont le témoignage lui inspire la plus grande confiance :

« Pendant neuf ans mon correspondant avait surveillé
» l'exécution de certains travaux pour le compte du gou-
» vernement aux États-Unis. Pendant la construction d'un
» phare dans un marais attenant à une rivière, il réussit
» à capturer un jeune alligator et l'apprivoisa si bien, que
» l'animal le suivait dans la maison comme un chien, montait
» les escaliers après lui et lui témoignait la plus grande
» affection. Mais son ami de cœur était un chat. Quand il le
» voyait assoupi devant le feu, il venait s'étendre à ses côtés
» ou s'endormait la tête appuyée sur son camarade. L'absence
» et la présence du chat faisaient la pluie et le beau temps
» pour l'alligator. La seule fois qu'il se départit de sa douceur
» habituelle, ce fut envers un renard qui était à l'attache
» dans la cour, et, qui probablement avait mal reçu ses
» avances. Il ne chercha pas à le mordre, mais lui administra
» de tels coups de queue que si la chaîne en se cassant
» n'avait permis au renard de s'esquiver, il aurait assurément
» péri. La nourriture de l'alligator consistait en viande crue
» avec régal de lait de temps en temps. Quand il faisait froid
» on l'enfermait dans une boîte garnie de laine, malheureu-
» sement on le laissa dehors une nuit qu'il gelait, et le lende-
» main matin on le trouva mort. Ce n'est pas, je crois, le seul
» cas d'apprivoisement qui se soit présenté parmi les amphi-
» bies [3]. Blumenbach cite des crocodiles, et pour mon compte
» j'ai rencontré à deux reprises des crapauds qui recon-
» naissaient leurs bienfaiteurs et couraient au devant d'eux
» avec un empressement assez marqué. »

Quant aux reptiles, j'ai plusieurs exemples de leur perspicacité à citer.

---

1. *Le Naturaliste dans la région de l'Amazone.*
2. *Gleanings*, vol. I, pages 163-164.
3. Deux personnes de ma famille ont réussi à apprivoiser des lézards verts : l'un de ces animaux venait à heure fixe chercher sa nourriture ; un autre apparaissait dès que son maître sifflait aux abords du trou qui lui servait de retraite. (*Traducteur.*)

Trois ou quatre de mes correspondants m'assurent avoir connu des serpents et des tortues qui distinguaient leurs amis. L'une de ces tortues venait à l'appel de son maître et lui témoignait son affection en tapant légèrement son pied avec la bouche ; elle ne faisait attention à aucune autre personne. Quelques semaines de séparation ne semblaient point affaiblir le souvenir qu'elle gardait de son bienfaiteur [1].

L'observation qui suit prouve non seulement que les serpents sont capables de distinguer les personnes, et de garder pendant au moins six semaines le souvenir de leurs amis, mais en plus qu'ils ont des dispositions affectueuses qu'on n'aurait pas soupçonnées chez de semblables animaux. Les serpents, dont il est question, étaient parfaitement apprivoisés et montraient une affection marquée pour les personnes qui les soignaient. Je tiens le fait de M. Severn, le célèbre artiste et l'ami intime de M. et Mme Mann auxquels les serpents appartenaient. Sur la plainte de certains voisins qui répugnaient au voisinage de ces reptiles, un procès avait été intenté à M. et à Mme Mann ; ce fut alors que M. Severn écrivit au *Times* une lettre où il expliquait que ces animaux étaient absolument inoffensifs.

« Je connais, disait-il, les personnes dont on se plaint et
» je me permettrai de raconter, en peu de mots, la première
» visite que je leur fis.

» Après avoir échangé quelques mots avec moi, M. Mann
» me demanda si j'avais peur des serpents, et sur ma
» réponse un peu hésitante, je l'avoue, que je ne les crai-
» gnais pas trop, il tira d'une armoire un gros boa-constric-
» tor, un Python et plusieurs petits serpents qui se mirent à
» circuler librement sur la table au milieu des livres, plumes,
» etc... J'éprouvai d'abord quelque émotion, surtout lorsque
» je vis les deux gros reptiles s'enlacer autour de mon ami,
» et me regarder de leurs yeux brillants en dardant leur
» langue fourchue; mais je ne tardai pas à reconnaître qu'ils
» étaient parfaitement apprivoisés et je me rassurai complète-

---

1. La tortue, qui est devenue si célèbre pour avoir été observée par l'auteur de l'*Histoire naturelle de Selborne,* manifestait le même discernement. A la vue de sa bonne vieille amie qui l'avait soignée pendant plus de trente ans, elle accourait gauchement, tandis qu'elle ne faisait pas la moindre attention aux étrangers.

» ment. Au bout de quelques instants, M. Mann me quitta
» pour appeler sa femme, et je restai en face du boa établi
» sur un fauteuil. Je commençais à m'inquiéter en le voyant
» s'approcher de moi, lorsque l'entrée de mes hôtes, suivis de
» deux petites filles charmantes vint faire diversion à mon
» malaise. Après les formules d'usage. Mme Mann, et ses
» deux filles, s'approchèrent du boa et lui prodiguant les
» termes de la plus vive affection, se laissèrent enlacer
» par lui. Tout en causant, je ne cessais de m'étonner du
» spectacle que j'avais sous les yeux. Là, devant moi, était
» assise une femme charmante avec ses deux jolis enfants,
» tandis qu'un boa aussi gros qu'un jeune arbre, se jouait
» autour de sa taille et de son cou, lui faisant comme un tur-
» ban au-dessus de la tête, et recherchant les caresses comme
» un jeune chat. Les enfants lui prenaient constamment la tête
» dans leurs mains, et lui baisaient la bouche en écartant sa
» langue fourchue. L'animal semblait jouir de leurs calineries,
» mais il ne cessait de tourner la tête vers moi, avec une
» expression singulière dans ses yeux; si bien que je finis
» par lui permettre de glisser sa tête pendant un instant dans
» ma manche. Rien de plus gracieux que la manière dont ce
» magnifique serpent glissait autour de Mme Mann, pendant
» qu'elle circulait dans l'appartement et qu'elle nous versait
» du café. Il semblait disposer son poids avec une grande
» adresse, et chaque anneau ressortait vivement avec ses
» dessins sur le fond noir de la robe de velours. Je prolongeai
» indéfiniment ma visite, et je revins à bref délai avec un ami
» (membre distingué du parlement[1]) que je désirais présenter
» à mes « dompteurs ».

» Les serpents avaient l'air fort obéissant, et restaient dans
» leur armoire quand on le leur commandait.

» Il y a près d'un an M. et Mme Mann s'absentèrent pen-
» dant six semaines. Ils avaient confié leur boa à un gardien
» au jardin zoologique; mais le pauvre animal tomba dans
» l'abattement, dormant sans cesse et refusant toute nour-
» riture. Quand il revit ses maîtres, il bondit de plaisir et les
» enlaça avec toutes les marques de la joie la plus vive[2]. »

1. Lord Arthur Russell.
2. Le *Times* du 25 juillet 1872.

Le python eut une fin tragique. M. Severn me dit que quelques années après la publication de sa lettre, M. Mann fut pris d'une attaque d'apoplexie. Sa femme, se trouvant seule à la maison en ce moment courut chercher un médecin; quand elle revint dix minutes plus tard, elle trouva le serpent étendu mort à côté de son mari; il avait grimpé les escaliers durant son absence et s'était glissé dans la chambre du malade. Faut-il attribuer sa mort à une coïncidence fortuite ou à l'émotion qu'il ressentit à la vue de son maître et qui lui aurait porté un coup fatal dans l'état maladif où il se trouvait probablement? Pour mon compte vu l'abattement de l'animal pendant l'absence de ses maîtres, vu l'extrême rapidité de sa mort, j'incline à penser que c'est l'émotion qui l'acheva.

Les reptiles ont donc la faculté de concevoir les associations d'idées nettes et achevées qui lui permettent de reconnaître les personnes; nous avons du reste vu que les grenouilles et même les insectes ne sont pas dépourvus de cette faculté. Passons maintenant à d'autres associations d'idées.

« Je crois, m'écrit un de mes correspondants, que les tor-
» tues savent associer l'idée de certaines couleurs vues à
» plat avec celle de nourriture. En lisant votre article sur
» l'intelligence animale, je me rappelai que la veille j'avais
» vu une petite tortue essayer de manger les fleurs jaunes
» d'une table en marqueterie ; j'ai d'ailleurs souvent remar-
» qué que le rouge semblait leur suggérer l'idée de pâture. »

Lord Monboddo parle d'un serpent apprivoisé, que feu le docteur Vigot gardait chez lui dans la banlieue de Madras. Lorsque les Français investirent Madras pendant la dernière guerre, ils enlevèrent ce reptile et l'envoyèrent, à Pondi-chéry, dans une voiture fermée. « Mais il s'échappa et revint
» à sa première demeure qu'il semblait préférer ; et cela
» malgré la distance qui sépare Madras de Pondichéry, soit
» cent milles. Je tiens le fait d'une dame qui habitait l'Inde à
» cette époque et qui eut plusieurs fois l'occasion de voir le
» serpent avant et après son odyssée. »

Voilà certes une preuve remarquable d'instinct ; mais il n'y a rien là d'incroyable, vu les distances énormes que parcourent les tortues durant la période de leurs migrations.

M. E.-L. Layard (*Excursions à Ceylan*, voir les *Annales de l'histoire naturelle*, deuxième série, vol. IX, page 333),

parle d'un Cobra qui avait passé la tête par une ouverture
étroite pour saisir un crapaud et ne pouvait plus la retirer
après avoir avalé sa victime. « Dans ces conditions force lui
» fut de rendre gorge; mais ce fut bien à contre cœur, et
» quand il vit sa proie s'éloigner, il ne put y tenir et s'en
» empara de nouveau. Toutefois, il eut beau faire, il ne pou-
» vait se dégager. Il rendit donc de nouveau, le malheureux
» crapaud, mais cette fois il avait son idée; car il le saisit
» aussitôt par une patte, le fit passer par l'ouverture et
» l'avala en triomphe. »

A la page 303 du VIII° volume du journal *Nature*, se trouve
le récit suivant, dû à la plume de M. E.-C. Buck :

« Nombre de crocodiles, dit-il, avaient passé la journée à
» nager ou à se reposer en face de ma tente, à l'entrée d'un
» petit cours d'eau qui reliait certains lacs au Gange. A la
» tombée de la nuit et à un moment donné, ils abandonnèrent
» tous leurs différentes occupations et s'alignèrent de manière
» à barrer la rivière. Il y en avait trop pour une seule ligne,
» aussi se mirent-ils sur deux rangs; et dans cet ordre ils
» commencèrent à remonter le cours d'eau qui n'avait guère
» que 20 mètres de large et peu de profondeur, chassant le
» poisson devant eux. J'assistai à deux ou trois captures avant
» de les perdre de vue. »

En dressant le bilan de la psychologie des reptiles, ce serait
laisser une lacune que de ne point parler de la faculté qu'on
leur attribue de fasciner d'autres animaux par le regard et de
se laisser fasciner eux-mêmes par la musique, etc... Dans les
deux cas il y a abondance de preuves, surtout en ce qui concerne leur influence sur les autres animaux. « D'après M. Pen-
» nant, dit Thompson (*Passions des animaux*, page 118 [1]), le
» serpent à sonnettes se poste souvent au pied d'un arbre sur
» lequel se trouve un écureuil. Il le couve des yeux ; dès lors
» l'animal est perdu, et, dans son angoisse, fait entendre ce
» cri particulier qui révèle au passant la présence d'un ser-
» pent. Tandis que l'écureuil remonte, descend, remonte en-
» core pour redescendre de plus en plus bas, le serpent ne
» bouge pas ; les yeux braqués sur sa victime, il s'absorbe
» tellement dans son occupation, qu'il ne se dérangerait pas

1. Voir aussi Bingley, *Biographie animale*, vol. II, p. 447 448.

» si quelqu'un s'en approchait sans avoir soin de ne pas faire
» de bruit. A la fin, l'écureuil se laisse choir et tombe dans
» la bouche du reptile qui la tenait toute grande ouverte pour
» le recevoir. » Le Vaillant confirme cette description et ra-
» conte une scène dont il fut témoin : « Sur une branche
» d'arbre se tenait une espèce de pie-grièche, toute tremblante
» comme sous le coup de convulsions, tandis que sur une
» autre branche, à environ quatre pieds de distance, un gros
» serpent, le cou étendu, fixait le malheureux oiseau de ses
» yeux enflammés. L'angoisse de la victime était telle qu'elle
» en était paralysée, et ce fut en vain qu'on la délivra de son
» persécuteur ; on la trouva morte aussitôt après. La peur
» l'avait tuée, car elle n'avait pas le moindre mal. Le même
» voyageur dit que peu de temps après, il trouva une petite
» souris, également à l'agonie, à deux mètres d'un serpent
» dont les yeux étaient braqués sur elle, et que lorsqu'il la
» releva après avoir chassé le reptile, elle expira entre ses
» mains. »

Je pourrais citer nombre d'observations analogues ; ce qui
n'empêche pas sir Joseph Fayrer de m'assurer que la prétendue fascination est synonyme de peur, et cette opinion paraît
être celle de toutes les personnes qui ont été à même d'étudier la question d'une manière scientifique [1]. La vérité, selon
toutes probabilités, est simplement que les petits animaux
ressentent parfois une vive alarme à la vue d'un serpent qui
les fixe et deviennent ainsi plus facilement sa proie. Il se peut
fort bien que, dans certains cas, la peur affole l'animal au point
de le faire agir de la manière indiquée par ces récits ; les
efforts que fait la victime pour s'échapper, alors qu'elle est à
moitié paralysée, peuvent avoir pour résultat de la faire tomber de plus en plus bas, jusqu'à l'objet même de sa terreur.
Aussi le docteur Barton, de Philadelphie, est-il peut-être
un peu trop sévère pour les observateurs qui l'ont précédé,
quand il dit :

« Cette théorie de la fascination a trouvé son origine dans
» l'inquiétude que manifestent et les cris que font entendre les

---

1. Alors même que la prétendue fascination exercée par les serpents sur certains animaux ne serait qu'un effet de la peur, la peur qu'inspirent ces reptiles
dont tant d'espèces sont venimeuses est déjà un phénomène psychologique
fort intéressant à noter. (*Traducteur.*)

» oiseaux et autres animaux quand leurs nids se trouvent me-
» nacés... La seule merveille en tout ceci, c'est que des gens
» sensés, des observateurs avisés aient jamais cru à de pa-
» reilles fables. »

En tous cas, comme me le fait très bien observer sir J.
Fayrer dans sa lettre, il est étonnant de voir combien peu
certains animaux semblent effrayés, jusqu'au moment où le
serpent les saisit.

Quant à l'art de charmer les serpents, il consiste à les attirer par le son d'un fifre pour les capturer et ensuite les apprivoiser. On ne leur arrache pas toujours leurs crochets, et
un véritable « charmeur » sait les faire « danser » dès leur
capture, avant qu'il ait eu le temps de les soumettre à aucun
procédé d'apprivoisement. Dans une lettre à sir E. Tennent,
que ce dernier a publiée, M. Reyne raconte qu'un « charmeur
de serpents » lui ayant offert ses services, il commença par
s'assurer qu'il ne cachait pas de serpents apprivoisés sur sa
personne, et le conduisit ensuite près d'une fourmilière qu'il
savait habitée par un énorme cobra (*Naja*). Au son du fifre le
reptile ne tarda pas à se montrer :

« A la vue du charmeur, il essaya de s'échapper, mais mon
» homme s'en empara aussitôt et revint avec moi en faisant
» des moulinets avec le serpent tout le long du chemin.
» Arrivé à la maison, il le fit danser, mais ne tarda pas
» à être mordu au-dessus du genou. Aussitôt il se banda la
» jambe au-dessus de la morsure et y appliqua une « pierre à
» serpent » pour absorber le venin. Pendant quelques mi-
» nutes il parut ressentir de grandes douleurs, puis il se remit
» peu à peu, la pierre s'était détachée à l'instant même où le
» soulagement commençait [1]. »

Somme toute il n'y a d'étonnant en pareille affaire que la
« danse », à laquelle le charmeur force le serpent à se livrer ;
pour ce qui est de l'attraction de sons inusités, elle ne constitue pas un fait plus remarquable que l'attraction de la lumière
insolite d'une lanterne dans le cas des poissons. Du reste, il
n'est pas démontré que cette « danse » soit autre chose après
tout qu'une série de mouvements et de contorsions exprimant
d'une manière plus ou moins naturelle, l'inquiétude et l'alarme

---

1. *Histoire naturelle de Ceylan*, p. 314.

de l'animal. Que si ces manifestations dépassent ces limites il y a lieu d'y voir l'effet probable de l'apprivoisement, car il est hors de doute que les cobras s'apprivoisent et deviennent même très familiers, comme le prouve l'exemple dont le major Skinner fait part à sir E. Tennent :

« Il est, dit-il, une famille à Negombo qui se sert de cobras » comme de chiens de garde ; le père est un homme très riche » et a toujours de fortes sommes chez lui. Du reste, je connais » plusieurs exemples du même genre... Les serpents cir-» culent dans l'habitation, à la grande terreur des voleurs, » mais jamais ils ne font le moindre mal aux gens de la » maison [1]. »

Nous sommes donc amenés à conclure, avec le docteur Davey à qui les occasions d'observer n'ont pas manqué, que les « charmeurs » mettent à profit la timidité bien connue des cobras et leur répugnance à se servir de leurs crochets jusqu'à ce qu'ils les aient apprivoisés de fait.

1. Tennent, *loc. cit.*, p. 299.

CHAPITRE X

OISEAUX

Pour traiter convenablement de l'intelligence des oiseaux, il faudrait tout un volume ; pour eux comme plus loin pour les mammifères, je me contenterai d'esquisser à grands traits les points saillants de leur psychologie.

MÉMOIRE.

Cette faculté atteint chez les oiseaux un développement considérable. Bien que la question des migrations soit encore enveloppée de mystère (je me propose de l'étudier avec tous les problèmes qu'elle soulève dans un chapitre spécial de mon prochain ouvrage), il nous est au moins permis de conclure du retour annuel du même couple d'hirondelles au même nid que ces oiseaux gardent le souvenir précis de l'endroit où ils nichent. Buckland cite un pigeon qui au bout de dix-huit mois d'absence reconnut encore la voix de sa maîtresse [1]. Je

---

1. Buckland, *Curiosités*, etc., p. 126. Wilson raconte également dans son *Ornithologie Américaine*, le fait suivant qui n'est point incroyable : « Un monsieur qui habitait à quelques milles d'Easton sur la rivière Delaware, avait élevé une corneille dont il s'amusait constamment. Au bout de plusieurs années, l'animal disparut un beau jour, et la famille en fit son deuil, le supposant mort par accident ou tué par quelque chasseur de hasard. Mais onze mois plus tard, un jour que son maître se trouvait sur le bord de la rivière avec plusieurs amis, une troupe de corneilles vint à passer, et l'une d'elles quittant ses compagnes, vint se poser sur l'épaule de son ancien protecteur, en jasant de plaisir. Remis de sa première surprise, son ami essaya tout doucement de s'em-

n'ai pas réussi à trouver d'exemple authentique de souvenance
plus prolongée de la part d'un oiseau.

Comme il est intéressant en matière de psychologie compa-
rative de relever en détail autant que l'on peut les ressem-
blances que présente une faculté intellectuelle chez différents
groupes d'animaux, et comme la mémoire est la première à
se prêter à cette analyse dans la classe qui nous occupe, je consacrerai un paragraphe à l'étude des faits qui, en tant que manifestations mnémoniques permettent le mieux d'étudier le
mécanisme de cette faculté ; c'est-à-dire de ceux qui se rattachent à l'articulation de phrases parlées ou musicales que
certains oiseaux apprennent à répéter. Dans ce genre, je ne
connais pas d'observations plus précieuses que celles du docteur Samuel Wilks, F. R. S., et je citerai in-extenso la partie
de son travail qui traite de la mémoire chez les perroquets,
sans compter d'autres emprunts que j'aurai à lui faire dans
mon prochain ouvrage.

« Quand je reçus mon perroquet, dit-il, il y a plusieurs an-
» nées, il était tout à fait ignorant, ce qui me fournit l'occa-
» sion d'observer la manière dont il acquit le don de la parole.
» Je constatai que son procédé ressemblait beaucoup à celui
» qu'adoptent les enfants pour apprendre leurs leçons, et que
» la cause déterminante de ces discours se trouvait générale-
» ment dans quelque association d'idées, comme la plupart
» des phrases toutes faites en ce monde. Il est reconnu que les
» perroquets imitent les sons dans la perfection, voire même
» la voix humaine, dont leur voix surpasse du reste l'étendue,
» car ils peuvent atteindre les notes les plus basses comme les
» plus élevées. Le mien a un répertoire très suffisant de mots
» et de phrases, mais il ne les retient que quelques mois s'il
» ne les pratique pas constamment sous l'influence provoca-
» trice et périodique de certaines circonstances. Toutefois s'il
» lui arrive de les oublier, il suffit de les lui répéter quelque-
» fois pour qu'il les retrouve, tandis que pour apprendre une
» phrase nouvelle, il lui faudrait bien plus longtemps. Dans ce
» cas, il faut la lui répéter plusieurs fois, et il est curieux de

parer de l'animal ; mais celui-ci avait pris goût à la liberté, et n'entendait pas
y renoncer. Il évitait adroitement de se laisser prendre ; puis au bout de quelques instants, voyant que ses camarades étaient déjà loin, il s'envola, rejoignit
la troupe et ne fut plus jamais revu. »

» voir l'attention de l'oiseau et la manière dont il approche
» son oreille aussi près que possible de son professeur. Au
» bout de quelques heures, on l'entend se livrer à des essais
» aussi malheureux que ridicules, mais il finit par prononcer
» la phrase d'une façon convenable, et l'on dirait presque
» qu'elle était en magasin quelque part dans son esprit et
» que tous ses efforts tendaient à l'en faire sortir. Lorsque
» la phrase comprend un certain nombre de mots, l'oiseau
» commence par répéter les deux ou trois premiers, puis il y
» joint le suivant, puis le suivant, et ainsi de suite, jusqu'à ce
» qu'il arrive à prononcer le tout correctement. D'heure en
» heure, il continue ses efforts avec la plus grande cons-
» tance et ce n'est qu'au bout de quelques jours qu'il arrive
» au degré de perfection qu'il ambitionne. Sa façon d'agir me
» semble identique à celle d'un enfant qui apprend une phrase
» en français ; même commencement restreint, même ampli-
» fication graduelle, même perfectionnement de la pronon-
» ciation. Que ce soit un air populaire à apprendre au lieu
» d'une phrase, le procédé ne change pas, c'est toujours note
» par note que mon perroquet se l'assimile. Quant à la ma-
» nière d'oublier les leçons apprises, phrases ou airs, elle est
» également curieuse. Ce sont les mots ou les notes de la fin
» qui commencent par s'en aller ; c'est qu'en effet, ce sont
» ceux du commencement qui sont le mieux gravés dans la
» mémoire et le lien qui leur associe ceux qui suivent va en
» s'affaiblissant. Mais quelques répétitions rétablissent bien
» vite la chaine. C'est là, du reste, un phénomène que l'on re-
» marque souvent dans l'homme. Qu'un Anglais, par exemple,
» sachant le français, reste dans son pays sans avoir occasion
» de parler cette langue ; il paraîtra l'oublier, mais il n'a qu'à
» traverser la Manche, et bientôt en entendant parler fran-
» çais autour de lui, il s'y remet tout naturellement. L'homme
» fait qui essaye de se rappeler les morceaux de poésie qu'il
» a appris dans son enfance ou à l'école et dont il pouvait ré-
» citer des pages, s'aperçoit que ce sont seulement les deux
» ou trois premiers vers qui lui reviennent [1]. »

M. Venn, de Cambridge, le célèbre logicien, me fait part du
fait suivant :

---

1. *Journal de Science mentale*, juillet 1879.

« J'avais, dit-il, un perroquet gris, âgé de trois ou quatre
» ans, originaire de l'Afrique occidentale, où il avait été pris
» alors qu'il était encore au nid. De la fenêtre où l'on plaçait
» sa cage d'habitude, il pouvait entendre la sonnette de la
» porte d'entrée et celle de la porte de derrière. Près de
» celle-ci, dans la cour, se trouvait la cabane d'un chien de
» garde qui manquait rarement d'aboyer aux gens qui pas-
» saient par là. Mon perroquet imagina de l'imiter et me
» fournit l'occasion de constater qu'il avait su distinguer
» entre les deux sonnettes et n'associer que celle de la porte
» de derrière avec les aboiements du chien. Quand ce der-
» nier était absent, ou que pour une raison ou pour une
» autre il se taisait, le perroquet aboyait constamment au
» son de cette sonnette; jamais (à ma connaissance du
» moins), quand c'était celle de la porte d'entrée qui se fai-
» sait entendre. »

» Comme preuve d'intelligence, le fait n'a pas grande im-
» portance; mais il me parut intéressant en ce qu'il s'accor-
» dait avec la loi de l'association telle que l'ont relevée les
» auteurs qui se sont occupés de la psychologie humaine [1]. »

Le fameux perroquet de la famille Buffon, qu'a célébré le
comte de Buffon, avait une manière singulière de manifester
ses associations d'idées. Il se demandait à lui-même la patte,
et ne manquait jamais de la tendre, absolument comme quand
quelqu'un la lui demandait. Buffon et sa sœur Madame Na-
dault ont cru y voir une preuve que l'oiseau ne connaissait pas
sa propre voix; mais il est bien plus probable qu'il agissait
sous l'influence de l'association d'idées qu'il avait établie entre
les mots et le geste.

D'après Margrave, les perroquets parlent « quelquefois pen-

---

1. En raison de l'association qu'ils font entre les actes qu'ils voient s'accomplir sous leurs yeux et les phrases dont ces actes sont ordinairement accompagnés, les perroquets placent parfois les phrases qu'ils ont appris à dire avec
assez d'à-propos pour paraître en comprendre le sens. J'en connais un qui
chaque fois qu'il voit entrer dans la vaste cuisine de campagne où il se tient
une personne tenant un vêtement à la main, s'écrie : « Posez ça là, la servante
le brossera. » Dès qu'il entend gronder une petite fille, sa compagne habituelle,
il s'empresse d'intervenir, disant : « Laissez donc cette enfant, vous la ferez
pleurer. » Ces phrases sont habituelles aux personnes qui l'entourent ; mais les
prononcer dans les mêmes circonstances qu'elles, c'est déjà un peu plus que
de répéter à tort et à travers la même phrase comme le font tant d'autres perroquets et comme il ne se fait pas faute de le faire lui-même. (*Traducteur.*)

» dant leur sommeil, ce qui indiquerait, comme procédé in-
» tellectuel, une grande analogie avec les opérations de la
» mémoire chez l'homme. »

De même, M. Walter Pollock m'écrit que la faculté d'association de son perroquet paraît très développée :

« Si par hasard quelque mot appris chez ses autres maîtres,
» vient à lui passer par la tête, il lui adjoint aussitôt tous
» ceux qu'on lui avait enseignés à la même époque. »

Enfin, ces oiseaux savent reconnaître quand il manque une
maille à la chaîne de leurs associations, et s'appliquent à la
retrouver. Feue Lady Napier m'a communiqué toute une
série d'observations curieuses qu'elle fit à ce sujet. Voici qui
en donnera une idée. Son perroquet avait-il dans la tête une
phrase telle que « Old Dan Tucker », c'était toujours le mot
du milieu qui lui manquait. Il commençait par répéter lentement « Old—old—old—old », puis ajoutait vivement « Lucy
Tucker ». Sentant que cela n'allait pas, il reprenait son « Old
—old—old—old » pour finir avec « Bessy Tucker », et ainsi
de suite, cherchant toujours le vrai mot. Et la preuve que tel
était réellement l'objet de ses efforts, c'est que si pendant qu'il
en était à son « Old—old—old—old » on lui soufflait « Dan »,
il ajoutait immédiatement « Tucker ».

ÉMOTIONS.

Sous le rapport des émotions, nous nous trouvons chez les
oiseaux en présence d'un progrès réel dans les sentiments
d'affection et de sympathie. L'intensité de ceux qui se rattachent aux rapports sexuels et familiaux est devenue proverbiale; poètes et moralistes s'en sont inspirés dans leurs
types de prédilection. L'abattement de la perruche dite *insé-
parable*, qui languit après sa compagne, l'angoisse de la poule
que l'on sépare de ses poussins, voilà des exemples plus que
suffisants de cette sensibilité. L'autruche même, malgré son
apparence stupide, a assez de cœur pour mourir d'amour,
comme le prouve le dépérissement d'un mâle du Jardin des
plantes de Paris qui avait perdu sa femelle. Il est curieux
que chez certaines espèces, et en particulier chez les pigeons,
la fidélité conjugale s'affirme aussi nettement; car non seulement elle témoigne d'une sorte de raffinement des senti-

ments sexuels, mais elle semble indiquer la présence d'une image constante de l'objet aimé. A propos du canard Mandarin (espèce chinoise), M. Bennett[1] raconte que la volière de M. Beale lui fournit une singulière preuve de la fidélité conjugale de ces oiseaux :

« Une nuit des voleurs dérobèrent l'un des mâles. Sa femelle
» manifesta le plus profond chagrin ; retirée dans un coin de la
» volière, elle refusait toute nourriture et ne prenait plus aucun
» soin de sa personne. Pendant qu'elle se désolait, un autre
» mâle qui avait perdu sa femelle, vint la courtiser ; mais la
» veuve ne lui donna pas le moindre encouragement. Quelque
» temps après son mari fut retrouvé et réintégré dans la vo-
» lière. Ce furent alors des manifestations sans nombre de la
» joie la plus extravagante de la part du couple d'amoureux,
» suivies bientôt d'un combat entre le mâle qui avait osé
» courtiser la femelle et le mari de cette dernière. Comme
» s'il eût été furieux du récit d'attentions déplacées, le vail-
» lant époux se jeta sur le galant présomptueux, lui creva les
» yeux et le mit dans un tel état qu'il en mourut. »

Voici un ou deux autres exemples observés par Jesse :

« Deux cygnes vivaient unis depuis trois ans, durant les-
» quels ils avaient élevé trois nichées. L'automne dernier le
» mâle fut tué, et depuis lors la femelle se tient à l'écart de
» ses semblables. Au moment où j'écris, nous sommes à la fin
» de mars, et la période de reproduction est déjà avancée,
» mais la femelle n'en persiste pas moins dans sa réserve et se
» refuse aux galanteries d'un mâle, tantôt le chassant, tantôt
» fuyant à son approche. Combien durera ce veuvage ? je ne
» saurais le dire, mais il est évident que pour le moment elle
» n'a pas oublié son ancien compagnon.

» Ceci me rappelle un incident qui s'est produit dernié-
» rement à Chalk-farm, près d'Hampton. Un laboureur, placé
» en surveillance dans un champ de pois où les pigeons avaient
» commis de grands ravages, tua d'un coup de fusil un mâle,
» vieil habitant de la ferme. Sa compagne, autour de laquelle
» il roucoulait depuis des années, qu'il régalait du contenu de
» son jabot, et qu'il avait aidée à élever de nombreuses nichées,
» vint aussitôt s'abattre à ses côtés en témoignant sa douleur

1. Couch, *Exemples d'instinct*, p. 165.

» de la manière la plus expressive. Croyant que la vue de sa
» victime servirait à effrayer les autres maraudeurs, le la-
» boureur la fixa au bout d'un pieu. La veuve s'attacha aux
» restes de son mâle, et chaque jour elle continuait à tourner
» lentement autour du bâton. La femme du laboureur, émue
» de pitié au récit de cet incident, vint voir ce qu'elle pouvait
faire pour consoler la malheureuse bête, et elle me dit qu'elle
» la trouva très épuisée, se mouvant péniblement sur une
» espèce de petit sentier circulaire qu'elle avait battu autour
» du pigeon mort vers lequel elle sautait faiblement de temps
» en temps. Le cadavre fut enlevé, et la femelle retourna alors
» au pigeonnier [1]. »

Le naturaliste Couch cite un exemple qui met en relief
l'intensité de l'instinct maternel, même chez des oiseaux sté-
riles. Le fait, en lui-même, n'est ni rare ni remarquable ;
mais son importance consiste en ce qu'il démontre qu'une
émotion ou un instinct profondément enraciné peut s'affirmer
avec énergie alors même que sa raison d'être manque :

« Je vis un jour l'instinct de la famille se manifester d'une
» façon curieuse chez une toute petite poule Bantam. Il y
» avait dans le jardin une haie, où une poule commune avait
» fait son nid. Elle avait déjà commencé à couver, mais ce
» jour-là, poussée par la faim, elle s'était éloignée pendant
» un instant. Absence fatale ! La petite poule Bantam décou-
» vrit le nid et je la vis s'y glisser toute fière de sa trouvaille.
» Quand la mère revint, quelle ne fut pas son angoisse ! L'ex-
» pression de son œil, l'attitude de sa tête, tout indiquait la
» surprise et l'indignation. Mais, après quelques efforts pour
» déloger l'intruse, elle dut y renoncer ; la poule Bantam ne
» plaisantait pas, quoique son petit corps ne couvrit qu'une
» partie des œufs dont le reste fut perdu ; le moment vint
» où son orgueil fut satisfait et où à la tête d'une bande de
» robustes poussins qu'elle faisait passer pour les siens parmi
» la gent emplumée, elle put se promener en toute gloire
» et tout honneur [2]. »

En fait de sympathie, une jeune demoiselle qui désire garder
l'incognito, m'a fait une communication des plus intéressantes

1. *Gleanings*, vol. I, pages 112-113.
2. Couch, *Exemples d'instinct*, p. 232.

que je reproduis en entier. Le fait, confirmé comme il l'est
plus ou moins par les exemples du même genre que l'on
trouve dans les livres d'anecdotes [1], me paraît entièrement
digne de foi :

« Mon grand-père avait un jars de la rivière des Cygnes,
» qui, élevé dans la maison s'était attaché aux membres de
» la famille au point de courir à leur rencontre du plus loin
» qu'il les voyait avec force signes de joie.

» Par contre, Swanny (c'était le nom qu'on lui avait donné)
» était le proscrit de sa tribu ; chaque fois qu'il s'aventurait à
» faire humblement quelques avances aux autres oies, on le
» chassait honteusement et souvent il venait se consoler au-
» près de ses amis de l'espèce humaine posant sa tête sur leurs
» genoux comme pour invoquer leur sympathie. Mais il finit
» par trouver une compagne de sa race, dans la personne
» d'une vieille oie qui commençait à perdre la vue et que ses
» camarades délaissaient. Swanny la prit sous sa protection
» et s'en fit le gardien fidèle. Lorsqu'il jugeait convenable
» qu'elle prît un bain, il lui prenait doucement le cou dans
» son bec et la conduisait ainsi, quelquefois assez loin, jus-
» qu'au bord de l'eau. Une fois son amie lancée, il la suivait
» partout, nageant à ses côtés et lui faisait éviter les endroits
» dangereux, la maintenant du cou dans la bonne direction.
» Puis quand la promenade avait duré assez longtemps, il
» choisissait un atterrissage commode, et la guidait comme
» auparavant le cou dans son bec. Quand elle avait des jeunes,
» Swanny les conduisait fièrement au bord de l'eau, et si
» l'un d'eux avait le malheur de s'empêtrer dans un trou ou
» dans une ornière, il lui passait doucement son bec sous le
» corps, et le ramenait à la surface.

» Mon grand-père posséda également un autre jars qui
» s'était pris d'affection pour lui, et le suivait pendant des
» heures à travers champs, s'arrêtant ou se remettant en
» marche selon que son maître en faisait autant. Ce n'était
» pas un proscrit comme l'autre, mais jamais il n'hésitait
» à quitter les siens pour aller se promener avec mon grand-
» père, privilège dont il se montrait fort jaloux et qu'il n'ai-
» mait partager qu'avec ma grand'mère. Un jour qu'un ami

---

1. Voir en particulier Bingley, *Biographie animale*, vol. II, p. 327-329.

» de mon grand-père, tout en causant avec lui, lui avait mis
» la main sur le bras, le jars se jeta sur lui le frappant de
» violents coups d'aile, et on eut beaucoup de peine à lui faire
» lâcher prise. »

La sollicitude que manifestent la plupart des espèces sociales d'oiseaux, quand l'un d'eux est blessé ou fait prisonnier, est une preuve évidente de sympathie.

« Il est un trait de caractère, dit Jesse, qui est particulier
» aux freux, je crois, et leur fait grand honneur ; c'est la
» douleur qu'ils témoignent lorsqu'un coup de fusil vient
» à abattre l'un d'eux dans le champ où ils fourragent ou
» qu'ils traversent de leur vol. Au lieu d'être intimidés par
» la détonation et d'abandonner à son sort leur compagnon
» blessé ou tué, ils lui témoignent la plus vive sympathie, par
» leurs cris de douleur, et font preuve d'un grand désir de lui
» venir en aide en voltigeant au-dessus de lui ; de temps
» à autre ils le frôlent soudainement, comme pour tâcher
» de découvrir ce qui l'empêche de les suivre..... Un jour
» qu'un de mes laboureurs ramassait un de ces oiseaux qu'il
» avait abattu, et dont il voulait faire un épouvantail, tan-
» dis que la malheureuse créature se débattait encore dans
» ses mains, je vis une de ses compagnes tournoyer dans l'air
» et passer comme une flèche tout près de la victime, pres-
» qu'à la toucher, peut-être avec un dernier espoir de pouvoir
» lui porter secours. Alors même que l'oiseau est mort et
» sert d'épouvantail au bout d'un bâton, ses anciens cama-
» rades viennent à lui, mais sitôt qu'ils reconnaissent qu'il
» n'y a plus d'espoir, généralement ils quittent de compagnie
» les lieux.

» Il faut se rappeler la prudence instinctive avec laquelle
» ces oiseaux évitent l'homme armé d'un fusil (prudence si
» bien connue des campagnards que je leur ai souvent en-
» tendu dire que les freux sentent la poudre), pour apprécier
» à sa juste valeur la force d'amitié qui les retient près d'un
» compagnon dont le meurtrier est armé d'un instrument
» sur la nature dangereuse duquel ils sont parfaitement
» fixés [1]. »

Ces remarques de Jesse serviront d'introduction à une

1. *Gleanings*, pages 58-59.

observation très remarquable du naturaliste Edward. Un sterne auquel il avait cassé l'aile d'un coup de fusil était tombé à la mer, et selon l'habitude de cette espèce d'oiseaux, ses compagnons voltigeaient tout autour de lui avec un air de grande sollicitude. Cette sollicitude est-elle réelle, ou bien est-ce simplement de la curiosité ? Je me le suis souvent demandé, mais l'observation d'Edward semble trancher la question comme on le verra. Toujours est-il que ne voulant pas perdre le fruit de sa chasse, il s'occupait de l'atteindre avec bon espoir d'y parvenir en peu de temps, la distance n'étant pas grande et le vent poussant à terre, lorsqu'il vit un spectacle étonnant :

« Deux des compagnons de ma victime, dit-il, l'avaient » saisie chacun par une aile, et l'emportaient au large. Au » bout de six à sept mètres, ils la déposèrent doucement » sur l'eau et deux autres sternes qui les avaient suivis l'en- » levèrent comme l'avaient fait ceux qu'ils remplaçaient. Se » succédant ainsi à tour de rôle, les deux paires d'oiseaux » parvinrent à transporter leur camarade sur un rocher assez » éloigné. Aussitôt revenu de ma surprise, je me dirigeai de » ce côté ; mais les sternes m'épiaient, et me voyant appro- » cher du rocher, ils se remirent à la besogne comme avant » et je les vis emporter leur protégé au loin. Il va sans dire » que j'aurais pu déjouer leur projet si je l'avais voulu. Mais » un sentiment de sympathie m'en empêcha, et je leur per- » mis volontiers d'accomplir en paix un acte de charité et de » donner une preuve d'affection dont l'homme pourrait s'ins- » pirer sans honte [1]. »

D'après Clavigero [2], les Mexicains se procurent du poisson en exploitant la sympathie du pélican. Ayant attrapé un de ces oiseaux. ils lui cassent une aile, et l'attachent à un arbre. Ses cris de douleur ne tardent pas à attirer des camarades, qui émus de pitié jusque dans leurs entrailles, c'est bien le cas de le dire, rendent le poisson dont leur estomac et leur poche sont remplis et le mettent à portée du prisonnier. Aussitôt les exploiteurs sortent de leurs cachettes, chassent les compatissantes créatures, et s'emparent du poisson dont

1. Smiles, *Vie d'Edward*, p. 240.
2. *Histoire du Mexique*, p. 220.

ils ne laissent qu'une faible portion pour le régal du pélican
captif.

Le perroquet de la famille Buffon témoigna beaucoup de
sympathie à une servante à laquelle il s'était attaché et qui
souffrait d'un mal au doigt; il ne quittait pas sa chambre et
faisait entendre comme des gémissements de douleur. Quand
son amie fut rétablie, il retrouva toute sa gaité.

Enfin voici un dernier exemple des plus concluants que
j'emprunte à un observateur émérite, le docteur Franklin[1] :

« Deux perroquets de ma connaissance, dit-il, vivaient en-
» semble depuis quatre ans, lorsque la femelle fut prise
» de faiblesse et bientôt se manifestèrent tous les symptômes
» de la goutte (pattes enflées, etc...), maladie à laquelle
» tous les oiseaux de cet ordre sont très sujets en Angle-
» terre. Elle ne pouvait plus descendre de son perchoir ni
» prendre sa nourriture comme par le passé, mais le mâle
» la lui portait fidèlement dans son bec. Pendant quatre
» mois il se fit ainsi son nourricier; les infirmités de sa
» compagne augmentaient de jour en jour; bientôt elle ne
» put plus se tenir sur son perchoir et en fut réduite à
» s'accroupir au fond de la cage, d'où elle faisait de vains
» efforts pour remonter. Le mâle ne la quittait pas, et l'aidait
» de toutes ses forces, la prenant par le bec ou par le haut
» de l'aile essayant à plusieurs reprises de la soulever.

» Sa constance, ses gestes, ses soins infatigables, tout dé-
» notait chez cet oiseau un désir ardent de soulager la
» souffrance de sa compagne et de lui venir en aide dans
» sa faiblesse.

» L'intérêt ne fit que croître pendant l'agonie de la femelle.
» Le malheureux époux s'agitait autour d'elle, plus attentif,
» plus tendre que jamais, essayant de lui ouvrir le bec
» pour y mettre des aliments, allant et venant d'un air agité
» et plein d'angoisse, poussant de temps à autre des cris
» plaintifs, puis gardant un silence désolé, les yeux fixés
» sur elle, jusqu'au moment où elle finit par rendre le dernier
» soupir. Dès lors il ne fit que dépérir, et mourut en quelques
» semaines. »

La jalousie des oiseaux est proverbiale, et quiconque en

1. *Le Zoologiste*, vol. II.

a entendu rivaliser dans leur chant, leur reconnaîtra aussi
volontiers des sentiments d'émulation. M. Bold raconte qu'un
mulet de sa connaissance se mettait toujours à chanter à la
vue de sa propre image dans un miroir, et, s'excitant de plus
en plus, finissait par se jeter avec rage sur ce qu'il prenait
pour un rival.

Entre autres anecdotes relatives à un perroquet gris que le
général Sir William Napier avait confié à sa famille pendant
son séjour en Allemagne, feue lady Napier décrit comme
il suit les manifestations de joie triomphante de l'animal
quand il avait réussi à dérouter toute imitation de la part
de son maître (c'est du même oiseau qu'il a été question
à propos de la Mémoire) :

« Il arrivait quelquefois que les deux ou trois personnes
» qui se trouvaient dans l'appartement étaient trop occupées
» pour causer; en pareille occasion le perroquet lançait de
» temps en temps des cris perçants en manière d'interjection
» plus grotesques les unes que les autres. Mon grand-père
» s'amusait alors souvent à l'imiter, au grand encouragement
» de l'oiseau que cela excitait à se surpasser. Son effort
» suprême consistait en un cri d'une intonation étrange
» qui déroutait complètement son imitateur, et que suivait
» un « ha! ha! ha! » éclatant accompagné d'un saut péril-
» leux autour du perchoir, de gambades d'un bout de la
» cage à l'autre et de toutes sortes de jeux avec un mor-
» ceau de bois favori. Au milieu de ces ébats, notre plai-
» sant répétait de temps à autre son fameux cri, et ses
» « ha! ha! » mettaient ses auditeurs dans la joie par leur
» drôlerie. »

De l'émulation au ressentiment il n'y a qu'un pas. Voici ce
que me communique à ce sujet un correspondant, dont je
pourrais facilement confirmer le témoignage par de nombreux exemples, si l'espace ne me manquait :

« Un jour, dit-il, le chat et le perroquet eurent une que-
» relle, je crois bien que le chat avait répandu la graine de
» son ami Polly. Toujours est-il qu'après quelques démons-
» trations de mauvaise humeur, ils firent la paix du moins
» en apparence. Environ une heure après, Polly qui se trou-
» vait au bord de la table s'écria d'une voix pleine d'affec-
» tion : « Puss, Puss, viens donc, — viens donc, Pussy. » A

» cet appel, le chat Pussy[1] s'approcha et leva sa tête en toute
» innocence. C'était ce qu'attendait Polly, car, saisissant avec
» son bec un bol de lait qu'il avait à sa portée, il le renversa
» sur le chat et partit d'un rire sardonique à la vue du gâchis
» au milieu duquel Pussy faillit se noyer. »

Il est toute une série d'anecdotes tendant à prouver l'existence d'un esprit de vengeance chez les cigognes ; et, pour être étranges, les faits ne s'en confirment pas moins mutuellement.

Dans l'ouvrage du capitaine Brown, par exemple, il est question d'une cigogne apprivoisée qui habitait la cour du collège, à Tübingen :

« Sur une maison voisine se trouvait un nid que fréquen-
» taient d'autres cigognes durant leurs visites annuelles. Un
» jour d'automne, un jeune collégien ayant eu la fantaisie de
» tirer sur le nid, l'oiseau qui couvait fut probablement at-
» teint, car il ne bougea pas de quelques semaines ; mais il se
» remit à temps pour partir avec ses compagnons à l'époque
» d'ordinaire. Le printemps suivant, on vit apparaître sur le
» toit du collège une cigogne qui, par des battements d'ailes
» et autres manifestations, semblait faire signe à l'oiseau ap-
» privoisé de venir ; mais comme celui-ci avait les ailes cou-
» pées, il ne put guère se rendre à l'invitation. Quelques
» jours plus tard, la même cigogne vint s'abattre dans la cour
» dont l'hôte apprivoisé vint lui faire les honneurs en battant
» des ailes en signe de bienvenue ; mais à peine s'était-il
» approché, que l'autre se jeta sur lui avec fureur. Les voisins
» accoururent les séparer et chassèrent l'étrangère, mais elle
» revint à plusieurs reprises dans le courant de l'été, au grand
» désagrément du pensionnaire. Le printemps d'après, ce
» furent quatre cigognes qui se présentèrent à la fois dans la
» cour pour tomber sur le malheureux oiseau ; cette fois, toute
» la basse-cour, coqs, poules, oies et canards se portèrent à
» son secours et réussirent à le délivrer de ses ennemis.
» Toutefois, le danger avait été si sérieux, que l'on jugea à
» propos d'aviser aux moyens d'assurer la sécurité de l'in-
» fortunée cigogne, et grâce aux précautions prises, elle ne

---

1. Polly et Pussy sont en anglais des synonymes familiers de « perroquet »
et de « chat ».

» fut plus molestée de la saison. Mais le troisième printemps
» devait lui être fatal ; à peine avait-il commencé, que vingt
» ennemis parurent à l'improviste, et achevèrent leur vic-
» time avant qu'hommes ou bêtes pussent lui venir en aide.

» Une ferme des environs de Hambourg fut le théâtre d'un
» incident analogue. Le fermier, qui avait apprivoisé une ci-
» gogne, imagina de lui donner comme compagne un oiseau
» de la même espèce qu'il venait de prendre. Mais sitôt que
» les deux furent en présence, la cigogne apprivoisée fondit
» sur l'autre et lui fit un si mauvais parti, qu'elle s'enfuit.
» Quatre mois après elle revint avec trois amies, et forte de
» leur appui, entama avec son adversaire une lutte où celle-ci,
» accablée par le nombre, trouva la mort[1]. »

La curiosité est très développée chez les oiseaux : aussi,
dans tous les pays, trappeurs et chasseurs l'exploitent-ils. On
dispose près des pièges quelque objet insolite dont la vue
attire le gibier. De même quand on aborde une île perdue au
milieu de l'océan, où l'homme ne s'est pas encore montré, les
oiseaux viennent en toute confiance examiner des êtres qu'ils
aperçoivent pour la première fois.

En ce qui concerne l'orgueil, on ne pourrait guère se fier
à l'étalage que le paon fait de sa queue ou à la démarche su-
perbe du dindon comme preuves suffisantes de l'existence de
cette passion chez les oiseaux ; car, en dépit des apparences,
ces manifestations pourraient fort bien avoir une autre raison
d'être. Il n'en est pas ainsi, selon moi, du plaisir évident que
les oiseaux babillards prennent à s'entendre. Ils s'exercent
dans la pratique de leur art, et, à chaque phrase nouvelle qu'ils
apprennent à prononcer comme il faut, ils s'empressent de
faire valoir leur talent avec une joie bien caractérisée.

L'enjouement se manifeste de diverses manières chez plusieurs espèces, et il semble que ce soit à un développement
supérieur de sentiments de cet ordre que remonte l'origine des
instincts si remarquables des oiseaux à berceau (*Chlamydères*)

---

1. Watson, *De la faculté du raisonnement chez les animaux*, pages 375-376.
On y trouvera également des exemples curieux de mâles de cigognes tuant leurs
femelles pour avoir couvé des œufs d'autres oiseaux ; et celui d'un coq de
basse-cour qui se serait comporté de la même manière. Bingley (*loc. cit.*,
vol. II, p. 241) raconte, en s'autorisant du Dr Percival, qu'un coq tua sa poule
aussitôt qu'elle eût fait éclore une couvée d'œufs de perdrix.

de la Nouvelle-Galles du Sud. M. Gould, dans son « histoire des oiseaux de la Nouvelle-Galles du Sud », décrit ces berceaux ou « salles de récréation ». Il va sans dire que chez ces oiseaux l'instinct du jeu est lié à celui de la coquetterie entre sexes que l'on trouve chez tous ; mais qu'ils contribuent pour leur part aux motifs qui déterminent la construction de ces berceaux, me paraît un fait dont l'évidence ne peut qu'être admise par quiconque lira les descriptions de M. Gould. En tout cas, l'on ne peut nier l'intérêt que présentent ces édifices comme preuves d'un sentiment esthétique sinon artistique de la part de l'oiseau ; et, d'après M. Herbert Spencer, le sentiment artistique est lié, en matière de physiologie, à l'enjouement. Il importe de déterminer, par des preuves précises, l'existence d'un sentiment esthétique chez les animaux, parce que M. Darwin en fait le fonds même de sa théorie de la sélection sexuelle. Mais il a soumis les arguments en faveur de l'existence de ce sentiment à un examen si complet, que je n'ai point à m'y étendre ; je ferai seulement remarquer que l'exemple de l'oiseau à berceau, alors même qu'il serait solitaire, suffirait à prouver que certains animaux manifestent le sentiment du beau.

Voici, du reste, tout au long, comment M. Gould décrit les mœurs de cet oiseau :

« C'est, dit-il, au musée de Sydney que je vis, pour la pre-
» mière fois, un des berceaux auxquels j'ai déjà fait allusion ;
» le spécimen en question avait été offert par M. Charles Cox...
» En parcourant les bosquets de cèdres dans la région des mon-
» tagnes de Liverpool, j'en découvris plusieurs à terre, sous
» des touffes de branches, dans des coins reculés de la forêt.
» Il y en avait de plusieurs dimensions ; les uns étant de près
» d'un tiers plus grands que les autres. Ils s'élèvent au centre
» d'une plate-forme d'une étendue considérable et à surface
» tant soit peu convexe. Plate-forme et berceau consistent en
» petits bouts de branches solidement entrelacés, mais pour
» le berceau, les oiseaux choisissent les plus minces et les plus
» flexibles et les recourbent en dedans vers le haut, jusqu'à
» ce qu'elles arrivent à se toucher, en ayant soin de tourner
» toutes les fourches en dehors, de manière à ce que l'inté-
» rieur ne présente aucun obstacle à la circulation. Ce qui
» rend ces édifices encore plus intéressants, c'est la manière

» dont leurs architectes les décorent d'objets aux vives cou-
» leurs, plumes bleues de la queue de perroquets « Rose-hill »
» et « Pennantian », os blanchis, coquilles d'escargots, etc...;
» les plumes sont en parties insérées dans les interstices des
» parois, le reste est mélangé avec les ossements et les co-
» quillages qui tapissent l'entrée. Les indigènes reconnais-
» sent si bien la prédilection de ces oiseaux pour toute chose
» attrayante, que lorsqu'ils perdent quelque menu objet dans
» les bois, ils fouillent toujours leurs allées. J'ai moi-même
» trouvé, à l'entrée d'un berceau, un petit tomahawk en
» pierre, d'un pouce et demi de long, avec des bandelettes de
» coton bleu, que les oiseaux avaient très probablement ra-
» massé à l'endroit où des indigènes avaient campé. »

Il est établi maintenant que ces curieux berceaux ne sont
que des sortes de salles de récréation, servant au rendez-vous
des deux sexes ; les mâles y déploient les splendeurs de leur
plumage, et s'y livrent à des démonstrations fort remarquables. Il y a là un trait de mœurs fortement enraciné
dans l'espèce, car les spécimens vivants qui sont envoyés
en Angleterre le reproduisent en captivité [1].

Les oiseaux de la Société Zoologique ont des berceaux qu'ils
ont construits depuis des années, et qu'ils continuent à dé-
corer et à entretenir en bon état. Dans une lettre de feu
M. P. Strange, se trouve le passage suivant :

« J'ai, en ce moment, dans ma volière, un couple d'oiseaux
» satin qui, depuis deux mois, ne font que construire des
» berceaux. Le mâle est l'ouvrier en chef ; parfois, après
» avoir poursuivi la femelle à travers la volière, il vole au
» berceau, y ramasse quelques plumes aux couleurs vives
» ou bien une feuille, et puis lançant une note singulière,
» les plumes hérissées, il fait le tour de l'édifice et s'excite
» tellement que les yeux lui en sortent presque de la tête.
» Il bat tantôt d'une aile, tantôt d'une autre en sifflant tout
» bas, et, comme le coq de basse-cour, fait semblant de ra-
» masser quelque chose à terre, si bien qu'à la fin la femelle
» s'approche doucement de lui. Il fait alors deux fois le tour
» d'elle, puis d'un élan soudain termine la scène [2]. »

1. Darwin, *De la descendance de l'Homme*, pages 92, 381, 406, 413.
2. Gould, *Oiseaux d'Australie*, vol. I, pages 442-443.

Je dois ajouter que le Dr Sclater a appelé mon attention sur une espèce remarquable d'oiseaux à berceau dont le Dr Beccari a publié une description dans le « *Gardener's Chronicle* », du 16 mars 1879. On lui a donné le nom d'oiseau jardinier (*Amblyornis inornata*), et elle habite la Nouvelle-Guinée. C'est un oiseau de la grosseur d'une tourterelle, qui construit son berceau en forme de hutte conique autour d'un tronc d'arbre comme centre. Ses parois consistent en tiges d'une orchidée, dont les feuilles ont la propriété de conserver longtemps leur fraîcheur. Mais le jardin est ce qu'il y a de plus étonnant ; le Dr Beccari le décrit ainsi : « Devant la cabane, dit-il, il y a une prairie de mousse net- » toyée avec soin, de manière à ce que ni herbes ni pierres » n'en gâtent l'apparence. Sur cette pelouse, des fleurs et des » fruits aux couleurs attrayantes forment un jardin d'une » grande élégance. Ces ornements sont surtout accumulés » autour de l'entrée du nid : ils semblent constituer l'offrande » journalière du mari à son épouse. Il y a là des objets de » toutes sortes, mais toujours de couleurs vives. Je remar- » quai entre autres des fruits de *Garcinia*, semblables à une » petite pomme ; des fruits de *Gardenia* d'un jaune foncé à » l'intérieur ; de petits fruits roses provenant probablement » de quelque Scitaminée, et des fleurs d'une espèce nouvelle » de *vaccinium* de toute beauté ; enfin des champignons et » des insectes pommelés. » Aussitôt fanés ces objets disparaissent derrière la hutte. Une très belle planche coloriée, représentant cet oiseau dans son jardin, accompagne le livre de M. Gould (*Oiseaux de la Nouvelle-Guinée*, neuvième partie, 1879.)

J'ai dit que le seul exemple de ces oiseaux suffirait à prouver que certains animaux ont le sentiment du beau ; mais il en existe d'autres. Certains oiseaux-mouches, d'après M. Gould, décorent leurs nids avec le plus grand goût ; il en tapissent l'intérieur avec des morceaux de lichen qu'ils semblent choisir d'instinct pour leur beauté et qu'ils disposent selon leur grandeur, les uns au milieu, les autres vers la partie qui touche à la branche. Çà et là les côtés sont enjolivés d'une petite plume insérée de manière à en dépasser la surface. Je pourrais citer plusieurs autres manifestations d'un sentiment artistique dans l'architecture des oiseaux ; d'ailleurs,

comme M. Darwin l'a prouvé en détail, il est à peu près hors
de doute que ces animaux prennent plaisir à contempler les
beautés de leur plumage de sexe à sexe ; c'est au moins ce
qu'indique le soin avec lequel, chez plusieurs espèces, les
mâles étalent leurs couleurs aux yeux des femelles. Il est
vrai que le sentiment esthétique s'affirme d'une manière bien
plus prononcée chez les oiseaux que dans toute autre classe ;
néanmoins, si l'on admet ce sentiment comme cause suffisante de leurs embellissements (par l'entremise de la sélection
sexuelle), on est en droit de conclure que la même cause
produit les effets analogues que l'on rencontre dans les autres
classes, même dans celles d'un degré aussi inférieur que les
articulés. Ne pouvant rien ajouter à ce que M. Darwin a dit
à ce sujet, je ferai seulement remarquer que, quelle que soit
la valeur de sa théorie de la sélection sexuelle, ses recherches
ont certainement démontré l'existence d'un sentiment esthétique chez les animaux.

Le fait semble confirmé d'une autre manière par le goût
que manifestent les femelles des chanteurs ailés pour les accents de leurs mâles ; c'est, du reste, à cet attrait que se rattache le développement du chant chez les oiseaux. L'on me dira
que leurs accents sont parfois et même souvent étrangers à la
musique ; il n'en est pas moins vrai qu'ils prennent un plaisir
de *dilettanti* aux sons qu'ils émettent, malgré les différences
de goût qui se produisent chez eux comme chez les hommes
selon les espèces. D'ailleurs, ils apprécient, à l'occasion,
d'autres accents que les leurs. Les perroquets, par exemple,
aiment le son du piano et celui de la voix d'une jeune fille,
et l'anecdote suivante du musicien John Lockmann met en
évidence la faculté de distinguer un certain air et de s'y attacher à l'exclusion de tous les autres. Il raconte que lorsque
la fille de M. Lee, chez lequel il se trouvait en visite, dans le
Cheshire, jouait l'air « *Speri si* » de « *l'Admetus* » de Haen-
del, un pigeon du voisinage ne manquait jamais de venir
se poser sur la fenêtre de l'appartement où elle se trouvait
pour écouter, jusqu'au bout, avec toute l'apparence d'un profond plaisir. Après quoi il s'en retournait ; et aucun autre
air n'avait le don de l'attirer. (Bingley, *Biogr. anim.*, v. II,
p. 220.)

Mœurs spéciales.

Les faits q ui se présentent à nous sous ce titre, sont tous
plus ou moins décousus.

Commençons par ceux qui se rattachent à la recherche des
provisions. Je signalerai tout d'abord comme digne d'intérêt,
l'instinct dont font preuve les merles et les grives qui vont
à de grandes distances, s'il le faut, pour trouver une pierre
contre laquelle ils puissent briser les coquilles des escargots
qu'ils ont ramassés [1], ainsi que les mouettes et les corneilles
qui s'élèvent dans l'air pour laisser retomber sur les rochers
les coquillages dont elles convoitent le contenu [2]. Dans les
deux cas, il y a manifestation d'un degré considérable d'intelligence, soit de la part des oiseaux soit de celle de leurs ancêtres ; car l'instinct en question ne saurait être considéré
comme résultant d'une adaptation fortuite dans l'origine et
développée par l'effet de la sélection naturelle; il y a dû y
avoir dans le principe acte rationnel avec conception du but
à atteindre.

L'instinct de la rapine trouve dans le règne animal son développement le plus complet chez les oiseaux. On comprend
facilement quel intérêt une espèce forte peut avoir à ce que
chaque individu vive aux dépens des autres espèces, et par
suite le développement de l'instinct de rapine par la sélection
naturelle s'explique sans difficulté. On le trouve à tous ses
degrés chez les oiseaux de mer. Ainsi les mouettes, qui d'ordinaire fourragent pour leur propre compte, se rassemblent
en masse là où les guillemots ont découvert un banc de poissons. Posées sur l'eau, ou volant à sa surface, elles attendent

1. Pour les détails, voir Buckland, *Curiosités de l'histoire naturelle*, p. 183.
2. A propos des corneilles, voici ce que dit Edward : « Elle s'élève avec un
crabe et le laisse tomber sur un rocher choisi d'avance. Si elle ne réussit pas,
elle recommence aussi souvent qu'il le faut, en s'élevant chaque fois davantage.
Elle s'en tient longtemps au même roche: si elle le trouve commode. Je connais un rocher qui a été mis à contribution par une série de générations de
corneilles pendant près de vingt ans. » Hinco 'k raconte qu'un ami de M. Darwin vit sur la côte nord de l'Islande une centaine de corneilles ramassant des
moules, puis s'élevant dans l'air pour les laisser tomber sur des pierres plates
contre lesquelles les coquilles se brisaient. Les corbeaux agissent souvent de
même, à ce que l'on dit.

qu'un guillemot paraisse avec un poisson et l'en dépouillent
aussitôt. Chez les stercoraires, l'instinct s'est développé, si
bien que ces oiseaux vivent entièrement aux dépens des autres
oiseaux de mer. J'ai souvent observé leurs manœuvres, et
ce qu'il y a de curieux c'est que les mouettes de l'espèce
commune reconnaissent les pirates à leur apparence : sitôt
qu'il en paraît un, le désordre et la consternation s'emparent de la bande qui se démène et crie d'une façon dé-
sespérée. L'aigle à tête blanche montre aussi l'instinct de
rapine dans sa perfection, à en juger par Audubon :

« Au printemps et pendant l'été, l'aigle à tête blanche s'y
» prend différemment pour se procurer sa pâture, la tactique
» qu'il adopte semble beaucoup moins digne d'un oiseau en
» apparence si capable de se suffire sans molester d'autres
» rapaces. A peine la première orfraie s'est-elle montrée sur
» la côte de l'Atlantique, ou le long des grandes rivières,
» que l'aigle s'attache à ses pas et, en tyran égoïste la
» dépouille du fruit de son labeur. Perché sur quelque pointe
» élevée en vue de l'Océan ou d'un grand cours d'eau, il
» suit attentivement les mouvements de l'orfraie, et, quand
» il la voit quitter l'eau avec un poisson dans le bec, il
» se lance à sa poursuite. S'élevant au dessus d'elle, il
» l'intimide par des gestes menaçants, si bien que, croyant sa
» vie en danger, elle laisse tomber sa proie. Aussitôt l'aigle
» jugeant la vitesse de chute du poisson, plie ses ailes, des-
» cend comme un éclair, rattrape le morceau convoité et
» l'emporte dans les bois pour servir de pâture à sa famille
» toujours affamée. »

La frégate est un autre voleur de profession ; elle s'attaque
aux fous non seulement pour leur faire lâcher le poisson
qu'ils viennent de prendre mais encore pour leur faire
rendre celui que contient déjà leur estomac. Les malheureux ne se prêtent pas volontiers à cette évacuation, et ce
n'est qu'à force de horions que la frégate parvient à vaincre
leur résistance. Son grand coup consiste à les larder de son
bec puissant. Catesby et Dampier ont tous les deux observé
les mœurs de cet oiseau, et il résulterait de leur témoignage
qu'il pratique son métier de brigand soit dans l'air, c'est-à-
dire sur la grand'route, soit en embuscade sur le chemin des
fous à leur retour.

A titre d'antithèse, je citerai un extrait du journal *Nature* (20 juillet 1871) montrant que l'instinct du travail prévoyant, si commun chez les insectes et les rongeurs, ne fait
point absolument défaut chez les oiseaux :

« Le pic mangeur de fourmis (*Melanerpes formicivorus*),
» espèce commune en Californie, a l'habitude de faire ses
» provisions pour la mauvaise saison. Il pratique, dans l'é-
» corce des pins et des chênes, de petits trous ronds dans
» chacun desquels il insère un gland avec tant de précision
» qu'il est difficile de l'extirper. A une certaine distance,
» l'écorce des pins ainsi perforés semble garnie de clous. »

Voici un passage des *Exemples d'instinct* de Couch
(p. 192-193) :

« Cet oiseau (guillemot) comme la plupart de ceux qui ont
» pour habitude de plonger après leur proie, évolue sous
» l'eau à l'aide de ses ailes ; mais au lieu de viser au centre
» d'une troupe effarée de menues victimes, ce qui lui en
» ferait manquer un grand nombre, il les contourne et les
» rassemble en un tas. De cette manière il peut en happer ici
» une, là une autre à sa convenance ; les premières à tomber
» sous sa dent, étant celles qui cherchent à s'échapper. A
» comparer la manière dont cet oiseau transporte un œuf de
» mouette ou de poule qu'il veut dévorer en paix ou bien
» les siens pour les mettre en sûreté, on reconnaît la diffé-
» rence entre les deux mobiles : d'une part l'appétit, de
» l'autre l'affection. Quand l'affection est en jeu, l'œuf est
» traité comme un trésor fragile dont l'oiseau prend le plus
» grand soin ; quand c'est l'appétit qui commande, il est de
» suite entamé par le voleur qui l'emporte à la pointe du bec.»

A propos des vanneaux, Jesse décrit ainsi leur manière de
se procurer leur pâture :

« Quand un vanneau a faim, dit-il, il se met en quête d'un
» trou de ver de terre. L'ayant trouvé, il piétine le sol tout
» autour pendant quelque temps ; puis il attend que le ver,
» dans son alarme, cherche à sortir de son trou, et le saisit
» aussitôt. Il fréquente également les endroits où il y a des
» taupes, parce que ces animaux en faisant la chasse aux
» vers en font sortir un certain nombre qui deviennent la
» proie de l'oiseau. » (*Gleanings,* vol. I, p. 71.)

Il raconte ailleurs le fait suivant :

« Une dame de la connaissance du docteur E. Darwin vit
» un petit oiseau s'accrocher à plusieurs reprises à la tige
» d'un coquelicot, en secouer la fleur avec son bec ; puis se
» mettre à ramasser systématiquement les graines qu'il avait
» fait tomber à terre. » (*Gleanings,* eod. loc.)

Il est de toute notoriété que dans les pays où les vautours
abondent, ces oiseaux se rassemblent rapidement autour
d'une carcasse alors qu'avant la mort de leur proie ils étaient
invisibles. On s'est toujours demandé si c'était l'odorat ou la
vue qui les guidait ; mais aujourd'hui la question ne fait
plus de doute. Etant à Valparaiso M. Darwin fit l'expérience
suivante. Devant une rangée de condors attachés à leurs
places, et à trois mètres environ de distance, il imagina de
promener un morceau de viande enveloppé de papier. Les
oiseaux n'y faisaient point attention, il jeta le paquet à un
mètre d'un vieux mâle qui, après l'avoir regardé curieuse-
ment pendant un instant, ne parut plus s'en occuper. M. Darwin le poussa alors à l'aide d'un bâton jusque sous le bec de
l'oiseau. Cette fois l'odeur ne pouvait manquer de lui parvenir ; en effet il déchira le papier avec rage et « aussitôt
» sur toute la ligne les autres se mirent à battre des ailes et
» à s'agiter » [1]. Il est donc évident que les vautours ne sont
pas guidés par l'odorat. Du reste on s'explique facilement
que le sens de la vue leur suffise. Si l'on admet que, dans un
espace de plusieurs milles carrés, un certain nombre de vautours volent à une grande hauteur selon leur habitude, et
que l'un d'eux apercevant une carcasse se mette à descendre,
son voisin ne manquera pas de l'observer et de le suivre :
l'exemple, gagnant ainsi de proche en proche, s'étendra à
toute la bande.

Passons aux instincts de l'incubation et de l'élevage. Voici
ce qu'écrit à ce propos un de mes correspondants :

« Le printemps dernier, j'avais un couple de serins, dans
» une cage munie de deux petites boîtes à nid, dans le com-
» partiment du bout. Quand le premier œuf fut pondu, je
» l'examinai par la petite porte faite exprès ; puis, le lende-
» main et les jours suivants, je regardai pour voir s'il n'y en
» avait point d'autres. Mais, comme au bout de cinq jours, je

---

1. *Voyage d'un Naturaliste,* etc., p. 184.

» n'en trouvai toujours qu'un et que d'ailleurs la femelle était
» en bonne santé et ne paraissait point avoir fini de pondre,
» je conclus qu'elle avait dû casser un œuf ou deux, et j'en-
» levai la boîte pour y chercher des fragments de coquille
» sans toutefois déranger le nid. Mais je ne trouvai rien et,
» vers le commencement de la semaine suivante, je me dis-
» posais à retirer l'œuf solitaire que la femelle semblait prête
» à couver, lorsque je m'aperçus qu'il y en avait deux ! Le
» lendemain, à ma grande surprise, elle en couvait six ! Il
» fallait donc qu'elle en eût caché quatre dans les coins de la
» boîte, si profondément que je n'avais pu les découvrir. Je
» crus d'abord qu'elle en avait agi ainsi simplement dans le
» but de les soustraire à mon inspection, mais en y réfléchis-
» sant, j'ai pensé depuis que son idée était de les faire éclore
» tous en même temps (ce qui arriva, en effet); car elle était
» tout à fait apprivoisée et me permettait presque de la ca-
» resser sur son nid. Les oiseaux en liberté ne paraissent pas
» cacher leurs œufs avant de les couver ; mais aussi ils ont
» plus de distractions que les oiseaux en cage et ne s'occupent
» de leurs œufs qu'après avoir achevé leur ponte, tandis que
» l'oiseau apprivoisé n'a rien qui l'attire en dehors de son nid
» et y reste la plus grande partie du jour. »

Je ne crois pas que ce singulier trait de prévoyance de la
part d'un oiseau en cage ait jamais été mentionné jusqu'ici.
En tant qu'il se rapporte (fait observer mon correspondant)
à un changement de vie, il peut être considéré comme une
première étape du développement d'un instinct nouveau qui,
avec le temps, finirait par aboutir à une modification importante et durable de l'instinct héréditaire.

Du reste, je tiens d'autres correspondants plusieurs exemples de ces modifications individuelles inspirées par des circonstances particulières. Ainsi, M. J.-F. Fischer me dit que
quand il était capitaine au long cours, au service de la Compagnie des Indes, il faisait toujours provision de volailles,
pour le voyage. Les nids se trouvaient entassés dans un espace restreint, les poules se les disputaient : l'une d'elles
imagina d'enlever de l'un des nids l'œuf qu'on y laissait en
permanence et de le mettre dans un autre nid, un peu plus
loin ; il observait son manège par une fente dans la porte, et
la vit recourber son cou en forme de tasse pour transporter

l'œuf : « Quant à expliquer, dit-il, pourquoi elle déplaça l'œuf,
» ce qui lui faisait préférer un nid à l'autre, ou bien ce qui lui
» inspira l'idée de se servir de son cou comme d'une espèce
» de main, j'en serais fort embarrassé ; mais la rapidité avec
» laquelle elle s'acquitta de l'entreprise, me fournit la preuve
» que ce devait être elle qui nous avait déjà joué le même tour
» en maintes occasions. »

Il me semble que mon correspondant fournit ailleurs, dans
sa lettre, la raison du choix de la poule quand il dit en passant, que le nid où se trouvait l'œuf en premier lieu, était
près d'une porte qui restait généralement ouverte ; la poule
en préférait probablement un plus à l'écart. En tout cas, il
est certain que les volailles de basse-cour n'ont pas l'habitude de transporter leurs œufs, et ce qui fait l'intérêt de cas
isolés, comme celui dont il est question, c'est qu'ils montrent
comment un instinct peut se produire. Jesse, à la page 149 du
premier volume de ses *Gleanings*, cite deux exemples analogues, celui d'une oie du cap de Bonne-Espérance et d'une
cane sauvage, dont le nid avait été attaqué par des rats;
toutes deux en retirèrent leurs œufs.

Dans le cas suivant, il s'agit d'une poule qui avait pris
l'habitude de transporter non pas ses œufs mais ses poussins.
C'est Houzeau qui le cite (*Journ.*, I, page 332) en s'autorisant
du témoignage de son frère. La bête en question, ayant découvert un endroit riche en pâture, de l'autre côté d'un ruisseau de quatre mètres de large, avait imaginé de le traverser
au vol avec un poussin sur le dos. Matin et soir, c'est-à-dire
à l'aller et au retour, elle répétait ce manège pour toute la
couvée. Voilà encore une habitude qui n'est pas commune
aux gallinacés, et que l'on doit considérer comme une adaptation intellectuelle de la part de l'oiseau.

De même, M. J.-S. Stent, un de mes correspondants, me
raconte comme quoi deux merles, inquiets de ce que son jardinier avait inspecté leurs jeunes dans leur nid, les portèrent
dans une retraite plus cachée, à vingt mètres de distance. Le
fait est notoire chez les perdrix, et Audubon l'affirme de la
part de l'*Engoulevent*, en ce qui concerne les œufs. (*Biog.
orn.*, vol. I, p. 276.)

Mais l'exemple le plus curieux est celui d'un couple de ros-
signols (*Comptes rendus*, 1836) qui, voyant son nid menacé

par une inondation, emporta ses œufs en lieu sûr, la femelle
d'un côté, le mâle de l'autre.

Or, si un oiseau d'une espèce quelconque est assez intelligent pour s'acquitter de l'action adaptative qu'implique le
transport de ses jeunes soit vers leur pâture, comme dans le
cas de la poule, soit loin d'un danger imminent, comme dans
le cas des perdrix, merles et engoulevents, on s'explique facilement comment l'hérédité et la sélection naturelle ont pu
transformer ce qui était une adaptation intelligente en un instinct commun à toute l'espèce. C'est précisément ce qui s'est
produit au moins pour deux espèces d'oiseaux ; on a souvent
constaté que les coqs de bruyère et les canards sauvages
allaient à la pâture avec leurs jeunes sur le dos.

Couch donne des détails intéressants sur la manière de se
comporter du râle d'eau, du cygne et de quelques autres oiseaux aquatiques. Lorsqu'ils se sentent en danger, ils s'enfon-
cent dans l'eau jusqu'au bec qu'ils laissent saillir à la surface
pour respirer. Le cygne enfonce même sa tête sous l'eau, pour
permettre à ses jeunes de s'en servir comme d'une plate-
forme, et les transporte ainsi à travers des courants rapides.

« Plusieurs oiseaux, dit le même auteur, écartent soigneu-
» sement du voisinage de leurs nids, les déjections de la cou-
» vée, qui pourraient attirer l'attention de leurs ennemis.
» Ceux qui construisent leurs nids à découvert montrent la
» plus grande insouciance sur ce point; mais le pic, la mé-
» sange des marais, pour ne citer que ces deux exemples, se
» donnent toute la peine du monde pour faire disparaître
» même les fragments qui proviennent de l'excavation du
» trou où se trouve leur nid, et qui pourraient en révéler la
» position. »

Jesse s'exprime dans le même sens :

« Les excréments des jeunes, dit-il, chez les oiseaux qui ne
» cherchent point à cacher leurs nids, hirondelles, corneilles,
» etc., se retrouvent toujours soit au-dessous, soit autour;
» mais chez certains oiseaux qui aiment à se dérober au re-
» gard, les parents saisissent dans leur bec les déjections de
» leurs jeunes et les emportent à vingt ou trente mètres. Sans
» cette précaution, la quantité et la couleur des excréments
» révéleraient la retraite de la couvée. Quand les jeunes
» savent voler, les parents ne s'imposent plus cette corvée. »

Sir H. Davy raconte comment il vit sur le Ben Nevis, un couple d'aigles qui apprenaient à leurs jeunes à voler ; c'est, du reste, un spectacle que les oiseaux d'espèces communes fournissent constamment. Toutefois, les expériences de Spalding ont démontré que le vol est une faculté instinctive ; car les hirondelles qu'il avait élevées surent jouer de l'aile aussitôt qu'il leur donna la liberté. Le rôle des parents se borne donc à activer le développement de fonctions instinctives.

Je puis aussi bien mentionner ici certaines mœurs dont le caractère n'a rien de déterminé, par exemple, la manière dont plusieurs petites espèces de la gent ailée se rassemblent tumultueusement autour d'un oiseau carnivore, pour le chasser probablement, et peut-être pour mettre leurs amis sur leurs gardes, par leur bruit. Ce pourrait bien être un cas d'action concertée ; mais nous en verrons des exemples autrement frappants plus loin. J'ai vu une bande de mouettes ameutées autour d'un stercoraire, ce qui prouve que ce genre de coopération vise à prévenir le vol aussi bien que le meurtre. Couch affirme avoir vu des merles cerner un chat caché dans un buisson ; le motif apparent, dans ce cas, était plutôt de donner l'éveil aux amis que de chasser l'ennemi.

J'ai observé chez les mouettes du jardin zoologique une curieuse habitude qu'ont les oiseaux de se provoquer au moyen d'un petit rameau qu'ils ramassent avec ostentation et se jettent ensuite aux pieds comme un défi, à la manière des chevaliers de l'ancien temps. J'ai vu plusieurs individus des espèces glauque et à manteau noir se comporter de la sorte, pendant les premiers jours de printemps et il se pourrait que ce trait de mœurs se rattache indirectement à l'instinct de la nidification.

NIDIFICATION.

Parmi les mœurs et les instincts particuliers à certaines espèces d'animaux, se rangent certains instincts de nidification dont je me contenterai de citer les plus remarquables.

Les pétrels et les perroquets de mer font leurs nids en terre, dans des trous qu'ils creusent exprès. Wasser dit de la grande montagne de soufre de la Guadeloupe, qu'elle est percée de trous comme une garenne grâce aux pétrels. Chez les macareux, c'est le mâle qui creuse. Il se met sur le dos, dans le tunnel qu'il perce, et pioche de son large bec, tandis que de ses pattes palmées il rejette les débris. Un terrier achevé fait plusieurs coudes et a près de dix pieds de profondeur. Quand un clapier se trouve à sa portée, l'oiseau l'adopte incontinent. Le martin-pêcheur et le martin-chasseur font également leur nid dans des trous du même genre.

Certaines espèces de pingouins déposent leur œuf solitaire sur le rocher à nu ; le Courlis et l'Engoulevent pondent sur le sol et reviennent d'année en année au même endroit. L'autruche gratte le sable, y dépose ses œufs pêle-mêle, puis recouvre le tout d'une légère couche de sable. Pendant le jour, l'incubation se fait sous l'influence des rayons du soleil ; la nuit, le mâle couve. Parfois, plusieurs femelles se réunissent, pondent leurs œufs dans un même trou et couvent à tour de rôle. La mouette, la bécassine d'été (*Sandpiper*), le pluvier, etc., déposent également leurs œufs dans de légères excavations.

Le martin-pêcheur fabrique une sorte de couche d'arêtes de poisson à moitié digérées qu'il rejette de son estomac sous forme de boulettes et certains martinets secrètent dans leurs glandes salivaires un fluide qui durcit rapidement à l'air et finit par ressembler à de la colle de poisson. Cette substance entre dans la composition de leurs nids qui font la joie des épicures chinois. (Newton, *Encycl. Britann.*, art. *oiseaux*.)

Le martinet commun se sert de terre glaise qu'il applique contre les murs et à laquelle il donne plus de consistance en y mélangeant des brins de paille, de bois, etc... Voici ce que dit à ce propos M. Gilbert White :

« La boue étant fraîche, trop de rapidité dans la construc-
» tion de l'édifice pourrait en amener l'écroulement ; aussi le
» prudent architecte n'y travaille que le matin, et, tandis
» qu'il consacre la journée à la chasse et à ses récréations,
» l'ouvrage sèche et se consolide. Grandissant par échelons
» quotidiens d'un demi-pouce, l'édifice se transforme dans
» l'espace de dix ou douze jours en un nid hémisphérique
» pourvu d'une étroite ouverture vers le haut, solide, com-
» pacte, chaud, et parfaitement adapté à tous les besoins. »

D'autres oiseaux recherchent le bois. Le roitelet et le pic creusent un trou dans un arbre, en ayant soin d'enlever les morceaux de peur de révéler la position de leur nid. Wilson dit que le trou du pic d'Amérique a jusqu'à cinq pieds de profondeur, et que sa forme tortueuse sert à abriter le nid du vent et de la pluie.

Le sansonnet de verger (*Orchard Starling*) suspend son nid à une branche d'arbre et se sert pour le construire de brins d'une herbe tenace qu'il entrelace. Wilson mesura un de ces brins d'herbe et trouva qu'il avait treize pouces de long, et servait à trente-quatre entrelacements.

Viennent maintenant le Tisserand (*Ploceus textor*) et les couturiers (*Prinia, Orthotomus, Sylvia*); le premier fabrique avec une herbe fine un tissu assez fort pour protéger ses jeunes ; le second coud ensemble des feuilles à l'aide de morceaux de fil ou de coton quand il peut en trouver, sinon, avec des fibres de végétaux. Le colonel Sykes affirme avoir trouvé un nœud au bout de ces fils. (*Catal. d'oiseaux*, etc., p. 16.)

Forbes, en observant un oiseau couturier de l'Inde à l'œuvre, lui vit choisir une plante à larges feuilles, ramasser du coton, le filer à l'aide de son bec et de ses pattes, puis coudre les feuilles ensemble en se servant de son bec comme d'alêne.

L'intérêt particulier de cet instinct pour les évolutionistes, c'est qu'il se retrouve dans trois genres bien distincts. Son caractère singulier ne permet guère de penser qu'il s'est produit séparément dans chacun de ces trois genres[1] ; il doit provenir d'une origine commune par hérédité, et comme tel, sert à montrer qu'un instinct peut se perpétuer sans modification alors que les différences de structure ont dépassé les limites d'une distinction d'espèces. Le genre *Sylvia* est originaire d'Italie ; ces oiseaux se servent de fils d'araignée qu'ils tirent des poches à œufs, et qu'ils passent dans des trous qu'ils pratiquent avec leur bec tout autour des feuilles. Les deux autres genres sont originaires de l'Inde.

Le *baya* de l'Inde suspend à une branche d'arbre son habitation, faite de brins d'herbe entrelacés, et façonnée comme une bouteille à long cou ; l'entrée est en bas, par mesure de précaution contre les serpents arboricoles et autres ennemis.

---

1. Il est à remarquer cependant qu'on trouve des instincts analogues et très particuliers chez des animaux qu'on ne peut supposer descendre d'un ancêtre commun possédant déjà cet instinct ; tels sont les instincts des fourmis et des termites et bien d'autres encore. (*Traducteur.*)

Sir E. Tennent, à qui j'ai emprunté ces détails, ajoute :

« Les indigènes prétendent que le mâle colle des mouches
» à feu contre les parois du nid à l'aide d'une espèce de
» boue. M. Layard n'a jamais réussi à découvrir de mouches
» à feu ; mais il m'affirme que le nid du mâle (la femelle en a
» un à elle pendant l'incubation) présente toujours une plaque
» de boue de chaque côté du perchoir. »

Le docteur Buchanan confirme le dire des indigènes : « La
» nuit, dit-il, les nids sont illuminés par une mouche à feu
» collée avec de la terre glaise vers leur partie supérieure.
» Quelquefois il y en a deux ou trois, et la lumière qu'elles
» jettent dans les deux compartiments du nid, éblouit les
» chauve-souris, ennemis redoutés des jeunes oiseaux. »

Pendant que le présent ouvrage est sous presse, une lettre
de M. H. A. Severn, publiée dans *Nature* (XXIV, page 165),
vient me fournir la confirmation du fait dont je viens de
parler ; en tout cas, l'observation dont il s'agit vaut la peine
d'être citée à cause du rôle qu'y jouent les rats, rôle qui four-
nirait la raison d'être de l'instinct de ces oiseaux.

« Je tiens de source sûre, dit M. Severn, que l'oiseau bou-
» teille (bottle bird) de l'Inde protège son nid la nuit en collant
» autour de l'entrée, avec de la terre glaise, plusieurs sca-
» rabées lumineux. Il y a deux ou trois jours, un de mes amis
» les plus intimes observait trois rats sur une poutre de son
» chalet (bungalow) lorsqu'une mouche à feu vint s'établir
» tout près d'eux ; les rats s'enfuirent aussitôt. »

D'après Gould, le Tallegalle d'Australie est une des plus
curieuses découvertes ornithologiques dans l'ouest et le sud
de cette contrée; « parce que, dit-il, cet oiseau au lieu de
» couver ses œufs, les dépose dans des monceaux d'un mélange
» de sable et d'herbes, dont la chaleur fait éclore les jeunes
» qui en sortent en se frayant un chemin à travers la masse
et commencent aussitôt une vie active. » (*Oiseaux d'Austr.*,
II, p. 155).

Sir George Grey a mesuré un de ces monceaux ; il avait
quarante-cinq pieds de circonférence, et s'il avait été achevé,
il aurait eu cinq pieds de haut. La chaleur tout autour des
œufs se trouve être de 89° Fahr.

Il y a une singulière aberration d'instinct que l'on constate
chez certains oiseaux, particulièrement chez la fauvette, et

qui consiste à construire un nid en double. Au lieu d'achever
son nid, l'oiseau en construit un autre avant de pondre et ne
fait aucun usage du premier, excepté dans les rares occasions
où il le préfère au second.

Les oiseaux se montrent parfois très excentriques dans le
choix qu'ils font d'un gîte, et certains d'entre eux font preuve
de beaucoup de perspicacité à revenir chaque année au même
endroit ; Bingley nous en fournit un exemple très frappant.
Un couple d'hirondelles avait construit son nid sur les ailes
et le corps d'un hibou qui pendait à une poutre dans un hangar
et oscillait à chaque coup de vent. Sir Ashton Lever mit le
hibou et le nid dans son musée à titre de curiosité, et à leur
place il fit suspendre un coquillage dans le creux duquel les
hirondelles ne manquèrent pas de construire un nouveau nid
à leur retour l'année suivante. (*Biogr. animale*, II, p. 204.)
Voici un extrait de Thompson « Passion des animaux » :
« Le gros bec d'Afrique est l'un des rares exemples d'oiseaux
» vivant en communauté et coopérant à la construction d'un
» énorme nid destiné à l'usage de toute la tribu. Le témoi-
» gnage de L. Vaillant a été amplement confirmé par d'autres
» voyageurs. Je vis, dit-il, en chemin, un des nids immenses
» que construisent ces oiseaux, auxquels j'ai donné le nom de
» *républicains* ; et aussitôt arrivé au camp, j'envoyai quelques
» hommes avec une charrette, pour me l'apporter, afin que
» je pusse ouvrir et examiner cette ruche. Je le découpai à
» coups de hache et m'aperçus que ce n'était qu'une masse
» d'herbe (Boshman's sgrass) sans mélange aucun, mais si
» bien entrelacée que la pluie ne pouvait le traverser. Sous
» cette enveloppe, chaque oiseau construit son propre nid
» dans l'angle du toit qui, grâce à son bout qui dépasse et à
» sa légère inclinaison, sert à faire écouler l'eau et pré-
» serve chaque petit réduit de l'atteinte de la pluie. Figurez-
» vous un immense toit en pente et de forme irrégulière,
» dont le bout recouvre une multitude de nids, serrés les uns
» contre les autres, et vous aurez une idée assez exacte de
» ces singuliers édifices. Chaque nid a de trois à quatre pouces
» de diamètre ; mais serrés comme ils le sont, rien ne les dis-
» tingue les uns des autres, si ce n'est une petite ouverture
» qui sert d'entrée, et encore est-elle commune à trois nids,
» deux côte à côte, le troisième en dessous. Le nid dont je

» viens de parler, était bien le plus considérable que j'eusse
» rencontré dans mes voyages ; il comptait 320 cellules habi-
» tées, et, en attribuant à chacune un mâle et une femelle,
» 640 habitants ; mais comme ces oiseaux sont polygames, il
» y aurait erreur à calculer ainsi. » (Page 265.)

Les passages suivants sont tirés des *Exemples d'instinct*,
de Couch (pages 227 et suivantes) :

« M. Waterton dit que la nidification du cygne domestique
» présente un trait à signaler. Quand il commence à pondre,
» son nid est de taille fort modeste, mais il grandit en hauteur
» et en largeur avec le nombre des œufs. Tout en couvant,
» l'oiseau saisit au passage les paquets d'herbe et de laîche,
» et les incorpore dans son nid ; et cela pendant toute la durée
» de la couvée, quelque temps qu'il fasse. Il y met une ardeur
» vraiment surprenante, quand on songe que l'édifice est déjà
» d'une grandeur et d'une solidité plus que suffisante. Mes
» cygnes établissent d'habitude leur nid sur une île hors
» d'atteinte d'une inondation ; mais la couveuse ne s'en montre
» pas moins insatiable en fait de matériaux. Je mis une fois
» à sa disposition deux énormes bottes de paille d'avoine
» qu'elle n'hésita pas à adjoindre à son nid, quoiqu'il fût déjà
» fort grand et à l'abri de tout danger, même par les plus
» fortes pluies... Il est probable que c'est l'idée de chaleur,
» plutôt que la crainte d'une inondation qui est au fond de
» cette tendance à l'accumulation ; il n'en est pas moins
» vrai que le cygne sauvage a l'instinct du danger et un vif
» sentiment des précautions à prendre pour y parer, comme
» le prouve le récit du capitaine Parry, à propos de son
» voyage vers le nord. Eu égard à la couche épaisse de neige
» qui recouvrait toutes choses, les voyageurs avaient grand'-
» peine à reconnaître si elle cachait de la glace ou de l'eau.
» Mais certains oiseaux, qui vinrent nicher à peu de distance
» des navires, ne s'y trompaient pas ; et quand vint le dégel,
» on put reconnaître que leur nid se trouvait placé sur une
» île au milieu du lac. »

Le même auteur cite ailleurs (*loc. cit.*, page 225), une
preuve d'instinct des plus remarquables de la part d'un cygne
âgé de dix-huit à dix-neuf ans qui avait élevé de nombreuses
couvées et qui était choyé de tout le voisinage :

« L'oiseau était à couver quatre à cinq œufs ; un jour qu'il

» paraissait fort en peine de récolter herbes et débris de
» toute espèce pour élever son nid, un laboureur reçut l'ordre
» de lui porter une demi-brassée de chaume. Le cygne s'en
» empara aussitôt et, par ce moyen, réussit à élever son nid
» et le contenu de deux pieds et demi. La nuit suivante la
» pluie tomba par torrents et fit de grands ravages ; l'homme
» n'avait pas pris ses précautions, mais l'oiseau était sur ses
» gardes : l'instinct l'emportait sur la raison. Les œufs ne
» furent point atteints par l'eau, quoique le niveau en appro-
» chât de bien près.

» Au commencement de l'été 1835, un couple de poules
» d'eau fit son nid au bord de l'étang de Bell's Hill, pièce
» d'eau considérable qu'alimente d'habitude une source sur
» la hauteur, mais qui peut aussi recevoir à l'occasion le con-
» tenu d'un autre grand étang. Or, tandis que la femelle était
» à couver, il advint qu'on opéra ce déversement, et, comme
» le nid avait été construit alors que le niveau de l'eau était
» bas, la hausse de plusieurs pouces qui résulta de cette inon-
» dation soudaine, mit l'édifice et, par suite, les œufs en
» péril. Les oiseaux parurent comprendre la portée de l'inci-
» dent et les précautions qu'il nécessitait, car quand le jardi-
» nier (à la bonne foi duquel je puis entièrement me fier),
» remarquant la crue, s'approcha pour voir si le nid n'était
» pas détruit ou au moins abandonné, il s'aperçut que les
» poules d'eau étaient fort occupées à entasser des matériaux
» afin d'exhausser le nid et que, d'une manière ou d'une
» autre, elles avaient réussi à enlever les œufs qui se trou-
» vaient sur l'herbe à un ou deux pieds du bord de l'eau.
» Il les observa pendant quelque temps et vit leur nid s'éle-
» ver rapidement ; malheureusement, de peur de les effarou-
» cher, il crut devoir s'éloigner avant qu'elles eussent remis
» leurs œufs en place. Une heure après, quand il revint, la
» femelle couvait et, au bout de quelques jours, la couvée
» prenait l'eau. A quelque temps de là, on me montra le nid
» en place, et je reconnus facilement la partie ajoutée. »

Je ne saurais clore ces remarques sur la nidification, sans
faire allusion aux chapitres que M. Wallace a consacrés
à « la philosophie des nids d'oiseau » dans son livre sur
« la sélection naturelle ». Selon lui, ce ne serait pas l'instinct
héréditaire qui apprendrait aux oiseaux à construire les diffé-

rentes formes de nid qui caractérisent leurs espèces respectives; il y aurait là un acte d'observation intelligente de la part des jeunes, qui imiteraient à leur tour la construction du nid où ils ont vu le jour. Je crois suffisant de faire remarquer que cette théorie pèche par les antécédents et n'est point confirmée dans le fait. En effet, en matière d'antécédents, quand une habitude — surtout une habitude spéciale et détaillée — a persisté pendant un certain nombre de générations, il y a à parier qu'elle est devenue instinctive; si un nid d'oiseau est le résultat d'une imitation consciente, autant en pourrionsnous dire du nid du petit crustacé « Podocerus », et de la cellule de l'abeille à ruche. Quant à être confirmée par les faits, il faudrait pour cela que nous puissions constater des différences sensibles dans les nids d'une même espèce; car, en l'absence d'un instinct commun aux individus de même espèce et leur inspirant un modèle unique d'architecture, il ne manquerait pas de se produire nombre d'idiosyncrasies, qui réduiraient l'uniformité du type à des traits généraux.

M. Wallace est mieux inspiré quand il indique l'existence d'une sorte de corrélation générale entre la forme du nid et la couleur de la femelle. Passant en revue les oiseaux du monde entier, il établit qu'en thèse générale (non toutefois sans de nombreuses exceptions), les femelles au plumage terne ont des nids ouverts, et celles aux couleurs éclatantes, des nids à dôme. Mais M. Darwin, après avoir scrupuleusement examiné les preuves à l'appui, nous montre clairement que M. Wallace se trompe en supposant que la couleur de la femelle résulte de la forme du nid par voie de sélection naturelle; au contraire, c'est la forme du nid qui résulte de la couleur de la femelle [1].

Quoique les instincts de nidification ne varient pas autant que le comporterait la théorie de M. Wallace, ils sont pourtant très plastiques. Ainsi est-il arrivé au faucon, qui d'habitude niche sur les falaises, de déposer ses œufs à terre au milieu d'un marais; l'aigle doré niche quelquefois à terre ou dans un arbre; tandis que le héron s'éprend tantôt d'un arbre, tantôt d'une roche, tantôt de la rase campagne [2]. Audubon, de son côté, dans sa biographie ornithologique, cite plusieurs exem-

---

1. *Descent of man*, p. 452 et suiv.
2. Newton, *Encyclop. brit.*, article « Oiseaux ».

ples de variations remarquables dans l'établissement du nid de la part d'oiseaux de même espèce dans les États du Nord et du Sud de l'Amérique. En somme, comme le dit fort bien M. Wallace, il résulte des preuves fournies que les oiseaux adaptent leurs nids à la position qu'ils choisissent ; et la manière dont les hirondelles, les fauvettes et plusieurs autres espèces d'oiseaux s'accommodent de bouts de toits, de cheminées ou de boîtes montre une tendance toujours en éveil à tirer profit des changements de conditions. « Il est donc pro
» bable qu'une variation climatérique permanente aurait son
» influence sur plusieurs oiseaux qui, pour mieux protéger
» leurs jeunes, modifieraient la forme de leur nid et le choix
» des matériaux. » (*Sélect. nat.*, p. 232.)

En Amérique un changement de ce genre s'est opéré chez les hirondelles (*house-swallows*) dans les trois derniers siècles.

Ajoutons comme corollaire que chez les espèces que l'on a pu observer attentivement et pendant une période suffisante, on a reconnu un progrès régulier dans la construction des nids. C. G. Leroy, qui en sa qualité de garde-forestier à Versailles, il y a près d'un siècle, fut à même d'étudier les mœurs animales, écrivit un traité sur « l'intelligence et la perfectibilité des animaux, considérées à un point de vue philosophique ». Dans cet essai, il a prévenu l'observateur américain Wilson en tant qu'il fait remarquer combien les nids de jeunes oiseaux sont inférieurs à ceux de leurs aînés, comme position et comme architecture. Le fait en lui-même n'a rien d'impossible et confirmé qu'il est par deux observateurs indépendants de mérite, il nous autorise à conclure que l'instinct de la nidification est susceptible, du moins chez certains oiseaux, de se compléter par l'expérience et l'intelligence de l'individu. M. Pouchet a également constaté la supériorité croissante des nids d'hirondelles à Rouen de son vivant, et son témoignage s'accorde avec l'opinion de Leroy d'après laquelle, s'il nous était possible d'observer avec l'attention voulue pendant une période suffisamment longue, nous finirions par reconnaître que l'accumulation des progrès intelligents des individus de générations successives réagit sur l'instinct héréditaire, si bien que tous les nids d'une région déterminée atteignent un degré supérieur de perfection. M. Noulet a cependant con-

testé plus tard les faits avancés par M. Pouchet. (Ouvrage
cité, t. II, p. 77.)

Leroy dit aussi que, quand une couvée d'hirondelles éclot
trop tard pour pouvoir émigrer avec leurs aînées, l'instinct
migrateur n'est pas assez fort en elles pour les pousser au
départ. « Elles périssent, victimes de leur ignorance et du
» retard qui les a empêchées de partir avec leurs parents. »

Coucou.

Parmi les instincts spéciaux manifestés par les oiseaux, il
n'en est pas de plus curieux que celui qui pousse le coucou à
déposer ses œufs dans le nid d'autrui. C'est là un sujet important à bien des points de vue, et je m'y étendrai un peu.

Reconnaissons toutefois d'abord que cet instinct ne se retrouve pas chez toutes les espèces du genre, le coucou d'Amérique, par exemple, fait son nid et élève sa nichée comme
les autres oiseaux. Mais le coucou d'Australie se comporte
comme celui d'Europe. L'illustre Jenner fut le premier à l'observer, et publia dans les *Transactions philosophiques* (vol.
LXXVIII, page 221) un rapport dont j'extrais ce passage :

« Il y a plusieurs espèces de petits oiseaux dont le nid plaît
» au coucou. Je lui ai vu confier ses œufs à la fauvette d'hi-
» ver, à la bergeronnette, à l'alouette des prés, au bruant, au
» verdier et au tarier. D'habitude il préfère les trois premiers ;
» mais c'est la fauvette d'hiver qu'il estime le plus, et, par
» suite, afin d'éviter toute confusion, nous la considérerons
» dans le présent mémoire comme la seule nourrice du coucou,
» excepté dans certains cas qui seront spécialement indiqués.
» Quand la fauvette, après avoir couvé le nombre de jours
» voulu, a fait éclore l'œuf de coucou (celui-ci est générale-
» ment le premier à éclore), le nid ne tarde pas à être débar-
» rassé du reste de son contenu, œufs et oisillons. Le jeune
» tyran ne tue pas ses frères de lait pas plus qu'il ne brise
» les œufs avant de les expulser ; il les laisse périr sur les
» branches où ils restent accrochés ou à terre au-dessous
» du nid.

» Le 18 juin 1787, j'inspectai le nid d'une fauvette d'hiver
» qui se trouvait contenir quatre œufs, dont un de coucou. Le
» jour suivant je m'aperçus que l'éclosion avait eu lieu, mais

» qu'il n'y avait au nid qu'une seule jeune fauvette et le cou-
» cou. Comme d'ailleurs la nature du lieu se prêtait à l'obser-
» vation, je continuai à regarder, et, à mon grand étonne-
» ment, je vis le jeune coucou, si récemment éclos, se mettre
» en devoir de faire vider la place à sa compagne.

» Sa manière de s'y prendre était fort curieuse. A l'aide de
» son croupion et de ses ailes il se mit la fauvette sur le dos,
» la maintint en place en élevant les coudes, et gravit à recu-
» lons la paroi du nid. Arrivé en haut, il prit un temps de
» repos, puis, rassemblant ses forces en un soubresaut, il lança
» son fardeau de manière à le dégager complètement du nid.
» Puis après être resté quelque temps à tâtonner du bout de
» ses ailes, comme pour s'assurer qu'il s'était bien acquitté de
» sa besogne, il se laissa glisser dans le nid. J'ai souvent eu
» l'occasion de constater que le bout des ailes est pour les
» jeunes coucous une sorte de main avec laquelle ils exa-
» minent un œuf ou un oisillon avant de se mettre à l'œuvre,
» et dont la sensibilité paraît suppléer à la vue qui leur
» manque encore. J'ai également, à plusieurs reprises, mis un
» œuf dans différents nids contenant un jeune coucou, et
» chaque fois, j'ai vu le petit animal manœuvrer d'une façon
» analogue à celle qui vient d'être décrite. Souvent en grim-
» pant sur le bord du nid, il lui arrive de laisser retomber son
» fardeau ; mais il ne se laisse pas rebuter et recommence
» jusqu'à réussite complète. Ce qui est curieux, c'est de voir
» la manière dont il se démène lorsqu'on lui adjoint un jeune
» oiseau dont le poids est au-dessus de ses forces, c'est l'in-
» quiétude et l'agitation personnifiées.

» Au bout de deux à trois jours, cette tendance à éliminer
» ses compagnons commence à diminuer et disparaît entière-
» ment, à ce qu'il me semble, au bout de douze jours. Même
» avant cette époque, il semble tolérer la présence d'œufs dans
» le nid ; car j'ai souvent vu un jeune coucou, éclos depuis
» neuf ou dix jours, rejeter un oisillon placé dans son nid en
» même temps qu'un œuf dont il ne s'offusquait pas. Sa forme
» singulière se prête, du reste, à ces manœuvres ; à l'encontre,
» des oiseaux lorsqu'ils viennent d'éclore, il a le dos très
» large à partir des omoplates, et muni vers le milieu d'un
» creux considérable, qui semble destiné par la nature à re-
» cevoir l'œuf ou l'oiseau qu'il cherche à éliminer. Au bout de

» douze jours cette cavité disparait et le dos prend la forme
» commune à la généralité des jeunes oiseaux..... C'est peut-
» être dans le fait d'une conformation qui rend le jeune cou-
» cou si apte à charrier les jeunes fauvettes, que se trouve
» l'explication du choix, que fait la femelle, du nid d'une si
» petite espèce pour y déposer son œuf. Les jeunes, d'une es-
» pèce plus grosse, seraient probablement trop lourds pour
» être maniés, et le jeune coucou ne pourrait, par consé-
» quent, accaparer le nid à lui seul. (Je me rappelle le cas
» d'une fauvette d'hiver, dont un œuf vint à éclore cinq jours
» avant celui qu'un coucou avait déposé dans son nid. Il fal-
» lut deux jours au jeune coucou pour rattraper l'avance que
» la jeune fauvette avait sur lui et acquérir assez de force
» pour la rejeter au dehors ; mais les œufs ne lui avaient pas
» causé le même embarras, car il n'en restait plus qu'un....,
   » 27 juin 1787. — Ce matin, deux coucous et une fauvette
» d'hiver vinrent au monde dans le même nid ; il restait un
» œuf encore intact. Quelques heures après les deux coucous
» commencèrent à se disputer la possession du nid ; la lutte,
» longtemps indécise, finit par se terminer en faveur du plus
» gros, qui mit à la porte l'œuf et la jeune fauvette, aussi bien
» que son adversaire. Rien de curieux comme de voir ces
» deux oiseaux aux prises ; tantôt l'un, tantôt l'autre, réus-
» sissait à pousser son rival jusque vers le bord du nid, pour
» fléchir au dernier moment sous le poids et retomber ; ce ne
» fut qu'après maints efforts que la victoire resta au plus fort,
» qui devint, dès lors, l'unique nourrisson des fauvettes.
   » A quelles causes attribuer les mœurs singulières du cou-
» cou ? Ne pouvons-nous pas y voir le résultat du peu de
» temps que l'oiseau a à passer dans la région où il lui faut
» se propager et du mandat qu'il reçoit pour ainsi dire de la
» nature de tirer le meilleur parti possible de ce court sé-
» jour ? Le coucou parait pour la première fois dans notre
» contrée vers le milieu d'avril, soit généralement vers le 17
» de ce mois. Son œuf n'est guère prêt à être couvé que vers
» le milieu de mai, et l'incubation exige une quinzaine de
» jours. Le jeune oiseau séjourne d'habitude trois semaines
» avant de voler et après cela ses père et mère nourriciers
» continuent à le nourrir au moins cinq semaines. Par consé-
» séquent, même dans le cas d'une ponte anticipée, un jeune

» coucou ne saurait être arrivé à se suffire avant que ses
» parents, poussés par leur instinct, se missent en voyage :
» c'est, en effet, pendant la première semaine de juillet qu'ils
» émigrent.

» Si la nature avait permis au coucou de séjourner aussi
» longtemps dans nos contrées que certains oiseaux voya-
» geurs qui ne font qu'une nichée (le martinet ou le rossignol,
» entre autres), et lui avait assigné autant de jeunes qu'il
» serait possible à un oiseau d'en élever d'un seul coup, il eût
» pu en résulter une reproduction insuffisante ; tandis qu'en
» l'envoyant pondre de nid en nid, elle suspend en lui l'envie
» de couver, comme il arrive pour la poule à laquelle on
» soutire chaque jour son œuf. »

Un correspondant du journal *Nature* (vol. V, page 383 et
vol. IX, page 123) que M. Darwin, dans la dernière édition de
l' « Origine des espèces », nous affirme être un observateur
estimé de M. Gould, confirme de sa propre expérience le récit
de Jenner. Ce serait faire double emploi que de citer celles de
ses observations qui ne font que répéter celles de Jenner, mais
voici qui vaut la peine d'être rapporté :

« Ce qui me frappa le plus, c'est que le coucou était d'une
» nudité complète, sans vestige de plumes présentes ou à ve-
» nir ; ses yeux n'étaient point encore ouverts, et son cou
» semblait incapable de supporter le poids de sa tête. Les
» jeunes *pitpits* étaient pourvues aux ailes et sur le dos de
» plumes déjà développées et montraient leurs yeux brillants
» à travers leurs paupières entr'ouvertes ; ils n'en semblaient
» pas moins à la merci du coucou. Il est vrai que ce dernier
» pourvu de jambes qui semblaient très musculeuses, parais-
» sait explorer ce qui l'entourait à l'aide de ses ailes entière-
» ment dépourvues de plumes, comme avec des mains ; le
» pouce de l'aile, exceptionnellement développé simulant le
» pouce d'une main ordinaire. Rien d'extraordinaire comme
» de voir ce petit monstre aveugle aller droit au côté ouvert
» du nid, c'est-à-dire vers le seul point où il lui fût possible
» de projeter son fardeau en bas du talus. (Le nid se trouvait
» placé sous un buisson de bruyère sur le penchant escarpé
» d'un petit talus). Étant aveugle, il avait dû tâter de l'aile
» pour reconnaître que le nid surplombait d'un côté. »

Voilà les faits ; il s'agit maintenant de leur appliquer les

principes de l'évolution. Tout d'abord, sans contester, au point
de vue individuel, les avantages d'un procédé qui facilite la
tâche de l'oiseau et la rend plus expéditive, on ne voit pas
très clairement quel profit l'espèce en retire ; en effet, les
coucous n'étant point sociables, il ne peut être question de
coopération chez eux et par suite une économie individuelle
de temps et de travail ne semble pas devoir intéresser l'espèce. Mais il est probable que Jenner nous donne la clef de
l'énigme à la fin du passage que j'ai cité. S'il est avantageux
pour les coucous d'émigrer de bonne heure, il est évidemment
utile à leur prompt départ, de laisser à d'autres oiseaux le soin
de couver leurs œufs. En tout cas, l'explication comporte un
degré suffisant de probabilité, et qu'elle soit la vraie ou la
seule, au moins sommes-nous autorisés à attribuer cet instinct singulier à l'influence déterminante de l'élection naturelle.

M. Darwin, dans son « Origine des espèces », fait à ce sujet
des remarques très intéressantes. Il commence par citer le
témoignage du docteur Merrel qui lui affirme que le coucou
d'Amérique, tout en couvant d'habitude ses œufs, les dépose
quelquefois dans le nid d'autres oiseaux.

« Supposons maintenant, ajoute-t-il, que le premier aïeul
» du coucou d'Europe ait eu les mœurs de celui d'Amérique,
» déposant à l'occasion son œuf dans le nid d'un autre oiseau;
» supposons également que par suite de cette habitude, les
» parents se soient trouvés à même d'émigrer plus tôt, et que
» les jeunes aient gagné en force à être élevés par un père et
» une mère nourriciers d'une autre espèce plutôt que par
» leurs propres parents gênés par l'obligation de donner en
» même temps leurs soins à des jeunes et à des œufs[1] : dans
» l'un et l'autre cas il y aurait évidemment bénéfice soit pour
» les parents soit pour les jeunes[2]. »

---

1. Le coucou pond ses œufs à deux ou trois jours d'intervalle ; par conséquent
s'il les couvait, il se produirait une série d'éclosions successives. C'est ce qui
arrive dans le cas du coucou d'Amérique, dont le nid contient à la fois des
jeunes et des œufs.

2. A propos de cette théorie, il est bon de remarquer qu'il arrive aussi quelquefois à des oiseaux dont les mœurs n'ont rien de parasite, de déposer leurs
œufs dans le nid des autres. C'est ce qu'affirme le professeur A. Newton
(Encyclopédie britannique, article « Oiseaux »). « Il est assez généralement
» connu, dit-il, que les œufs de faisan et de perdrix se trouvent souvent dans

Il faut croire que nous avons là un instinct d'une grande antiquité, car le coucou d'Europe présente deux modifications importantes qui s'y rattachent. Nous en avons déjà mentionné une ici, la forme du dos chez les jeunes ; l'autre consiste dans la petitesse de l'œuf qui n'est guère plus gros que celui de l'alouette dont un coucou adulte atteint bien quatre fois la taille. Et cette exiguïté est bien le résultat d'une véritable adaptation, destinée à tromper les petits oiseaux dont le nid est exploité, car le coucou d'Amérique pond des œufs d'une grosseur normale. Ce qui n'empêche pas que de temps à autre l'on ait observé de la part du coucou un retour à l'instinct de nidification de ses ancêtres ; car, selon Adolf Müller, « il dispose » parfois ses œufs sur le sol à nu, couve ses œufs et élève » ses petits ».

Dans le numéro du journal *Nature* du 18 novembre 1869, le professeur A. Newton F. R. S. traite d'un point quelque peu obscur en rapport avec les instincts du coucou. Il dit qu'après avoir examiné, sur l'invitation du docteur Baldamus, seize œufs de coucou trouvés dans différents nids d'oiseaux, il est convaincu que « l'œuf du coucou présente à peu près la même » couleur et les mêmes marques que ceux de l'oiseau dont le » nid l'abrite ». Ce serait encore un subterfuge pour tromper les pères et mères nourriciers ; mais le professeur Newton a soin d'ajouter :

« Ce que j'en dis, et l'assentiment que je donne à la défi-» nition circonspecte de ce que le docteur appelle « une loi » de la nature » ne sont pas pour m'empêcher de déclarer que » ce n'est que d'une manière approximative et non pas ab-» solument que l'on peut affirmer l'identité de couleur entre » l'œuf du coucou et ceux de ses dupes, etc. [1]. »

, le même nid ; et l'auteur a pu s'assurer que l'on rencontre quelquefois des ▸ œufs de mouette dans le nid de l'eider et vice-versa, que le rossignol de ▸ muraille et la moucherolle bigarrée pondent dans le même trou, la forêt leur ▸ en offrant peu à leur convenance ; qu'un hibou et un camard fréquentent à ▸ l'occasion la même retraite, et que le sansonnet qui se substitue constam-▸ ment au pic vert dans son domicile, se trouve parfois mis en demeure d'é-▸ lever l'héritier légitime du logis. ▸

[1] Depuis que mon ouvrage est sous presse, j'ai pu voir, grâce à l'obligeance de M. Seebohm, des œufs de coucou, imitant par leur couleur ceux de l'oiseau dans le nid duquel ils avaient été pondus. La ressemblance est indéniable et m'incline à modifier en partie le jugement que j'avais porté sur la théorie du professeur Newton. En effet, M. Seebohm m'a fait observer qu'elle devient

Toujours est-il que quand un homme de poids comme le professeur Newton reconnaît une tendance marquée à l'imitation, produisant dans certains cas des variations extraordinaires dans la couleur de l'œuf de coucou, le fait doit être souligné. On se demande tout naturellement quelle en peut être l'explication. On ne peut attribuer au coucou la faculté de colorer à volonté son œuf pendant qu'il se forme, de manière à imiter ceux parmi lesquels il doit être déposé; et l'on ne peut non plus supposer qu'une fois l'œuf pondu, il en observe la couleur et va ensuite le porter dans le nid de l'oiseau dont les œufs s'en rapprochent le plus. Le professeur Newton suggère une autre théorie dont il paraît satisfait, mais qui, je l'avoue, ne me sourit pas plus que les précédentes.

« Quiconque, dit-il, a fait une étude approfondie des mœurs
» des oiseaux, a dû remarquer la tendance qu'ont certaines
» de ces mœurs à devenir héréditaires. En supposant donc
» que chaque coucou s'en tienne volontiers au nid de telle ou
» telle espèce d'oiseau (hypothèse qui me semble loin d'être
» risquée), on peut croire que cette habitude se transmettrait
» aux descendants.

» Cela posé, nous n'avons qu'à appliquer le principe de
» « la sélection naturelle » au cas qui nous occupe, pour voir
» comment, avec le temps, les faits observés ont pu se pro-
» duire ; les œufs se rapprochant le plus, par leur apparence,
» de ceux de l'oiseau nourricier, devaient naturellement
» avoir le plus de chance de le tromper et de recevoir ses
» soins. »

Mais on aurait beau admettre qu'il existe chez le coucou une prédilection individuelle pour le nid de certains oiseaux, et que parmi ceux-ci il en est qui, s'ils n'étaient trompés par une ressemblance de couleur, ne manqueraient pas de rejeter l'œuf de l'intrus; il reste encore une énorme difficulté à surmonter. Qu'il arrive, par exemple, à un coucou entre cent de pondre des œufs assez semblables à ceux de la pie

---

plus acceptable si l'on considère qu'un coucou élevé dans le nid de tel ou tel oiseau choisira probablement plus tard un nid de la même espèce pour y déposer ses œufs. L'expérience seule peut démontrer si la mémoire peut agir dans ce sens chez un oiseau ; mais enfin la chose n'est pas impossible, et cela suffit pour rendre la théorie du professeur Newton plus vraisemblable que s'il fallait attribuer le choix du nid à une fonction héréditaire.

de l'Amérique du Nord (espèce que mentionne le professeur
Newton) pour que cet oiseau s'y méprenne ; encore faudrait-il
que le coucou choisisse justement les nids de cette pie pour y
pondre. Si bien que la proportion que j'ai citée, toute raisonnable qu'elle soit, vu les différences qui existent entre les
œufs des deux espèces et le degré de ressemblance nécessaire
à la supercherie, se trouverait probablement réduite, en fin
de compte, à un pour mille au plus, si l'on évaluait le nombre
de coucous remplissant les deux conditions. Encore n'est-ce
point tout ; il faudrait en outre supposer que la faculté de
pondre des œufs d'une couleur particulière est constante, non
seulement chez le même individu, mais chez ses descendants,
pendant une série indéfinie de générations, aussi bien que
la prédilection pour les nids de pie, ce qui est bien plus fort.
J'écris donc, en dépit de la profession de foi du professeur
Newton, que cette hypothèse ingénieuse soulève trop de difficultés pour être admise. Il est de bonne philosophie d'invoquer l'influence de la « sélection naturelle » là où elle inter-
vient d'une manière simple et directe ; mais ici le nombre et
la complexité des conditions à remplir avant que la sélection
naturelle puisse entrer en jeu, sont tels qu'il me semble impossible d'admettre son intervention — du moins de la façon
que suggère le professeur Newton. Si donc les faits existent
réellement, je ne vois pas comment les expliquer.

Le coucou n'est pas le seul oiseau qui ponde dans le nid
des autres.

« Certaines espèces de *Molothrus* (genre d'oiseau très dis-
» tinct qui habite l'Amérique et qui se rapproche du san-
» sonnet de nos contrées) présentent comme une échelle gra-
» duée de parasitisme. Suivant M. Hudson, chez le *Molothrus
» cadius,* les deux sexes vivent tantôt pêle-mêle en troupes
» tantôt par couples. Tantôt ils se font un nid, tantôt ils
» s'emparent de celui d'un autre oiseau dont ils évincent les
» petits à l'occasion. Mais ce qui est curieux, c'est qu'ils ne
» pondent pas toujours dans le nid ainsi accaparé ; souvent
» ils s'en servent comme d'une fondation pour leur propre
» édifice. D'habitude ils couvent leurs œufs et élèvent leurs
» petits ; mais M. Hudson croit qu'il n'en est pas toujours
» ainsi, parce qu'il a vu des jeunes demandant la becquée à
» des oiseaux d'une autre espèce.

» Chez le *Molothrus canariensis*, le parasitisme est plus
» avancé, quoiqu'encore loin d'être parfait. Ces oiseaux, d'a-
» près ce que l'on en sait, pondent toujours dans le nid des
» autres ; mais ils se réunissent quelquefois pour commen-
» cer un nid informe dans quelque position mal choisie,
» comme par exemple, sur les feuilles d'un gros chardon.
» M. Hudson croit toutefois qu'ils doivent se construire quel-
» que part un nid achevé pour leur propre usage. Souvent
» ils pondent tant d'œufs dans le nid d'emprunt (on en a
» compté jusqu'à vingt), que l'oiseau nourricier ne peut en
» faire éclore qu'un ou deux, quelquefois pas du tout. Trou-
» vent-ils des œufs dans le nid, même des œufs de leur pro-
» pre espèce, ils en percent la coquille. Enfin il leur arrive
» souvent de pondre sur le sol à découvert, et de perdre ainsi
» un certain nombre d'œufs. Une troisième espèce, le *Mo-*
» *lothrus pecoris* de l'Amérique du Nord, présente des ins-
» tincts aussi perfectionnés que ceux du coucou, car jamais
» il ne dépose plus d'un œuf dans le nid de l'oiseau nour-
» ricier, de sorte que le sort du rejeton est assuré. M. Hudson
» est un sceptique en matière d'évolution, mais il paraît avoir
» été tellement frappé par l'état d'ébauche dans lequel se trou-
» vent les instincts du *Molothrus canariensis* qu'après avoir
» cité ce que j'ai écrit à ce sujet, il demande : « Devons-nous
» considérer ces mœurs, non pas comme des instincts innés,
» mais comme de petites conséquences d'une loi générale,
» comme des phénomènes de transition ? » (*De l'Origine des*
espèces, p. 215.)

Voilà les faits et les réflexions que j'avais à soumettre en ce
qui concerne le remarquable instinct dont il vient d'être
question. On voit, qu'à part le problème de la ressemblance
de couleur entre l'œuf de coucou et celui de l'oiseau nourricier, il ne présente rien qui s'oppose à la théorie de l'évolution. Nous pourrions peut-être, *à priori,* nous étonner
qu'un instinct compensateur ne se soit pas développé en même
temps chez la dupe du coucou, si nous ne réfléchissions qu'a-
près tout la ponte d'un œuf parasite est chose relativement
rare, trop rare pour déterminer le développement d'un instinct spécial.

INTELLIGENCE GÉNÉRALE.

Ici comme ailleurs, sous cette rubrique, j'ai rassemblé tous les faits qui, tout en me paraissant avérés, dénotent un degré inusité d'intelligence de la part de l'animal en question (classe, famille, ordre ou espèce), — mon but étant de donner une idée générale de la limite supérieure d'intelligence qui caractérise chaque groupe d'animaux.

Il est hors de doute que les oiseaux reconnaissent la nature de l'animal, que représente leur image dans un miroir. Houzeau, en racontant ses expériences à ce sujet avec des perroquets, ajoute qu'un chien n'est point aussi facilement dupe qu'un oiseau grâce aux indications que lui fournit son odorat. La vérité est que dans les deux classes d'animaux il peut se produire des variations d'individu à individu, variations qui dépendent beaucoup de l'expérience préalable de chacun.

Un jeune chien, ou un chien qui n'a jamais vu de miroir, est généralement facile à tromper, quelle que soit la finesse de son odorat. Pour mon compte, j'ai vu un « Setter » doué d'un excellent nez, chercher querelle à plusieurs reprises à sa propre image, avant que l'expérience lui eût démontré la futilité de ses efforts. Quant aux oiseaux, j'ai souvent vu des serins prendre leur image pour celle d'un autre serin, ou la réflexion de l'appartement pour la perspective d'une autre salle et aller s'assommer à moitié contre la glace par suite de leur erreur. Et ce fait vient à propos pour démontrer l'intelligence supérieure d'une linotte qui, après s'être heurté une première fois contre le miroir, ne s'y laissa plus prendre, tandis que les serins y revenaient constamment.

A la page 82 du XXIe vol. du journal *Nature,* Mme Frankland cite l'exemple d'un bouvreuil sur lequel le portrait d'un autre bouvreuil produisait beaucoup plus d'effet que sa propre image dans un miroir; le fait est remarquable, mais comme il paraît avoir été observé en maintes occasions, il n'y a guère lieu de le mettre en doute. Voici comment cette dame décrit l'acte de discernement qu'elle a observé chez son oiseau :

« Chaque matin, dit-elle, mon bouvreuil a l'habitude de

» sortir de sa cage et de s'ébattre dans ma chambre où se
» trouve une glace avec tablette de marbre et le portrait à
» l'aquarelle, très réussi, et de grandeur naturelle, d'une fe-
» melle de bouvreuil. Mon oiseau, au sortir de sa cage, va
» tout droit se percher sur un vase juste au-dessous du por-
» trait, auquel il fait mille révérences en sifflant un accom-
» pagnement des plus insinuants. Après avoir achevé de
» présenter ses respects, il va généralement se poser sur la
» tablette devant le miroir, mais sans montrer la moindre
» émotion à la vue de son image et sans la saluer d'une
» chanson. Reconnaît-il simplement un mâle dans son image,
» ou bien l'absence de toute provocation de sa part indique-
» t-elle qu'il se reconnaît lui-même? C'est ce qu'il serait
» difficile de dire. »

Les oiseaux doivent posséder à un certain degré la faculté
d'imaginer ou de se représenter mentalement des objets ab-
sents, à en juger par la manière dont ils languissent quand
on les sépare d'un compagnon, par les cris du perroquet qui
appelle un ami absent, ainsi que par le fait qu'ils peuvent
rêver, comme l'ont observé Cuvier, Jerdon, Thompson, Ben-
net, Houzeau, Bechstein, Lindraz et Darwin [1].

La facilité avec laquelle les oiseaux se prêtent à l'éducation
des directeurs de spectacle forain prouve leur docilité, en
d'autres mots la faculté qu'ils ont de former des associations
d'idées nouvelles :

« Il y a quelques années, dit Bengler, le sieur Roman nous
» étonnait par des représentations où ses oiseaux accomplis-
» saient des prodiges. La troupe se composait de chardonne-
» rets, de linottes et de serins. L'un de ces oiseaux faisait le
» mort et se laissait soulever par la queue ou la patte sans
» donner signe de vie. L'autre se tenait sur sa tête, les pattes
» en l'air, etc... (*Biographie animale*, vol. II, p. 173.)

De même, il y a plusieurs années le public fut fort intrigué
par un petit automate qui, sans être le moins du monde en
rapport avec l'inventeur, fonctionnait selon le bon plaisir des
spectateurs. Or, la clef de l'énigme se trouvait dans la présence, à l'intérieur, d'un serin qui avait appris à courir dans

---

1. *Oiseaux de l'Inde*, I, p. 21 ; *Passions des Animaux*, p. 60 ; *Facultés mentales des Animaux*, t. II, p. 163 ; *De l'intelligence chez les Animaux d'ordre inférieur*, vol. II, p. 96 ; *Descendance de l'homme*, p. 74.

différentes directions, à certains commandements ou inflexions de la voix et à mettre ainsi par son poids le mécanisme en mouvement dans le sens voulu.

Rien que la manière dont les oiseaux apprennent bien vite à ne pas voler contre des fils télégraphiques récemment établis, révèle chez eux beaucoup d'observation et d'intelligence! Le fait a été souvent remarqué, entre autre par M. Holden dont je cite le récit :

« Je demeurais, dit-il, sur la côte du comté d'Antrim, il y
» a une douzaine d'années, lorsqu'on établit la ligne télé-
» graphique le long de la charmante route qui longe la mer
» entre Larn et Cushendall. Pendant l'hiver, il se produisait
» toujours une immigration de bandes nombreuses de san-
» sonnets venant d'Écosse et qui arrivaient de bonne heure
» le matin. L'hiver qui suivit la pose du télégraphe, je trou-
» vai constamment des sansonnets morts ou blessés le long
» de la route ; ils avaient dû voler contre les fils pendant le
» crépuscule du matin, d'autant plus que ce n'était pas le
» vent qui avait pu les pousser vu que souvent il y en avait
» à peine quand ces accidents se produisaient. Je découvris
» que les paysans avaient fini par les attribuer au fluide élec-
» trique agissant sur les sansonnets qui se perchaient sur
» les fils pendant le fonctionnement du télégraphe. Mais les
» années suivantes, c'est à peine si l'arrivée des émigrants fut
» signalée par une seule catastrophe de ce genre. Il paraîtrait
» donc que celles du premier hiver avaient produit une pro-
» fonde impression sur les oiseaux qui, s'étant rendu compte
» de la nature du danger avaient soin d'éviter les fils du télé-
» graphe ; bien plus, les jeunes avaient évidemment acquis et
» perpétué une connaissance qui ne pouvait leur venir ni de
» leur expérience ni de leur instinct, à moins que cet instinct
» ne fût en réalité un souvenir héréditaire légué par les pa-
» rents dont le cerveau avait reçu la première impression. »
(*Nature,* vol. XX, p. 266.)

Buckland cite des faits du même genre dans ses *Curiosités de l'histoire naturelle*[1] et moi-même, je me rappelle qu'après l'établissement d'un fil télégraphique sur une lande, en Ecosse, un certain nombre de coqs de bruyère vinrent s'y

---

1. Vol. I, p. 216. Voir également la *Descendance de l'homme*, p. 80.

blesser pendant la première saison mais jamais ensuite. Pour
ce qui est de savoir comment les jeunes oiseaux évitent un
danger dont ils n'ont point l'expérience, il faut se rappeler
que chez les oiseaux qui volent en bandes, ce sont les anciens
qui prennent la tête. Quant aux oiseaux qui volent isolément,
il n'existe pas, que je sache, d'observations tendant à démontrer que leurs jeunes se tiennent en garde contre les fils télégraphiques.

Voici une preuve d'intelligence d'un aigle, que cite Menault :

« L'oiseau, dit-il, s'était pris dans la forêt de Fontaine-
» bleau, dans un piège à renard, qui lui avait fort endom-
» magé une serre. Les conservateurs du jardin zoologique de
» Paris durent lui faire une opération qu'il supporta avec une
» patience toute raisonnable. On lui avait laissé la tête libre,
» mais il ne fit pas la moindre mine de se révolter contre la
» douloureuse extraction des esquilles ou contre la gêne que
» devaient lui causer les bandages. Il semblait avoir une con-
» science réelle de la nature du service qu'on lui rendait, et
» de l'avantage qu'il en retirerait. » (*Merveilles de l'instinct*,
p. 132.)

A propos des Vautours urubus, M. Bates donne les détails
suivants :

« Ils se rassemblent en grand nombre dans les villages,
» vers la fin de la saison des pluies, époque à laquelle ils sont
» affamés. Une cuisinière ne pouvait quitter un instant la
» cuisine pendant que le dîner cuisait, par crainte de leurs
» larcins. Il y en avait toujours aux aguets, et sitôt que la
» cuisine était inoccupée, ces hardis maraudeurs y péné-
» traient et soulevaient de leur bec les couvercles des casse-
» roles pour en dérober le contenu.

» Les petits garçons de l'endroit les guettent armés de
» leurs arcs et leur décochent des flèches ; aussi les vautours
» ont-ils appris à redouter tellement ces armes que souvent
» il suffit de prendre un arc à une poutre de la cuisine pour
» les tenir en respect. (*Le Naturaliste aux Amazones*,
p. 177 ; *Anecdotes*, p. 135.)

» Madame Lee, dans ses anecdotes, raconte comme quoi
» son jardinier fut un jour fort intrigué par la façon d'agir
» d'un rouge-gorge auquel il donnait souvent à manger. Cet
» oiseau voletait tout autour de lui d'une manière singulière

» tantôt s'approchant très près, tantôt s'éloignant, mais tou-
» jours dans la même direction. Si bien qu'à la fin, le jardi-
» nier finit par se diriger du même côté et vit le rouge-gorge
» s'arrêter près d'un pot à fleur et témoigner une grande
» agitation. Il se trouva que le pot contenait un nid et plu-
» sieurs petits oiseaux, tandis que tout près de là un serpent
» faisait le guet avec l'intention probable de se régaler de
» la nichée. »

Dans la *Gardener's Chronicle*, du 3 août 1878, parut
l'anecdote que je reproduis plus bas ; elle était signée T. G.,
initiale que le rédacteur me dit appartenir à un correspondant digne de foi dont le nom est Thomas Guring.

« Il y a une trentaine d'années, la petite ville que j'habite
» était longée par un terrain public qui servait de pâturage à
» un grand nombre d'oies appartenant aux habitants des
» chaumières du voisinage.... A cette époque, le marché au
» blé se tenait en face de l'auberge principale, et les jours de
» marché les meuniers répandaient à terre pas mal de blé en
» ouvrant les sacs d'échantillon. D'une manière ou d'une
» autre, les oies eurent vent de ce gaspillage et eurent, selon
» toute apparence, une consultation à ce sujet..... Dès lors,
» elles n'eurent garde de manquer une seule occasion ; on
» comptait régulièrement sur leur arrivée, et jamais elles ne
» faisaient faux bon. Chaque lendemain de marché, c'est-à-
» dire une fois tous les quinze jours, les amenait infaillible-
» ment en troupe bruyante et joyeuse ; jamais elles ne se
» trompaient de jour. L'appât c'était le blé, cela va sans dire ;
» mais comment tenaient-elles compte du temps? On aurait
» pu croire qu'elles étaient averties des jours de marché
» par l'odeur du blé, ou par le bruit du trafic ; mais voici-
» qui s'oppose à cette hypothèse. Il arriva, en effet, une
» année, que la date choisie pour la manifestation d'un
» deuil national tomba un jour de marché. Ce jour-là point
» d'odeur de blé, point de bruit de trafic ; notre petite
» ville était aussi silencieuse que le dimanche..., les oies
» auraient dû s'en apercevoir ; mais non, elles connaissaient
» leur jour et vinrent comme d'habitude... Je ne prétends
» pas me rappeler bien précisément les circonstances qui
» déterminèrent cette habitude. Se développa-t-elle graduel-
» lement, d'année en année? peu importe, mais ce qui m'in-

» trigue, c'est de savoir comment les anciens de la bande,
» auxquels en revenait la conduite, estimaient le temps de
» manière à se présenter régulièrement tous les quinze
» jours. »

Nous devons à Livingstone (*Expédition au Zambèse,* 1865,
page 209) des détails très lumineux sur le compte de l'oiseau
appelé *honey-guide* à cause de l'habitude qu'il a d'indiquer
la direction des nids d'abeilles. « Ces oiseaux, dit Living-
» stone, déploient à vous mener à une ruche la même ar-
» deur que d'autres à vous écarter de leur propre nid. »
Leur objectif est de se procurer les chrysalides des abeilles
que le ravage du nid doit mettre à découvert. Leurs mœurs
sont connues depuis longtemps et se trouvent décrites dans
les livres d'histoire naturelle ; mais il est bon qu'un témoin,
aussi digne de foi que Livingstone, les ait observées. « Com-
» ment, ajoute-t-il, les oiseaux de cette espèce ont-ils appris
» que, blancs ou nègres, tous les hommes aiment le miel ? »
Tout ce que nous pouvons répondre c'est qu'il y a eu transition d'une observation intelligente à l'origine à une habitude
individuelle et héréditaire, aboutissant, en fin de compte, à
un instinct fixe.

Brehm cite un exemple de sagacité et de prudence de la
part d'une huppe, sur le nid de laquelle il avait placé des
collets de crin. L'oiseau s'en étant aperçu, les écarta avec son
bec ; le lendemain au lieu de les mettre sur le nid il les dis-
posa tout autour ; mais cette fois la huppe n'eut garde de
courir à son nid comme d'habitude ; elle s'y abattit tout droit.
Le fait révèle une appréciation sensible de moyens méca-
niques ; il en est de même de celui que me communique Madame G.-M.-E. Campbell.

« A Ardglass (comté de Down, Irlande), m'écrit-elle, il est
» un long espace de gazon qui s'étend jusqu'au bord des ro-
» chers qui surplombent la mer et qui sert de pâturage au
» bétail et aux oies. Il s'y trouvait une grange avec une en-
» ceinte dont la porte était munie d'un crochet correspondant
» à un piton dans le montant, sitôt qu'on levait le crochet, la
» porte se rabattait d'elle-même par suite de son poids. Or,
» un beau jour, je vis une oie entourée d'une nombreuse
» troupe d'oisons se diriger vers cette porte, qui se trouvait
» fermée. Après avoir attendu une minute ou deux, comme

» pour voir si on lui ouvrirait la porte, elle parut s'éloigner ;
» mais ce n'était que pour prendre son élan et sauter en vi-
» sant le bout du crochet avec son bec. Elle réussit presque à
» le déloger du premier coup ; au troisième, elle le fit sor-
» tir du piton, la porte s'ouvrit et avec un gloussement de
» triomphe la mère introduisit ses oisons dans l'enceinte.
» Comment l'oie avait-elle appris qu'il lui fallait prendre de
» l'élan pour obtenir une secousse capable de dégager le
» crochet ! »

Comme exemple de l'usage des signes de la part d'un oiseau,
le récit que m'envoie Mme K. Addison est intéressant. Il s'agit
d'une corneille âgée de dix-huit mois, qui habitait certains
bosquets du jardin de cette dame. J'extrais de sa lettre le passage suivant :

« Je remplis d'eau, d'habitude, chaque matin, une grande
» terrine qui se trouvait sous les arbres et servait de bain à
» Jack (c'est le nom que l'on donne aux corneilles en Angle-
» terre). Il y a quelques jours, j'oubliai de m'acquitter de
» cette tâche, et mon attention fut appelée sur ma négligence
» d'une façon singulière. Sachez d'abord que tous les jours, à
» onze heures, j'ouvre les persiennes de mon cabinet de toi-
» lette, dont la fenêtre touche presque aux arbres que fré -
» quente Jack. Or, le jour en question, lorsque j'ouvris mes
» persiennes, je me trouvai face à face avec mon petit ami
» qui semblait s'être posté là pour m'attendre, et sitôt qu'il
» me vit, il vint presque jusqu'à moi et se mit à se secouer
» et à étendre ses ailes comme s'il prenait un bain. Ses
» gestes étaient si expressifs, que je lui répondis comme je
» l'aurais fait à un enfant. — C'est bien, Jack, tu vas avoir de
» l'eau. »

Nature publie une lettre de M. W.-W. Nichols qui raconte que la prison centrale d'Agra abrite une grande quantité de pigeons bleus de l'espèce commune.

« Chaque matin, dit-il, ils s'en vont chercher leur nourri -
» ture dans la campagne, aux alentours, et le soir, à leur
» retour, ils boivent à un réservoir qui se trouve juste en
» dehors des murs de la prison. Ce réservoir abonde en
» tortues d'eau douce, qui guettent les pigeons soit le long du
» bord soit près de la surface. L'oiseau, qui vient se poser
» près de l'une d'elles, pour boire, court grand risque d'être

» décapité ; l'on a trouvé des corps de pigeons sans têtes dans
» le voisinage du réservoir, ce qui indique le sort qu'ont eu
» quelques-uns d'entre eux. Toutefois, il ont reconnu le dan-
» ger et ont adopté le moyen suivant pour y échapper. Le
» pigeon qui, au retour de sa longue tournée, s'approche du
» réservoir, ne va pas se poser au bord de l'eau ; il la tra-
» verse dans toute sa largeur, à une vingtaine de pieds de la
» surface, puis revient au côté d'où il était parti et choisit,
» pour prendre terre, un point dont il a reconnu la sûreté
» pendant son vol ; même alors, il a soin de ne se poser qu'à
» quelque distance du bord de l'eau, soit à un mètre ; une
» fois à terre, il court prendre deux ou trois gorgées, puis
» s'envole vers une autre partie du réservoir pour y répéter
» le même manège jusqu'à ce qu'il se soit désaltéré. J'avais
» souvent observé la tactique des pigeons, sans pouvoir me
» l'expliquer, avant que mon ami le directeur de la prison,
» ne m'eût révélé l'existence des tortues. »

Voici qui dénote encore plus d'intelligence de la part de la
même espèce d'oiseaux. L'observation est du commandant
de vaisseau R.-H. Napier, qui la communique au journal
Nature :

« Un certain nombre de ces pigeons (pouters) se régalaient
» de grains d'avoine tombés du sac d'un cheval en train de se
» rafraîchir. Lorsqu'il n'y eut plus rien à ramasser, un gros
» pigeon s'éleva dans l'air en battant furieusement des ailes
» et prit son vol droit sur les yeux du cheval, ce qui lui fit
» lever brusquement la tête et répandre de l'avoine à nou-
» veau. Je vis cette manœuvre se répéter plusieurs fois, à
» vrai dire, chaque fois que l'avoine venait à manquer....
» N'y a-t-il pas là plus que de l'instinct ? »

Voici maintenant un exemple, emprunté aux hirondelles,
dont me fait part M. Charles Wilson et qui ne comporte ni
hasard, ni erreur d'observation.

« Deux hirondelles, dit mon correspondant, avaient com-
» mencé à bâtir leur nid sous la véranda d'une maison, à Vic-
» toria ; mais comme il reposait en partie sur le fil de fer
» d'une sonnette, il lui arriva à deux reprises d'être démoli
» par le fonctionnement de l'appareil. Les oiseaux se mirent
» alors de nouveau à l'œuvre et, cette fois, ils pratiquèrent
» à la partie inférieure du nid une sorte de petit manchon à

» travers lequel le fil pouvait glisser sans inconvénient. »

Un artifice du même genre, à ce que m'affirme un autre correspondant, servit à un couple d'hirondelles pour se protéger contre les attaques de moineaux qui voulaient s'emparer de leur nid. Elles en modifièrent l'entrée en y ajoutant une sorte de tunnel longeant le bord du toit, en dessous.

Linnée dit que quand le martinet fait son nid, sous le rebord d'un toit, les moineaux lui jouent quelquefois le tour de s'en emparer. Quand cela arrive, le couple molesté n'étant pas de force à chasser les intrus, fait appel à des camarades, dont une partie empêche les moineaux de s'échapper du nid, tandis que les autres vont chercher de la boue, pour en combler l'entrée et laissent ensuite les prisonniers périr d'une mort misérable. Ce fait est, en grande partie, confirmé par le témoignage indépendant de Jesse qui ne paraît pas avoir eu connaissance du récit de Linnée :

« Selon toutes les apparences, dit-il, les hirondelles gardent
» le souvenir d'une offense pour s'en venger à l'occasion. Un
» couple de ces oiseaux avait bâti son nid sous la saillie d'une
» maison à Hampton-Court. A peine était-il terminé qu'un
» couple de moineaux s'en empara malgré une résistance
» opiniâtre de la part des hirondelles aidées de leurs amies.
» Une fois établis, les intrus ne furent plus inquiétés. Mais
» le jour vint où il leur fallut quitter le nid pour quérir la
» pâture de leurs petits, et sitôt qu'ils furent partis, plusieurs
» hirondelles parurent sur la scène, démolirent le nid et je
» pus voir les jeunes moineaux gisant mort à terre. Le nid
» détruit, les hirondelles se mirent en devoir de le recons-
» truire. » (*Recueils*, vol. II, p. 96.)

Autre exemple analogue emprunté au même auteur :

« Des hirondelles avaient bâti leur nid contre l'une des
» fenêtres du premier étage d'une maison inhabitée, sur la
» place Merrios, à Dublin. Un moineau en prit possession, et
» vainement les malheureux oiseaux, qui avaient construit
» leur demeure au prix de tant d'efforts, cherchèrent-ils à s'y
» cramponner ; le moineau resta maître de la place. Les hi-
» rondelles renoncèrent enfin à la lutte, mais ce ne fut que
» pour revenir avec une bande de leurs compagnes, pourvues
» chacune d'une boulette de boue. L'entrée du nid fut bientôt
» comblée et l'intrus se trouva dans une obscurité complète. A

» quelque temps de là, le nid fut détaché et montré à plusieurs
» personnes qui purent y voir le moineau mort. Non seule-
» ment le fait révèle du raisonnement, mais il montre que les
» oiseaux avaient dû trouver moyen de communiquer leur
» ressentiment et leurs désirs à leurs amis, dont l'aide leur
» était nécessaire pour se venger du préjudice qui leur avait
» été causé. » (*Ibid.*)

Les oiseaux savent à l'occasion agir de concert; l'observation suivante de M. Buck en fait foi :

« J'ai maintes fois vu des pélicans s'aligner en travers d'un
» lac et chasser le poisson devant eux, dans le sens de sa
» longueur, absolument comme le feraient des pêcheurs avec
» un filet. » (*Nature*, vol. XIII, p. 303.)

Sir E. Tennent, dans son *Histoire naturelle de Ceylan*,
cite certains faits qui témoignent d'un degré remarquable
d'intelligence chez les corneilles :

« Un de ces malins maraudeurs, dit-il, après avoir vaine-
» ment essayé de toutes sortes d'attitudes pour distraire un
» chien de garde qui rongeait nonchalamment un os, s'en
» alla chercher un compère qui se percha à quelques mètres
» en arrière. Les grimaces recommencèrent de plus belles
» mais sans plus de succès; ce que voyant, le compère se
» mit de la partie et d'un fort coup de bec au milieu du dos
» s'en vint déranger le flegme du chien qui, surpris d'une
» attaque aussi rapide que l'éclair, s'élança vers son ennemi
» sans réussir à le saisir tandis que l'autre corneille lui déro-
» bait son os. J'ai recueilli à Ceylan deux témoignages au-
» thentiques relatant l'emploi de cette même ruse; j'y vois
» une preuve de sagacité et de l'existence d'une faculté de
» communication et de combinaison de la part de ces rusés et
» courageux oiseaux. »

Ce récit, s'il ne nous venait d'un auteur aussi compétent,
ne manquerait pas de soulever notre incrédulité; il est cependant confirmé, d'une manière fort remarquable, par Miss Bird
qui, tout récemment, à propos des corneilles du Japon, a
publié l'observation suivante :

« Dans le jardin de l'auberge, écrit-elle, je vis un chien qui
» dévorait un morceau de charogne sous les yeux jaloux de
» plusieurs de ces oiseaux. Ils avaient évidemment beaucoup
» à se dire sur ce qui se passait, et de temps à autre un ou

» deux d'entre eux cherchaient à tirer de leur côté l'objet de
» leur convoitise au grand mécontentement du chien.

» A la fin un des plus gros de la bande réussit à arracher
» un morceau de viande et s'en revint avec son butin auprès
» de ses camarades qui se mirent aussitôt à conférer. — Après
» une discussion animée, l'accord parut s'établir ; on entoura
» le chien et le chef de la bande laissa adroitement tomber le
» morceau de viande à portée de sa bouche. Avide de le hap-
» per le quadrupède lâcha sa proie que saisirent à l'instant
» deux corneilles, et la troupe pleine d'hilarité et d'allégresse
» s'en alla se régaler dans les arbres, tandis que sa dupe,
» après le premier moment de surprise et d'ébahissement,
» n'eut rien de mieux à faire que de se poster sous un arbre
» et d'aboyer bêtement. — Je tiens d'un ami le récit d'un inci-
» dent du même genre. Trois corneilles qui avaient vaine-
» ment essayé de dérober à un chien un morceau de viande
» dont il se délectait, eurent une consultation, et voici ce
» qu'elles imaginèrent. Deux d'entre elles s'étaient approché
» aussi près que possible du morceau de viande, la troisième
» mordit fortement la queue du chien qui se retourna en
» criant ; aussitôt les deux autres s'emparèrent de sa proie,
» et le trio de voleurs s'en alla festoyer sur le haut d'un
» mur[1]. »

En présence de l'accord que nous venons de constater entre
deux observateurs indépendants et compétents, les faits, tout
remarquables qu'ils soient, s'imposent à nous. Ils se trouvent
d'ailleurs confirmés par une observation de sir J. Clarke Jer-
voise que j'extrais d'une lettre où il me parle des traits de
mœurs qu'il a remarqués chez les freux en Angleterre :

« Il y avait un faisan qui se distinguait par son audace à
» venir prendre de gros morceaux qu'il dépeçait en les se-
» couant tandis que les freux guettaient avidement les miettes
» qui volaient de part et d'autre. — L'idée ayant fini par lui
» venir de courir droit aux buissons, les parasites le suivaient
» en le tirant par la queue pour lui faire lâcher sa pâture. »

Voici maintenant un fait des plus intéressants, qui paraît
avoir été observé avec soin et révèle une intelligence remarquable chez les tourne-pierres. Ces oiseaux, comme l'indique

____

1. *Unbeaten Tracks* in *Japan*, vol. II,ᵖ. 149-150.

leur nom, retournent les pierres, etc....., pour se nourrir des petits insectes qu'elles recouvrent. L'observateur (c'était Edward) s'était caché dans un creux d'où il put voir un couple de tourne-pierres aux prises avec le cadavre d'une morue longue de trois pieds et demi et enfoncé de plusieurs pouces dans le sable.

« Ils se servaient tantôt de leur bec, tantôt de leur poitrine
» pour pousser ; mais malgré tous leurs efforts la morue ne
» bougeait pas. Ils essayèrent alors de creuser le sable d'un
» côté et de pousser ensuite de l'autre ; cette opération n'ayant
» produit aucun résultat une première fois, ils revinrent à la
» charge dans l'intention marquée d'accomplir leur projet qui
» était clairement d'affouiller l'animal afin de le retourner
» plus facilement.

» Ils poursuivaient leurs excavations de chaque côté depuis
» près d'une demi-heure, lorsque parut, fort à propos, un
» autre tourne-pierre. Son arrivée fut saluée avec joie, à en
» juger par les gestes des deux autres ainsi que par une sorte
» de roucoulement très doux qu'ils firent entendre. Du reste
» il parut comprendre l'expression de leurs sentiments et
» y répondit en termes analogues. Après quoi ils se mirent
» vigoureusement tous les trois à creuser le sable pendant
» quelques minutes, puis, passant de l'autre côté, ils réussirent,
» d'une poussée simultanée, à soulever le poisson d'un pouce
» ou deux, sans toutefois pouvoir le retourner et, à leur dé-
» sappointement manifeste, ils le virent retomber dans sa
» position première. Un temps de repos sans quitter leurs
» places, et les voilà qui se décident à un nouvel effort. Cette
» fois ils se baissent jusqu'à toucher le sable de leur poitrine,
» glissent leur bec en dessous du poisson, le soulèvent comme
» par avant, puis le poussent avec leur poitrine tant et si
» bien qu'il s'en va rouler jusqu'au bas de la petite pente sur
» laquelle il se trouvait, soit une distance de plusieurs mètres,
» suivi pendant une partie du chemin par les oiseaux qui
» n'avaient pu se retenir tout d'abord. » (Smiles, *Vie d'Edward*, p. 244-266.)

Je terminerai ce chapitre par l'exposé des faits que j'ai recueillis sur le châtiment des malfaiteurs parmi les freux.

Goldsmith, qui avait l'habitude d'observer de sa fenêtre une colonie de ces oiseaux, dit que le choix d'un emplacement est une grosse affaire pour le jeune couple qui songe à se construire un nid; les deux oiseaux étudient attentivement tous les arbres du bocage, et lorsqu'ils ont trouvé une branche qui leur paraît convenable, ils s'y perchent et en poursuivent l'examen pendant deux ou trois jours :

« Souvent il leur arrive de s'établir beaucoup trop près
» d'un vieux couple, qui n'entendant point s'accommoder
» d'un pareil voisinage, leur cherche querelle et finit toujours
» par les chasser. Il leur faut alors recommencer leurs re-
» connaissances ; et cette fois ils ont soin de choisir un site
» suffisamment isolé. Le nid s'avance, mais l'activité fébrile
» qui anime les architectes au début se calme vite ; bientôt ils
» se fatiguent d'aller au loin chercher leurs matériaux, et
» trouvent qu'avec un peu d'adresse ils peuvent s'en procurer
» dans les environs. Dès lors ils ne songent plus qu'à piller
» là où ils le peuvent ; voient-ils un nid sans défense, ils en
» retirent les meilleurs bouts de bois. Mais ces actes de pira-
» terie ne restent jamais impunis ; plainte est-elle portée ? En
» tout cas, le châtiment est infligé publiquement. J'ai vu en
» pareille occasion jusqu'à huit ou dix freux tomber en-
» semble sur le nid du couple coupable et le détruire en un
» clin d'œil.

» Mais le jour arrive où les jeunes oiseaux comprennent
» qu'il leur faut user de moyens plus légitimes. L'un d'eux
» s'en va ramasser des matériaux, tandis que l'autre monte
» la garde à l'endroit choisi et, au bout de trois ou quatre
» jours, égayés de petites escarmouches par ci par là, le
» couple se trouve en possession d'un nid spacieux, composé
» de bouts de bois au dehors et tapissé à l'intérieur de racines
» et de longues herbes. Du moment que la femelle commence
» à pondre, les hostilités cessent ; de tous les habitants du
» bocage qui la traitaient naguère plus ou moins durement,
» pas un ne songe maintenant à la molester ; elle peut élever
» sa nichée en toute tranquillité. Ainsi les membres d'une
» communauté ne sont pas sans en ressentir la sévère disci-
» pline ; quant aux étrangers, qui essayeraient de s'y faufiler,
» ils sont fort mal reçus, tout le bocage se lève contre l'intrus
» et le chasse sans pitié. »

D'après Conch (*Illustrations of Instinct*, page 334 et suivantes), il paraît que :

« Les malfaiteurs une fois découverts, le châtiment est en
» proportion de l'offense. La ruine de leur ouvrage leur
» apprend à construire avec des matériaux acquis honnête-
» ment et non pas dérobés à autrui, et leur fait comprendre
» que pour jouir des avantages de la vie sociale, il leur faut
» se conformer aux principes de la communauté dont ils font
» partie. »

« On ne sait quelle est l'origine d'un autre tribunal du
» même genre, dit « Tribunal des corneilles », mais à en
» juger par ce qu'en dit le Dr Edmonson dans sa *View
» of the Shetland Islands*, ses arrêts sont tout aussi for-
» mels ; il est à remarquer d'ailleurs qu'il est le fait d'une
» espèce, le *Corvus cornix*, qui a beaucoup d'affinité avec les
» freux. C'est une sorte de rassemblement d'oiseaux qui
» d'habitude vivent par couples à de grandes distances les
» uns des autres ; lorsqu'ils visitent le midi ou l'ouest de
» l'Angleterre, pendant les hivers rigoureux, ils sont gé-
» néralement solitaires. Dans leurs quartiers d'été, aux îles
» Shetland, ils viennent de différents côtés se réunir sur une
» colline ou dans un champ. Il faut un ou deux jours pour
» que l'assemblée soit au complet ; quand tous les députés
» sont arrivés, il se produit une grande clameur après quoi
» juges, avocats, huissiers et auditeurs se jettent sur les deux
» ou trois prisonniers à la barre, et les rouent de coups jus-
» qu'à ce que mort s'ensuive. Après quoi la foule se disperse
» en silence.

» Dans le nord de l'Écosse (dit le Dr Edmonson) et aux îles
» Feroë, on remarque de temps à autre des rassemblements
» inusités de corneilles. Elles se réunissent en grand nombre
» comme après une convocation ; il en est quelques-unes dont
» la tête affaissée indique l'abattement, d'autres sont graves
» comme des juges, d'autres enfin sont toutes en mouvement
» et fort bruyantes. Au bout d'une heure environ, l'assemblée
» se sépare, laissant assez souvent deux ou trois cadavres
» derrière elle. Quelquefois les délibérations se prolongent
» pendant un jour ou deux, et il arrive constamment des
» corneilles de différents points. Quand l'assemblée est au
» complet, il se fait un bruit général et peu après la foule se
» jette sur quelques individus, les met à mort et se disperse
» ensuite tranquillement. »

De même, l'évêque de Cardiole écrit au *Ninetenlh Century*, livraison de Juillet 1881, qu'il a vu une corneille au milieu d'une assemblée de freux qui semblaient en train de la juger. « Jack, dit-il, fit un discours, auquel les freux répondirent » par une salve de croassements; le silence s'étant fait, il » reprit le développement de ses idées et parut satisfaire ses » auditeurs, car après une nouvelle acclamation de leur part, » l'on se sépara amicalement, Jack s'en retournant à son » domicile sur la tour de la cathédrale d'Ely, tandis que les » freux regagnaient leurs bocages. »

Enfin, voici une observation que me communique le général Sir George Le Grand Jacob K. C. S. I., C. B. Il était assis sous sa vérandah aux Indes, lorsque trois ou quatre corneilles vinrent se percher sur une maison voisine, et se mirent à croasser avec une telle vigueur et sur un ton si singulier que sa curiosité s'en trouva excitée.

« Bientôt, dit-il, il s'en présenta de tous les côtés en si » grand nombre que le toit en fut couvert. Après un tapage » inouï, l'assemblée parut entrer en consultation. Les croas- » sements allèrent leur train pendant quelque temps, puis la » troupe entière s'éleva dans l'air, formant cercle autour » d'une demi-douzaine de leurs concitoyens dont l'un était » évidemment condamné, car les cinq autres lui portaient des » coups incessants sans qu'il trouvât moyen de s'échapper. Il » finit par tomber à terre à environ trente mètres de moi, et » je me levai pour l'aller ramasser. Malheureusement tout » endommagé qu'il était, il réussit à me glisser entre les » mains, et vola péniblement et presque à ras du sol vers des » buissons au milieu desquels il disparut. Pendant ce temps, » les autres m'avaient entouré en jacassant sur un ton qu… » me paraissait celui de la colère; quand je revins à ma » chaise, ils s'envolèrent dans la direction qu'avait prise leur » victime. »

CHAPITRE XI

MAMMIFÈRES

Je consacrerai ce chapitre à la psychologie de tous les mammifères qui présentent un intérêt psychologique, à l'exception des rongeurs, de l'éléphant, du chien, des carnivores du genre chat), et des primates que je me réserve d'étudier séparément.

MARSUPIAUX.

Les *Transactions de la Société Linnéenne* contiennent une communication intéressante du major Mitchell, qui décrit l'édifice qu'élève un petit marsupial d'Australie (*Conilurus constructor*) pour se protéger contre les attaques du chien dingo. Qu'on se représente deux ou trois charretées de bois sec et de broussailles amoncelées, le tout entrelacé de manière à former une masse compacte au milieu de laquelle se trouve le nid de l'animal.

Les marsupiaux étant au bas de l'échelle des mammifères pour l'intelligence aussi bien que pour la structure, je n'ai rencontré qu'un seul autre fait ayant rapport à la psychologie de ce groupe qui vaille la peine d'être cité : il nous est fourni par le kanguroo. En effet, Jesse raconte qu' « un monsieur qui
» avait habité la Nouvelle-Galles du Sud pendant plusieurs
» années lui fit part d'une observation qu'il avait souvent eu
» occasion de faire pendant ses chasses au kanguroo. Lors-
» qu'une femelle se trouvait harcelée par les chiens, elle met-
» tait ses pattes de devant dans sa poche, en retirait son petit,

» tout en bondissant, et le jetait de côté, hors de la portée
» des chiens aussi loin que possible. Sans cette manœuvre,
» sa vie et celle du jeune kanguroo auraient été perdues ;
» grâce à cet expédient, elle réussit souvent à échapper et il
» est probable qu'elle revient ensuite chercher son petit. »

CÉTACÉS.

J'emprunte à Thompson le passage suivant :

« En 1811, dit M. Scoresby, un de mes hommes harponna
» un jeune encore à la mamelle, espérant arriver ainsi à
» s'emparer de la mère. Peu après, celle-ci parut en effet
» tout près de l'embarcation, saisit son petit et dévida environ
» 600 pieds de ligne avec une force et une rapidité remar-
» quables ; puis, elle revint à la surface, allant et venant
» avec furie, s'arrêtant et changeant brusquement de direc-
» tion et manifestant son angoisse de toutes les manières.
» Longtemps elle continua ce manège, quoique suivie de près
» par les embarcations ; son amour maternel la rendait in-
» sensible aux dangers qui l'entouraient. L'un des canots
» réussit enfin à s'approcher suffisamment pour lui lancer un
» harpon, et, après deux tentatives infructueuses, à le lui
» enfoncer dans le corps ; même alors, elle ne chercha point
» à s'échapper, si bien que d'autres canots purent approcher
» sans difficulté et la harponner. Au bout d'une heure elle
» avait cessé de vivre. » (*Passions des Animaux*, p. 154.)

M. Saville Kent traite de l'intelligence des marsouins, dans
un article publié par *Nature* (vol. VIII, page 299) :

« Le gardien de ces intéressants animaux les convie main-
» tenant à leurs repas d'un coup de sifflet ; le bruit de ses pas
» quand il approche est le signal d'un grand mouvement parmi
» eux.... La curiosité qu'on leur attribue généralement et
» que les expériences de M. Mathew Williams ont mise en
» relief, se trouve confirmée par leur manière de se comporter
» en captivité. Tout nouvel arrivant est l'objet d'une atten-
» tion importune, et, s'il ne réussit à plaire, cette familiarité
» fait bientôt place au mépris et à une hostilité déclarée.
» C'est ainsi que des chiens de mer (*Acanthias* et *Mustelus*)
» devinrent les victimes de leur tyrannie ; les marsouins les
» prenaient par la queue, et, tout en nageant, les secouaient

» à la manière d'un gros chien se jouant d'un rat... Je vis
» une fois les deux cétacés agir de concert contre un de ces
» lourdeaux de poissons (raies) qui nageait au ras de la sur-
» face et cherchait à s'assurer un moment de répit en levant
» sa malheureuse queue hors de l'eau; c'est qu'en effet les
» marsouins ne trouvaient rien de plus commode que de
» s'en emparer comme d'une sorte de manche pour traîner
» leur victime. »

Postérieurement à cet article, M. C. Fox écrivit à *la Nature*
sur le même sujet (vol. IX, page 42):

« Il y a quelques années, dit-il, je réussis à prendre dans
» un filet que j'avais fait fabriquer exprès deux marsouins,
» non sans jeter l'alarme dans toute la bande, alarme dont
» elle dut garder un souvenir bien vivant, **car**, pendant plus
» de deux ans, ces cétacés, qui avaient jusque-là visité fré-
» quemment le port de Falmouth, n'eurent garde de se
» montrer. »

DU CHEVAL ET DE L'ANE.

Le cheval, comme intelligence, est au-dessous des carnivores. Par contre, si l'on excepte en premier lieu l'éléphant et
ensuite l'âne, qui lui sont décidément supérieurs, il l'emporte
d'un degré ou deux sur tous les autres quadrupèdes ruminants
ou herbivores.

Le fonctionnement émotionnel chez cet animal a cela de
remarquable qu'il paraît susceptible d'une transformation soudaine sous l'influence d'un dompteur. Les célèbres résultats
qu'obtint Rarez ont été, depuis, renouvelés avec plus ou moins
de succès par nombre d'imitateurs dans différentes parties du
monde, et, dans tous les cas, la méthode suivie paraît avoir
été essentiellement la même. On lie les jambes de devant de
l'animal, on le renverse sur le flanc et on le laisse se débattre
pendant quelque temps. Puis, on le soumet à diverses épreuves
qui, sans le faire souffrir, lui font sentir son impuissance vis-à-
vis de l'opérateur. Ce qu'il y a de curieux, c'est qu'une fois
cette impuissance reconnue, le caractère de l'animal change
subitement; de « sauvage », il devient « apprivoisé ». Il se
produit quelquefois des rechutes, mais on y remédie facilement. Même le véritable cheval sauvage des prairies en vient

à faire promptement sa soumission aux mains des gauchos,
qui emploient des moyens analogues ; naturellement, en pareil
cas, la lutte est à la fois plus violente et plus longue[1]. Le
dressage de l'éléphant présente un phénomène du même genre,
quoique moins remarquable au point de vue psychologique,
vu la lenteur relative du procédé.

Autre caractéristique curieuse des émotions du cheval :
c'est la tendance qu'ont toutes ses facultés mentales à capitu-
ler devant un mouvement de terreur. Le cheval est, je crois,
le seul animal chez lequel, sous l'influence de la peur, tous
les sens sont dominés par une envie folle et irrésistible de
courir. Le fonctionnement mental étant ainsi envahi par le
flot d'une seule émotion, le cheval perd, non seulement, sa
« présence d'esprit » comme les autres animaux, — c'est-
à-dire l'équilibre des facultés purement intellectuelles, —
mais encore l'usage des organes spéciaux des sens, si bien
que, dans son aliénation, il peut lui arriver de courir droit
et à toute vitesse contre un mur. J'ai bien vu un lièvre, har-
celé par un chien, se comporter d'une manière analogue :
mais pour une toute autre raison, c'est qu'il regardait en
arrière, chose assez naturelle dans son cas.

En dehors de la peur, on peut dire du cheval qu'il est
aimant, friand de caresses, jaloux de celles que reçoivent ses
compagnons, enjoué en compagnie de ses semblables, très
enclin au sport de la chasse, et, comme le mulet du reste,
doué d'un sentiment très marqué de fierté. Le mulet prend
plaisir à la beauté de son harnachement, à ce point qu'en
Espagne, d'après Thompson, on le punit de sa désobéissance
en transférant son panache et ses grelots sur un autre.

Le cheval a une excellente mémoire, comme a pu s'en apercevoir quiconque a voyagé sur une route parcourue par sa
bête une seule fois auparavant et à une date reculée. Parmi
les manuscrits de M. Darwin se trouve une lettre du révérend Rowland H. Wedgwood, dont le passage suivant montre
bien la durée du souvenir chez le cheval :

« J'arrive, dit-il, de Londres, d'où je suis venu dans ma
» voiture. Quoiqu'il y eût huit ans que mon poney n'eût fait
» la route, il s'en est parfaitement souvenu et hâta le pas à la
» vue de l'écurie où j'avais l'habitude de remiser. »

1. Voir le *Voyage d'un Naturaliste autour du monde* de Darwin, p. 151-152.

Quelques exemples de l'intelligence manifestée par des chevaux serviront à clore ce chapitre.

M. W.-J. Flening m'écrit comme quoi il avait à une époque un cheval d'un naturel méchant auquel il arrivait souvent, durant le pansage, de jeter au palefrenier la boule de bois attachée à son licou. Fléchissant le fanon, il serrait la boule entre la jambe et le pâturon et la lançait en arrière avec force.

J'ai eu, moi-même, un cheval qui avait un talent tout particulier pour se dégager de son licou quand il savait le cocher parti pour se coucher. Une fois libre, il retirait les deux clefs de bois du tuyau de la huche à avoine placée au-dessus de l'écurie, de manière que les grains se répandissent à ses pieds. Évidemment il avait remarqué comment le cocher s'y prenait quand il avait besoin d'avoine, et ne faisait qu'imiter ce qu'il lui avait vu faire. Il tournait aussi à l'occasion le robinet pour se procurer à boire et tirait la corde de la fenêtre, la nuit, par les temps de grande chaleur.

Les livres d'anecdotes contiennent plusieurs histoires de chevaux allant de leur propre mouvement trouver le maréchal-ferrant pour se faire ferrer ou pour se faire soigner un sabot malade. Voici en manière de confirmation un récit qui nous vient de bonne source ; c'est le Dr John Rae, membre de la Société royale de Londres, qui, l'ayant remarqué dans le *Ordener Herald*, le communique à *Nature* (19 mai 1881), en affirmant la bonne foi et la compétence de M. William Sinclair, dont il y est question :

« Un exemple authentique et remarquable de sagacité de la
» part d'un poney de Shetland vient d'être porté à notre con-
» naissance. Il y a un ou deux ans, M. William Sinclair, ins-
» tituteur à Holm, fit venir un de ces petits animaux pour
» faciliter ses allées et venues entre l'école et sa demeure,
» que sépare une distance considérable, et le fit ferrer par
» M. Pratt, le maréchal-ferrant du village, expérience nou-
» velle dans la vie du poney, dont les sabots étaient restés
» vierges jusque-là. Or, l'autre jour, M. Pratt, dont la forge
» est très éloignée de la maison de M. Sinclair, vit venir à
» lui la petite bête sans licou. Croyant qu'elle s'était échap-
» pée, il la chassa et chercha à lui faire reprendre le chemin
» de la maison en lui jetant des pierres. Ce moyen parut
» réussir, mais à peine s'était-il remis à l'ouvrage, que la tête

» du poney se montra de nouveau dans l'embrasure de la
» porte. M. Pratt se préparait à procéder à une seconde
» expulsion, lorsque son instinct professionnel lui fit jeter les
» yeux sur les sabots du poney ; il reconnut alors qu'il lui
» manquait un fer, et se mit en devoir de lui en forger un
» neuf qu'il mit en place. L'opération finie, le poney le regarda
» un instant, comme pour lui demander si c'était bien tout ;
» puis, il piaffa une ou deux fois pour s'assurer que le fer ne
» le gênait pas, et, avec un hennissement d'aise, partit au
» trot et la tête haute dans la direction de son écurie. Grande
» fut la surprise de son maître, ce soir-là, de le trouver ferré
» des quatre pieds ; ce ne fut que quelques jours plus tard,
» en passant par la forge, qu'il apprit combien son poney
» avait fait preuve de sagacité. »

Voici qui m'est fourni également par *Nature* (XX, 21).

« Un de mes amis (c'est M. Claypole, d'Antioch Cottage,
» Ohio, qui parle) travaille chez un fermier des environs de
» Toronto (Ontario), dont la femme possède un cheval, qui
» doit à sa reconnaissance de vivre dans l'oisiveté. Un jour
» qu'elle était tombée d'une passerelle dans un cours d'eau
» profond, il y a de cela quelques années, ce cheval, qui était
» à paître dans un champ tout à côté, accourut, la saisit avec
» ses dents, la soutint jusqu'à ce que l'on vint à son secours
» et lui sauva ainsi probablement la vie. Était-ce intelligence
» ou instinct de sa part ? »

M. Strickland (*la Nature*, vol. XIX, page 410) raconte comme
quoi une jument borgne était âgée de dix ou douze ans lorsqu'elle mit au monde son premier poulain. « Ne pouvant y
» voir que d'un côté, il lui arrivait souvent de le renverser et
» de piétiner sur lui lorsqu'il se trouvait de l'autre côté d'elle,
» si bien qu'au bout de trois ou quatre mois il finit par suc-
» comber. L'année suivante, la jument mis bas un autre pou-
» lain, et nous en avions fait notre deuil par avance. Mais,
» dès le premier jour, la mère agit avec la plus grande cir-
» conspection ; jamais elle ne bougeait sans avoir d'abord re-
» gardé où se trouvait son poulain, et jamais elle ne lui fit le
» moindre mal. Or, sa raison ne lui avait rien appris alors
» qu'elle était en train de faire périr son premier poulain ; le
» soin qu'elle prenait du second provenait du fonctionnement
» de la mémoire, de l'imagination et de la réflexion après la

» mort du premier poulain et avant la naissance du second.
» Pour moi, la faculté du raisonnement est la même chez
» l'homme et chez les animaux ; mais chez ces derniers son
» application est restreinte à la satisfaction des besoins du
» corps, tandis que chez l'homme un champ plus vaste lui
» est ouvert. »

Houzeau (vol. II, page 207) dit que l'expérience acquise sur les tramways de la Nouvelle-Orléans prouve que les mules savent compter jusqu'à cinq, car, ayant à fournir cinq trajets d'un bout à l'autre avant d'être relayées, elles en font quatre sans manifestation aucune, mais à la fin du cinquième, elles se mettent à braire. Il y aurait lieu de vérifier l'exactitude du fait, car il se pourrait après tout que l'émotion des mules vienne de ce qu'elles voient le palefrenier prêt à les dételer.

M. Samuel Goodbehere, avoué, m'envoie de Birmingham, le récit d'une observation par lui faite.

« J'avais, dit-il, un poney du pays de Galles, d'une taille de
» 1ᵐ 42, que je mettais quelquefois à l'écurie, sous le hangar
» d'une ferme, dont la barrière était munie d'un verrou à
» l'intérieur, et à l'extérieur d'un loquet. Ma bête pouvait
» passer la tête et une partie du cou par dessus la barrière,
» mais elle ne pouvait atteindre le loquet, ce qui ne nous em-
» pêchait pas de la trouver constamment en liberté dans la
» cour de la ferme, sans que nous puissions nous expliquer le
» mystère. Je finis cependant par en avoir la clef. Un beau
» jour, en effet, je vis mon poney retirer d'abord le verrou,
» puis hennir jusqu'à ce qu'un âne, que l'on laissait en liberté
» dans la cour vint lever le loquet avec son museau et lui
» donner ainsi la clef des champs. »

Il est un degré de sagacité qui comporte le désir de cacher un méfait. Je n'en ai trouvé qu'un exemple dans mes recherches sur la race chevaline, mais comme l'éléphant, le chien et le singe en fournissent en grand nombre, je me crois autorisé à le citer, d'autant plus qu'il repose sur un témoignage sérieux. C'est au professeur Nipher, de l'Université « Washington », à Saint-Louis (États-Unis), que je l'emprunte.

« Un de mes amis, dit-il, établi à Iowa City, avait un mulet
» doué d'un véritable génie pour le mal. Rien n'était plus à
» son goût que la compagnie d'une certaine huche à avoine ;
» quand la barrière de la cour et la porte de la grange étaient

» ouvertes, ne manquait-il jamais l'occasion d'un régal. La
» gourmandise aidant, il finit par trouver moyen de pénétrer
» dans la grange, et tous les matins on l'y trouvait, sans que
» l'on pût découvrir comment il s'y prenait jusqu'au jour où
» on le surprit en flagrant délit. On vit alors qu'il avait appris
» à ouvrir la barrière de la cour en passant la tête par dessus
» la palissade pour lever le loquet, et à la refermer en la pous-
» sant du derrière, de manière à mystifier ses maîtres. Après
» quoi, il allait tirer la cheville qui maintenait la porte de la
» grange fermée. L'intelligence dont cet animal fit preuve en
» plusieurs occasions, me porte à croire que, sans cette dé-
» couverte prématurée, il aurait appris avec le temps à se
» retirer avant le jour pour éviter les coups de bâton dont le
» gratifiaient les garçons d'écurie. Ajoutons que le dévelop-
» pement de ses facultés mentales n'avait nullement été favo-
» risé, et que l'intérêt de ses maîtres leur faisait un devoir de
» s'y opposer autant que possible. » (*Nature*, XX, p. 21.)

RUMINANTS.

En fait de sympathie, j'ai le témoignage du général sir
George Le Grand Jacob, qui m'écrit qu'il a vu des femelles de
bouquetin relever avec leur tête les mâles que sa balle avait
atteints, et les aider à s'enfuir en les soutenant.

Aux abattoirs, le bétail manifeste des émotions très vives,
qui semblent tenir à la fois de la sympathie et d'une peur
raisonnée. Une brochure sur ce sujet parut il y a plusieurs
années, et, depuis, M. Robert Hamilton, F. C. S., qui n'en
avait probablement pas connaissance, a publié une série d'observations entièrement analogues. L'espace me manque pour
les citer *in extenso*, mais voici un passage que j'extrais d'une
lettre que j'ai reçue de l'auteur :

« L'animal, dit-il, qui voit tuer, dépouiller de leur peau,
» etc., ses camarades l'un après l'autre, finit par comprendre
» la terrible portée de l'épreuve, et à mesure qu'il s'en rend
» compte, l'on voit sa physionomie s'empreindre d'une hor-
» reur grandissante. Comme on peut bien le penser, l'émotion
» est plus apparente chez les uns que chez les autres ; la di-
» versité de ces manifestations intellectuelles est un des traits
» d'union qui les relient à la famille humaine. »

L'orgueil s'affirme nettement chez les moutons et les bestiaux, comme le prouve l'abattement du chef de troupeau, bélier ou vache, auquel on enlève sa clochette pour l'attacher à un autre ; l'on dit qu'en Suisse, les bêtes que l'on enguirlande les jours de fête ont tout l'air d'apprécier les marques de distinction qu'on leur confère. C'est ce qu'exprime Schiller avec l'exagération d'un poète, dans son *Guillaume Tell*, lorsqu'il dit :

> Voyez avec quel orgueil votre taureau porte sa guirlande ;
> Il se sait chef du troupeau ;
> Dépouillez-le, et il mourra de chagrin.

Passons maintenant à l'intelligence générale. Voici d'abord ce que dit Thompson (*Passions des animaux*, p. 308) :

« La sagacité que déploient les bisons pour se défendre
» contre les loups est admirable. Sitôt qu'ils flairent une
» bande de ces bêtes affamées, ils se forment en cercle, les
» plus vigoureux à la circonférence, les faibles et les jeunes
» au centre, présentant ainsi une rangée impénétrable de
» cornes. »

Le buffle de l'Ancien-Monde se comporte à peu près de même. D'après Sir J.-E. Tennent, le buffle sauvage est d'un caractère morose et incertain.

« Telle est sa force et sa bravoure, que dans le poème
» épique hindou *Ramayana*, son élan est comparé à celui
» du tigre. Ces animaux sont d'un voisinage dangereux lors-
» qu'on les dérange pendant qu'ils sont à paitre ou à se
» reposer dans les lacs de peu de profondeur. Ils se forment
» alors rapidement en ordre de bataille, avec une avant-
» garde de vétérans, et se préparent à l'attaque en tour-
» noyant rapidement et en heurtant à grand bruit leurs
» cornes les unes contre les autres. D'habitude, après une
» manifestation belliqueuse de ce genre, le troupeau prend
» la fuite pour se reformer à distance, la tête relevée dans
» l'attitude du défi. » (*Histoire naturelle de Ceylan*, p. 54.)

Apprivoisé, le buffle devient l'auxiliaire de la chasse et la façon dont on l'utilise met en relief l'esprit de curiosité du daim, du cochon et autres animaux.

« On lui attache une clochette au cou (c'est toujours Sir
» J.-E. Tennent qui parle) et sur le dos une sorte de boîte

» ou de panier ouvert d'un côté. A la nuit on illumine cette
» boîte avec des flambeaux de cire et l'on conduit le buffle
» lentement à travers le fourré. Les chasseurs armés de
» leurs fusils se tiennent du côté qui n'est pas éclairé,
» tandis que les animaux sauvages effrayés par le bruit et
» étonnés par la lumière, s'approchent avec précaution dans
» un état de fascination mêlée de stupéfaction. Les serpents
» même, à ce que l'on m'affirme, sont attirés par ce spectacle
» insolite, et le léopard périt victime de sa curiosité. » (*Ibidem*, p. 56.)

Livingstone dit du buffle d'Afrique qu'il l'a vu, étant poursuivi par des chasseurs, rebrousser chemin de quelques mètres, se coucher dans un creux et y attendre que l'ennemi soit
passé ; expédient qui indique de la part de cet animal un degré d'intelligence supérieur à celui de la plupart des carnivores. (*Mission ary Travels*, p. 328.)

« Par son intelligence, dit ailleurs le même écrivain, le
» gibier fournit matière à de curieuses observations. Dans
» les districts où il a beaucoup à souffrir des armes à feu, il
» fréquente les endroits découverts, où le regard peut em-
» brasser une vaste étendue de terrain, et se tient à distance
» de tout homme armé..... Ici, au contraire, où la flèche
» des Balondas constitue l'engin fatal, il choisit les forêts les
» plus épaisses où cette arme ne peut guère servir. » (*Ibid.*,
p. 280.)

Jesse, qui eut maintes occasions d'observer le fait dont il
parle, s'émerveille de la façon dont quelques-uns des vieux
chevreuils de « Bushey Park » se procurent les baies des
belles épines qui ornent ce parc. « Ils se dressent sur leurs
» jambes de derrière, sautent en l'air, engagent leurs cornes
» dans les branches du bas de l'arbre auxquelles ils impri-
» ment une ou deux fortes secousses ; après quoi ils ramas-
» sent les baies tout à leur aise. » (*Recueils,* vol. I, page 20.)

Il fait aussi remarquer que parmi les manifestations du
puissant instinct dont la nature a doué les animaux pour
leur sauvegarde, il en est peu de plus significatives que les
moyens qu'ils emploient pour éviter un danger. « C'est
» ainsi que dernièrement je vis un cerf suivi de près par une
» meute se mêler à deux reprises à un troupeau de moutons
» et revenir chaque fois sur ses pas, comme s'il savait que

» les chiens le suivaient à la piste et non à vue. S'il en était
» réellement ainsi, ce serait une preuve de plus qu'il entre en
» jeu chez les animaux autre chose que de l'instinct. » (*Ibidem,*
vol. II, page 20.)

Le même auteur mentionne également une preuve d'intelligence que lui a souvent fourni le buffle de la ferme Zoologique de « Kingston Hill ». L'animal étant farouche, on lui
avait percé les naseaux d'un fort anneau en fer muni d'une
chaîne longue d'environ deux pieds. L'extrémité libre de la
chaîne formait aussi un anneau de quatre pouces de diamètre. « Or en paissant, il était probablement arrivé au
» buffle de mettre le pied sur cet anneau et de souffrir de la
» secousse qui en résultait lorsqu'il voulait lever la tête ;
» car il avait imaginé de remédier à cet inconvénient en
» passant sa corne dans l'anneau. J'ai pu constater que la
» manière dont il s'y prenait était des plus méthodiques ;
» mettant la tête de côté, il commençait par enfiler l'anneau
» avec sa corne, puis il secouait la tête jusqu'à ce que l'an-
» neau eût glissé jusqu'au bas de la corne. » (*Ibid.*, pages
226-227.)

Le fait suivant est tiré des *Anecdotes* de Mʳˢ Lee, page 366.
Elle est d'autant plus croyable que non seulement les observations de cette dame sont en général exactes, mais que,
comme nous le verrons plus loin, le même genre d'intelligence se manifeste d'une façon indéniable chez les chats :

« Une chèvre et ses chevreaux fréquentaient un *square* où
» j'habitais à une époque, et mes domestiques et moi nous
» leur donnions souvent à manger. Quand nous y manquions,
» j'entendais la porte d'entrée retentir sous les coups de
» corne de la mère et de ses jeunes émules. Nous avions
» fini par ne plus y faire attention, lorsqu'un beau jour la
» sonnette de service dont le fil longeait la grille du sous-
» sol, se fit entendre. La cuisinière vint répondre, mais elle
» ne trouva à la porte que la chèvre et les chevreaux la tête
» inclinée vers la fenêtre de la cuisine. Nous crûmes d'abord
» que quelque petit garçon compatissant avait sonné pour
» eux ; mais l'observation nous démontra que la chèvre elle-
» même tirait le fil en y passant une corne. Voilà de l'instinct
» qui ressemble prodigieusement à de la raison. »

P. Wakefield dans son livre « *Instinct displayed* » cite

deux cas dans lesquels des chèvres firent preuve d'intelligence dans leurs procédés en se trouvant nez à nez sur une crête de rocher flanquée d'un précipice de chaque côté et trop étroite pour leur permettre de se croiser. L'une de ces rencontres eut lieu sur les remparts de la citadelle de Plymouth, sous les yeux de plusieurs personnes ; l'autre à Ardenglass en Irlande. Chaque fois, les deux animaux se regardèrent pendant un instant, comme s'ils examinaient leur position et le meilleur moyen d'en sortir ; puis l'un d'eux s'agenouilla avec précaution et s'aplatit autant que possible, afin de permettre à l'autre de lui passer sur le dos. D'autres auteurs ont également relevé ce genre de manœuvre de la part des chèvres, et il n'y a pas lieu de s'en étonner outre mesure, si l'on songe qu'à l'état sauvage ces animaux doivent se trouver assez fréquemment en pareille passe.

M. W. Forster, qui m'écrit d'Australie, me parle d'un taureau dont il me cite un trait d'intelligence :

« Un taureau à demi apprivoisé, dit-il, et provenant d'une
» vache laitière, m'intriguait par le fait qu'on le trouvait
» sans cesse dans un champ cultivé entouré d'une palissade
» à deux barres dont la plus basse était à une certaine hau-
» teur au-dessus du sol. Mais un beau jour j'arrivai juste à
» temps pour le voir se coucher le long de la palissade, puis
» rouler sur son dos du côté du champ et y pénétrer par ce
» moyen. C'est le seul animal à qui j'aie vu jouer ce tour, et
» bien qu'il ait dû souvent le faire devant nombre de vaches,
» jamais aucune d'elles ne chercha à l'imiter, alors qu'elles
» eussent certainement suivi le taureau s'il avait passé par
» une ouverture dans la palissade.

M. G.-S. Erb m'envoie de « Salt Lake City » des détails fort intéressants sur la sagacité avec laquelle les daims sauvages des États-Unis savent éviter les pièges à fusil, sagacité qui ressemble d'une manière frappante à celle de plusieurs espèces de carnivores dans les mêmes circonstances :

« Voici, dit mon correspondant, comment j'établissais mon
» piège. Je commençais par abattre un merisier, arbre dont
» le sommet constitue une friandise pour ces animaux, et
» comme il y avait un pied de neige sur le sol, et par suite
» disette de fourrage, ils ne manquaient pas de venir brouter,
» attirés qu'ils étaient par le bruit de la chute de l'arbre. A

» vingt pieds de la cime et pointant vers elle, j'établissais un
» fusil chargé dont la gâchette était en contact avec un levier
» communiquant par une ligne de pêche ordinaire avec le
» sommet. De cette façon, les daims ne pouvaient passer
» entre l'arbre et le fusil, sans essuyer un coup de feu. Or
» tant que je me servis d'une ligne de pêche, c'est-à-dire
» d'une ligne de un seizième de pouce de diamètre, jamais je
» ne réussis à en tuer un seul. Commençant d'un côté par le
» tronc de l'arbre, ils allaient en broutant jusqu'à un pied
» de la ligne, faisaient le tour du fusil, et passaient à l'autre
» côté, sans jamais toucher à la ligne. J'essayai bien une
» soixantaine de fois, toujours avec le même résultat. Je
» substituai alors au fil de pêche un fil noir de petite dimen-
» sion que les daims ne pouvaient distinguer, le piège fonc-
» tionna fort bien. »

COCHONS.

Comme intelligence, les cochons se rapprochent beaucoup
des carnivores les mieux doués sous ce rapport.

Les tours qu'apprennent les cochons savants en sont une
preuve convaincante ; et pour ce qui est d'ouvrir des portes,
de soulever des loquets, etc... ils déploient parfois une
adresse qui n'a d'égale que celle du chat. Le récit suivant
montre que les sangliers savent aussi bien coopérer en face
de l'ennemi, que le bison et le buffle, et qu'ils font même
preuve d'une organisation supérieure :

« Les sangliers se rassemblent en troupeaux et font cause
» commune contre l'ennemi. Green raconte que dans les
» régions sauvages de l'État de Vermont, un voyageur vit
» en passant un immense troupeau qui s'était formé en
» cercle, le dos tourné au centre, qu'occupaient les jeunes,
» tandis qu'un loup cherchait à se procurer une proie dans
» leurs rangs. A son retour, le même voyageur trouva le
» loup seul sur place ; il était mort et son corps était ouvert
» d'un bout à l'autre. Schmarda, également, dit avoir vu, à
» l'un des postes militaires de la Croatie, un loup aux prises
» avec un troupeau de cochons domestiques. Il s'en était pré-
» senté deux dans le principe, mais l'un d'eux s'était enfui à
» l'aspect menaçant des cochons qui s'étaient formés en coin et

» avançaient en grognant, les soies hérissées. L'autre se ré-
» fugia sur un arbre, autour duquel ses ennemis se groupè-
» rent d'un commun accord, et à la première tentative qu'il
» fit pour sauter par dessus leurs têtes, ils le délogèrent et le
» mirent en pièces en un clin d'œil. » (Thompson, *Passions
des Animaux*, p. 308.)

A la page 452 de ses *Mémoires sur les quadrupèdes de la
Grande-Bretagne*, et à propos de la docilité du cochon,
Bingler reproduit un récit que lui fit sir Henry Mildmay. Il
paraît que les frères Toomer, gardes du roi dans la « New-
Forest », avaient imaginé de dresser une truie à se mettre en
arrêt devant le gibier. Une quinzaine de jours leur suffit pour y
arriver; au bout de quelques semaines elle avait également appris à rapporter. Son flair était excellent, elle se tenait bien en
arrêt, devant toute espèce de gibier, excepté devant le lièvre,
et en somme était plus utile qu'un chien. Sir Henry Mildmay
finit par en faire l'acquisition. Suivant Gouatt (*Du Cochon*,
p. 17), le colonel Thornton possédait aussi une truie dressée de
la sorte. Le même auteur raconte qu'une truie appartenant à
M. Craven, avait perdu successivement trois petits de sa portée enlevés chaque fois à son retour des bois, à l'heure de son
souper, pour les mettre à la broche. La fois suivante, elle se
présenta toute seule, et, ses maîtres inquiets sur le compte de
sa portée, la firent surveiller le lendemain soir. On la vit
alors renvoyer ses petits à l'extrémité du bois, avec force gro-
gnements leur enjoignant d'attendre là qu'elle revint de son
expédition à la maison.

Evidemment elle s'était rendu compte des vides dans les
rangs de sa famille, et avait adopté ce moyen de sauver ce
qui en restait. (*Ibidem.*)

L'observation suivante est de M. Stephen Harding :

« Le 15 du mois de novembre 1879, je vis, dit-il, une truie
» âgée de douze mois environ, courir dans un verger à un
» jeune pommier et le secouer tout en dressant les oreilles
» comme pour écouter s'il tombait des pommes, puis ramas-
» ser le fruit et le manger. Quand elle eut tout abattu, elle
» secoua encore l'arbre en écoutant comme avant ; mais
» comme il n'y avait plus rien, elle s'en alla. »

La réputation d'indifférence, en matière de propreté, que
l'on a faite aux cochons, n'est guère fondée ; tout au plus peut-

on dire que ces animaux préfèrent la fraîcheur de la boue à une chaleur sèche; quant à l'aspect malpropre de leurs étables, la faute en est plutôt aux fermiers qu'aux cochons. Comme le dit Thompson (*Passions des animaux*) : « Que pendant la » saison chaude d'un climat tempéré comme le nôtre, ou la » plupart des saisons d'un climat comme celui de la Palestine, » une truie s'en retourne après avoir été lavée se vautrer » dans la boue, c'est tout simplement parce qu'elle se sent » incommodée, brûlée, rôtie, par les rayons ardents du soleil : » que l'homme la traite avec les égards dus à un animal do- » mestique, qu'il lui fournisse de l'ombre en été, un abri en » hiver, une litière propre et sèche en toute saison, et elle se » passera de fumier d'un bout de l'année à l'autre. »

CHIROPTÈRES.

A propos des chauves-souris M. Bates dit qu'il est établi que ces animaux sucent le sang de personnes endormies. « Toutefois, il n'y a que peu de gens qui soient exposés à ce » genre de saignée...... je suis disposé à croire que plu- » sieurs espèces de chauves-souris ont une tendance à cette » pratique. » (*Le Naturaliste aux Amazones*, page 91). En tout cas, l'espèce à qui l'on a presque universellement attri- bué ce trait de mœurs, et qui a reçu le nom de vampire, est absolument inoffensive.

M. G. Clark (*Aperçu sur la faune de l'île Maurice*) parle de l'intelligence déployée par une chauve-souris apprivoisée (*Pteropus vulgaris*). Sitôt que son maître entrait dans l'ap- partement, elle le saluait de ses cris, et s'il ne la caressait pas de suite, elle grimpait sur lui, le frottant de sa tête et lui léchait les mains. S'il prenait quelque objet dans sa main, elle l'examinait attentivement du nez et de l'œil, et lorsqu'il s'asseyait, elle s'accrochait au dos de la chaise, et y restait pendue, suivant de l'œil tous ses mouvements.

CARNIVORES.

Je rassemble ici certains faits qui se rapportent à l'intelli- gence de carnivores autres que ceux dont je me propose de faire une étude spéciale plus loin.

Phoques. — A l'état sauvage, ces animaux n'ont guère occasion de faire preuve d'intelligence ; mais l'apprivoisement révèle leurs dons sous ce rapport. Sous son influence ils se montrent doux, sensibles aux caresses et très attachés à leur entourage. Au point de vue psychologique les mœurs de quelques espèces durant la période de reproduction sont si singulières que je crois utile d'en donner une description empruntée à l'excellent ouvrage de M. Jœl Asaph Allen (*Histoire des Pinnipèdes de l'Amérique du Nord,* p. 348 et 361) ; c'est la plus complète qui existe :

« La période qui s'écoule entre l'arrivée de l'avant-garde
» en mai et le 1er juin, ou le milieu de ce mois si le temps est
» clair, est une période de calme ; à peine quelques phoques
» viennent-ils grossir les rangs des éclaireurs. Vers le
» 1er juin, l'atmosphère brumeuse et humide de la saison d'été
» s'affirme, et amène avec elle des milliers de phoques mâles
» qui s'établissent dans des positions convenables pour rece-
» voir les femelles dont l'arrivée se fait encore attendre trois
» semaines ou un mois. Ce n'est pas une mince affaire que de
» trouver un gîte et de s'y maintenir pour les mâles qui
» arrivent tard ou pour ceux qui occupent le bord de l'eau,
» et il en meurt souvent des blessures reçues dans les com-
» bats qu'ils se livrent. Il semble que ce soit une affaire enten-
» due de chacun que pour posséder son domaine de dix pieds
» carrés environ, il lui faudra le défendre contre tout ve-
» nant ; car une invasion de nouveaux arrivés en fait sou-
» vent déménager qui tout aussi vigoureux, dans le principe,
» se sont épuisés dans des combats antérieurs et se trouvent
» refoulés de plus en plus haut dans la colonie par une nou-
» velle série d'agresseurs. La force et le courage que dé-
» ploient certains mâles est vraiment étonnante. J'ai surtout
» remarqué un vétéran qui fut un des premiers à s'établir au
» bord de l'eau et repoussa victorieusement les assauts d'une
» soixantaine de phoques qui convoitaient son emplacement.
» Quand vint la fin de la saison guerrière, c'est-à-dire quand
» les femelles eurent quitté l'eau, je le vis, tout éborgné qu'il
» fût et couvert de balafres et d'entailles saignantes, présider
» fièrement à son harem de quinze à vingt femelles serrées
» les unes contre les autres à l'endroit qu'il avait occupé dès
» l'origine. Les phoques se servent presque exclusivement de

» leurs dents dans leurs combats ; ils serrent les mâchoires
» avec une telle force qu'il faut un effort des plus violents
» pour leur faire lâcher prise, d'où résulte presque toujours
» une grave blessure, les canines acérées labourant profon-
» dément la peau et le lard ou déchirant les nageoires en la-
» nières.

» Les combattants s'approchent généralement en détour-
» nant la tête, et ont recours à toutes sortes de feintes avant
» d'en venir aux mains ; ils avancent et retirent leurs têtes
» avec la rapidité de l'éclair, sans interrompre un seul ins-
» tant leurs sourds rugissements et leurs sifflements aigus,
» tandis que leurs gros corps se tordent et se gonflent sous
» l'empire de leur rage et de leurs efforts ; les poils volent
» dans l'air, le sang coule, enfin tout contribue à donner à la
» scène un aspect sauvage et féroce et d'une grande étran-
» geté. Les rôles restent toujours bien distincts ; c'est d'une
» part l'attaque, de l'autre la défense. Si l'assiégé a le dessous,
» il quitte la place sans que le vainqueur songe à le pour-
» suivre. Ce dernier relève une de ses nageoires de derrière,
» s'évente en quelque sorte comme pour se rafraîchir après
» l'ardeur du combat, et fait entendre un grognement de satis-
» faction et de mépris, tout en guettant l'arrivée d'un autre
» compétiteur ou « sea-catch » (c'est le nom que les indigènes
» donnent aux mâles des colonies et plus particulièrement à
» ceux qui maintiennent leur position).

» Les mâles qui, dès le commencement, ont réussi à mainte-
» nir leurs positions, ne les ont pas quittées un seul instant
» jour et nuit ; et ils continuent cette garde incessante depuis
» l'arrivée des femelles en juin jusqu'aux premiers jours
» d'août, soit du 1ᵉʳ au 15 c'est-à-dire tant qu'ils sont en rut.
» Il s'en suit que pendant au moins trois mois ils se passent
» entièrement de nourriture et d'eau ; il y en a même qui
» après leur sortie de l'eau en mai, n'y rentrent que quatre
» mois plus tard. Le fait est certainement remarquable ; il
» est même surprenant quand on songe à l'activité incessante
» que déploient les mâles dans ces conditions pour remplir
» leur devoir comme chefs et pères de nombreuses familles.
» Il n'y a rien là qui ressemble à l'apathie de l'ours enfermé
» dans son antre. Ils doivent évidemment vivre aux dépens de
» la graisse dont leur corps est abondamment pourvu quand

» ils paraissent sur la scène et qui diminue peu à peu à me-
» sure que la saison avance.

» Les femelles, à leur arrivée, sont l'objet d'un grand
» empressement et de beaucoup d'attention de la part des
» mâles du bord de l'eau, qui à leurs cajoleries joignent de
» temps à autre quelques poussées pour les attirer sur les
» rochers où elles sont aussitôt soumises à une surveillance
» jalouse. Mais dans les commencements, alors qu'elles ne se
» présentent encore qu'en petit nombre, la jalousie et l'ambi-
» tion des mâles établis à distance de l'eau, leur cause quel-
» ques désagréments. En effet à peine le mâle n° 1 a-t-il ins-
» tallé une femelle dans son domaine, qu'il en voit une autre
» dans l'eau. Aussitôt, obéissant à son instinct de polygamie,
» il a recours aux mêmes artifices qui lui ont réussi pour la
» première ; mais pendant ce temps, le mâle n° 2, voyant que
» son camarade n'est pas sur ses gardes, allonge son cou
» nerveux, saisit la pauvre femelle par la nuque, comme une
» chatte ferait de son chaton, et l'emporte dans son sérail; sur
» quoi ses voisins, n°s 3, 4, 5, etc.., témoins de cet acte som-
» maire, tombent les uns sur les autres, mais plus particuliè-
» rement sur lui, et au bout de l'esclandre il arrive générale-
» ment que la femelle a subi deux ou trois déménagements
» vers l'intérieur du campement. Son dernier seigneur et
» maître, n'étant point exposé aux mêmes distractions que
» le premier, s'occupe d'elle tant et si bien que non seulement
» elle ne saurait s'échapper, mais qu'aucun autre mâle ne
» trouve l'occasion de la ravir. Du reste la période de l'amé-
» nagement des harems est fertile en désagréments et tribu-
» lations de bien des sortes. Vers la fin de l'arrivage, c'est-
» à-dire du 10 au 14 juillet, les femelles s'entassent dans les
» stations reculées, parfois sur vingt rangs au bord de l'eau,
» mais généralement sur dix ou quinze, et alors elles en font
» à peu près à leur tête, car la vigueur des mâles se ressent
» des deux mois de lutte et d'agitation qu'ils viennent de tra-
» verser, et ils se contentent facilement d'une ou deux « moi-
» tiés » . . . .

» Je n'ai guère pu me rendre un compte exact du nombre
» moyen des femelles pour chaque station, mais je crois être
» sensiblement dans le vrai en assignant de douze à quinze
» femelles à chaque mâle du bord de l'eau, et de cinq à neuf

» à ceux du second plan. J'ai compté jusqu'à quarante-cinq
» femelles sur une roche plate près de Kestaire-Point ; le
» mâle à qui appartenait ce sérail, devait de le maintenir à la
» nature de l'emplacement qui lui permettait d'en défendre
» l'accès en se postant sur le seul chemin qui y conduisait.
» Sur les derrières du campement se tient toujours un grand
» nombre de mâles qui attendent patiemment, mais en vain,
» l'occasion de s'établir en famille ; la plupart d'entre eux
» ont eu à livrer et à soutenir des combats tout aussi ter-
» ribles que leurs voisins fortunés qui sont plus près de l'eau,
» mais les femelles n'aiment pas les stations extérieures où
» elles sont plus ou moins isolées ; ce qui fait leur bonheur,
» c'est l'entassement des grands harems, où elles peuvent à
» peine se remuer tant elles sont serrées. Toutefois par suite
» de l'inaction qui s'impose à eux, les mâles de l'arrière-ban
» n'en sont que plus en état de succéder à ceux qui sont obli-
» gés de se retirer pour cause d'épuisement, ou de se consa-
» crer vaillamment à la protection des jeunes à l'automne. Le
» courage que déploient les phoques à fourrure dans leurs
» fonctions de chefs de famille est de l'ordre le plus élevé.
» J'ai essayé à diverses reprises d'en chasser des positions où
» ils s'étaient établis, mais j'avais beau leur jeter des pierres
» et faire autant de bruit que possible, jamais je n'ai réussi.
» Je soumis même à une rude épreuve, la vaillance d'un mâle
» logé à l'extrémité du campement de Tolstoï et pourvu de
» quatre femelles. M'approchant à vingt pas de lui, je me mis
» à le cribler de petit plomb. Bruit, odeur de poudre, douleur,
» rien n'y fit ; conservant dans toute son énergie son attitude
» de résistance déterminée, il s'élançait de droite et de gauche
» pour arrêter et ramener les femelles qui dans leur effroi
» cherchaient à fuir après chaque coup de fusil ; puis se levant
» de toute sa hauteur, il me regardait en face, avec une ex-
» pression de défi, tout en rugissant et en crachant furieuse-
» ment. Il lui fut bientôt impossible de retenir les femelles,
» mais il n'en continua pas moins à me faire face, bondissant
» vers moi jusqu'à dix ou quinze pieds de sa position, puis
» y revenant avec l'intention évidente de périr plutôt que de
» reculer. »

» Ce qu'il y a de particulièrement remarquable, c'est que
» ce déploiement de valeur, en face de l'homme, est pure-

» ment défensif. Qu'il réussisse à faire rebrousser chemin à
» son adversaire, le phoque ne le poursuit guère au-delà des
» limites de sa station, et quelque provocation qu'il reçoive,
» jamais il ne prend l'offensive, du moins telle est mon ex-
» périence. . . . .

» L'indifférence manifestée à l'égard des jeunes pendant
» l'élevage est singulière. Je n'ai jamais vu une femelle ca-
» resser son petit ; s'il s'aventure quelque peu, on peut s'en
» emparer ou le tuer sous les yeux de sa mère, sans qu'elle
» témoigne la moindre émotion. Même indifférence de la part
» du mâle pour tout ce qui se passe en dehors de son sérail ;
» tant que les jeunes phoques n'en dépassent point les li-
» mites, il se montre gardien jaloux et dévoué ; mais sitôt
» que les petits animaux s'éloignent, toute sa sollicitude à
» leur endroit disparaît. . . . .

» Dans les premiers jours d'août, c'est-à-dire vers le 8, les
» jeunes phoques du bord de l'eau s'essaient à nager ; grande
» est leur gaucherie dans les commencements. Sitôt qu'ils
» perdent pied, ils se mettent à battre l'eau de leurs nageoires
» de devant sans se servir de celles de derrière. Au bout de
» quelques secondes ou, au plus, d'une minute, le plus jeune
» sort prudemment de l'eau et fait un petit somme pour se
» délasser ; après quoi, il se remet à sa leçon. En peu de temps
» ils se familiarisent avec l'eau, et alors ce sont des ébats de
» toutes sortes, plongeons, détours, évolutions, etc...; quand
» ils en ont assez, ils se hissent sur le bord, se secouent
» comme de jeunes chiens et s'endorment sur place ; d'autres
» fois ils se livrent à quelque paisible divertissement.

» Certains écrivains prétendent que les phoques poussent
» les jeunes à l'eau pour leur apprendre à nager ; pour mon
» compte, je n'ai jamais rien vu de semblable. »

Loutres. — La loutre est un animal éminemment docile ;
ne lui apprend-on pas à attraper des poissons et à les rapporter ? « J'ai vu, dit le docteur Goldsmith, une loutre aller
à un étang sur un mot de son maître, chasser les poissons
dans un coin, choisir le plus beau, le prendre dans sa bouche
et le rapporter. » Bingley cite également plusieurs exemples
du même genre. (*Biographie animale*, vol. III, p. 301-302.)

Belettes. — « M⁽ˡˡᵉ⁾ de Faister décrivit à Buffon la manière

» dont une belette qu'elle avait apprivoisée jouait avec ses
» doigts à la manière d'un chaton, lui grimpait au cou et sur la
» tête, et lui sautait dans les mains à trois pieds de distance.
» Même au milieu d'une vingtaine de personnes, l'animal dis-
» tinguait la voix de sa maîtresse, et bondissait par dessus tout
» le monde pour la rejoindre. Qu'elle ouvrît une boîte ou un
» tiroir, ou un journal, la belette y fourrait son nez, enfin quoi
» qu'elle eût à la main, il lui suffisait de paraître l'examiner
» pour que la petite bête accourût l'inspecter également. »
(Thompson, *Passions des Animaux*, p. 337.)

Putois. — Dans un article sur l'instinct, écrit pour l'*Encyclopédie d'Anatomie* de Todd, le professeur Alison parle d'un
instinct remarquable du putois et en cite l'exemple suivant
qu'il emprunte au *Magasin d'Histoire naturelle* (vol. IV,
page 206) : « Je déterrai, raconte l'observateur, cinq jeunes
» putois qui étaient confortablement enfouis dans une litière
» d'herbe sèche; et dans un trou latéral, formant garde-
» manger, je trouvai quarante grosses grenouilles et deux
» crapauds, tous en vie, mais à peine capables de bouger. —
» Je reconnus à l'examen qu'ils souffraient tous d'une mor-
» sure à la cervelle habilement pratiquée. » — On remarquera
» l'analogie que présente cet instinct avec celui que M. Fabre
a plus récemment constaté chez les insectes du genre *Sphex*
et dont nous avons déjà parlé.

Furets. — Je possédais à une époque un furet de forte
taille, auquel ma sœur avait appris à mendier des friandises
à l'égal du chien le mieux dressé, à sauter par dessus un bâton, etc..., etc. — Il était devenu très familier, aimant à être
caressé, et nous suivant à la promenade comme un chien, —
quand je dis nous, j'entends ses intimes. Quant à sa mémoire,
la preuve qu'elle était bonne, c'est qu'après une absence de
plusieurs mois, durant lesquels il n'eut personne pour lui faire
répéter ses tours, nous pûmes constater qu'il n'avait rien
perdu de son adresse.

J'incline fortement à croire que les furets rêvent, car j'en
ai souvent vu remuer le nez et les griffes pendant leur sommeil comme s'ils poursuivaient des lapins. Voici également
qui a trait à l'intelligence de ces animaux. Un jour, pendant
une chasse au lapin, je perdis un furet à environ un mille de

chez moi ; quelques jours plus tard, l'animal revint à la maison.
Plusieurs chasseurs de mes amis m'ont cité des exemples de
ce genre ; mais il faut bien admettre que le retour d'un furet,
en pareille circonstance, est chose exceptionnelle.

Gloutons. — Les merveilleuses descriptions que l'on rencontre de l'intelligence de ces créatures, sont pour la plupart,
exagérées. Il est pourtant vrai, qu'en matière de sagacité, il
est peu d'animaux qui les égalent, et point qui les surpassent.
Comme preuve, il me suffira de citer le témoignage de deux
écrivains dignes de foi, le Dr J. Rae, F. R. S., et le capitaine
Elliot Cones (Monographie des Mustelides de l'Amérique du
Nord). *(Publications variées de l'expertise géologique des
États-Unis*, vol. VIII, Washington, 1877.)

Voici, en effet, ce que m'écrit le docteur, en réponse à une
lettre où je l'interrogeais sur l'intelligence des gloutons :

« Les récits de la plupart des voyageurs en Amérique
» affirment des merveilles à l'endroit de ces animaux rusés,
» mais je ne sais trop si l'expérience m'autorise à leur attri-
» buer en propre la faculté du raisonnement. Ils sont très
» méfiants, et se laissent, sinon jamais, du moins très rare-
» ment prendre au piège, approcher à portée de fusil ou même
» emprisonner. Ils détruisent les appâts sans les manger,
» démolissent les pièges où ils pénètrent d'une manière tout
» autre que celle que le trappeur avait imaginée, et quant
» au fusil, ils l'évitent soigneusement, à moins qu'il ne soit
» recouvert de neige à la manière des Esquimaux.

» En 1853, sur la côte Arctique, me préparant à quitter la
» tente pour m'établir plus chaudement dans des cabanes de
» neige, j'avais fait transporter par mon domestique plus de
» cent livres de filet de venaison à nos nouveaux quartiers
» qui se trouvaient à environ un quart de mille de nos tentes ;
» et comme il n'y avait trace ni de renards, ni de loups, ni
» de gloutons, la viande fut laissée pour une nuit dans une
» cabane ouverte. Le lendemain, nos belles tranches de ve-
» naison avaient disparu. Deux gloutons s'étaient introduits
» dans la cabane, non pas par la porte où ils redoutaient un
» piège, mais par un trou qu'ils avaient creusé eux-mêmes
» dans la paroi de neige. Quand le printemps amena le dégel,
» nous retrouvâmes une partie de la viande que les animaux

» avaient cachée dans la neige tout près de notre maison ;
» mais comme toujours « ils l'avaient rendue impropre à l'ali-
» mentation ».

C'est également le Dr Rae qui a appelé mon attention sur
le récit du capitaine Elliot Cones que voici :

« Pour le trappeur, les gloutons sont une véritable peste.
» Une fois que ces animaux ont découvert une ligne de pièges
» à martres, ils en infestent les abords et le trappeur n'a
» d'autre ressource que de les détruire s'il ne veut point
» perdre son temps. Commençant à un bout de la ligne, ils
» passent d'un piège à un autre, les mettent en pièce après en
» avoir retiré l'appât par derrière. Même lorsqu'ils sont ras-
» sasiés, ils continuent à enlever les appâts pour les cacher.
» Quand ils sont affamés, il leur arrive souvent de dévorer
» deux ou trois des martres prises au piège ; quant aux au-
» tres, ils les emportent et vont les cacher au loin dans la
» neige. Aussi vite que le malheureux trappeur rétablit ses
» pièges, ils les attaquent de nouveau.

» Le trait marquant chez le glouton, c'est une tendance à
» dérober et à cacher tout ce qu'il peut emporter, même ce
» qui lui est inutile. Ainsi après avoir détruit sans raison les
» pièges à martres, il ira cacher les gaules comme par pure
» méchanceté. Dans l'article que j'ai déjà cité, M. Rofs nous
» a donné un exemple amusant de l'exagération jusqu'à la-
» quelle cette propension peut être poussée. La manie de se
» faire un fonds de magasin pour ainsi dire, est tellement en-
» racinée chez cet animal, que comme le corbeau apprivoisé,
» il a l'air de ne s'inquiéter que très peu de la nature de l'ob-
» jet dérobé pourvu qu'il satisfasse à ses mauvais penchants.
» C'est ainsi qu'à ma connaissance, un chasseur, qui s'était
» absenté avec sa famille, trouva à son retour sa cabane
» complètement dévalisée ; couvertures, fusils, bouillottes,
» haches, bidons, couteaux, tout avait disparu, et les traces
» du voleur montraient clairement qu'il n'était autre qu'un
» certain animal. En les suivant avec soin, on réussit à re-
» trouver tous les objets dérobés, sauf quelques exceptions
» sans importance. » . . . .

« Une fois que j'avais établi près de cent cinquante pièges
» sur la rivière Peel, un vieux carcajou découvrit « ma ligne »
» et prit, à mon grand ennui, l'habitude de me précéder dans

» mes tournées de quinzaine. Je résolus de me débarrasser
» une fois pour toutes de ce voleur, et pour cela je dressai en
» six points différents des pièges solides ainsi que trois pièges
» en acier. — Pendant trois semaines, malgré tous mes efforts,
» (et je m'y entends cependant assez), mon ennemi m'échap-
» pa. L'animal évitait soigneusement les pièges que je lui
» destinais, et semblait prendre plus de plaisir que jamais
» à détruire les pièges à martres, à dévorer les prises, à dis-
» perser mes gaules et à cacher les appâts et les martres
» qu'il ne consommait pas sur place. N'ayant point de poison
» à ma disposition dans ces temps-là, je résolus d'établir sur
» le bord d'un petit lac, un fusil que je cachai dans des buis-
» sons de peu de hauteur, avec un appât disposé de façon à
» ce que le « carcajou » le vit forcément en se rendant au bord
» de l'eau ; après quoi, je bloquai le sentier, qui conduisait
» au fusil avec un jeune pin qui le cachait entièrement. Or à
» ma première visite, je reconnus que l'animal s'était appro-
» ché de l'appât et l'avait flairé, mais sans y toucher. Puis
» déplaçant l'arbre qui bloquait le sentier, il avait fait le tour
» du fusil, et coupé au ras du canon la ligne de communica-
» tion entre la gâchette et l'appât. Ces précautions prises, il
» n'avait plus craint de s'emparer de l'appât et s'en était allé
» le dévorer à son aise. J'avoue que je ne pus tout d'abord me
» résoudre à admettre que mon ennemi avait agi de propos dé-
» libéré, c'est-à-dire avec une sagacité digne de l'entendement
» humain ; et je me contentai de remettre mon piège en ordre
» et de renouer la ligne à l'endroit où elle avait été coupée,
» non seulement la première fois mais encore à trois reprises
» différentes. Chaque fois l'animal avait eu bien soin de cou-
» per la ligne à quelque distance du point où je l'avais nouée
» en dernier lieu, comme s'il s'était dit que les nœuds eux-
» mêmes pourraient bien constituer quelque nouvel artifice,
» source de danger qu'il ferait bien d'éviter. Il y avait quel-
» que chose de si humain dans les procédés de mon carcajou,
» que je le jugeai digne de vivre et renonçai à lui disputer
» plus longtemps le terrain pendant cette saison. . . . . . .
» Tels sont les agissements de cet animal ; mais de quelle
» manière se comporte-t-il en présence de l'homme ? On
» prétend que, pourvu que l'on reste immobile, le carcajou
» ne craint pas de s'approcher jusqu'à cinquante à soixante

» mètres, tant qu'il se trouve sous le vent. Et même alors,
» tant que son odorat ne lui révèle rien qui l'alarme, il ne se
» décide à reculer qu'après vous avoir contemplé à plusieurs
» reprises. En pareille occasion, il a l'habitude singulière
» (elle lui est propre, je crois) de s'accroupir, et de se faire
» une visière d'une patte de devant, comme quelqu'un qui
» cherche à distinguer un objet éloigné. C'est donc par dessus
» le marché un sceptique accompli, dans l'acception première
» du mot. Par sceptique, les Grecs entendaient celui qui se
» sert de sa main pour aider sa vue. »

Ours. — Sans aucun doute, l'intelligence des ours occupe
un rang élevé dans l'échelle psychologique, quoique pour mon
compte je ne puisse prétendre connaître beaucoup d'exemples
d'intelligence de leur part. Les tours qu'on leur apprend
ne prouvent pas grand'chose en matière de sagacité ; la plupart consistent à leur faire prendre des positions dénaturées
ou exécuter des mouvements grotesques, choses qui peuvent
montrer la docilité de l'animal, mais ne témoignent guère
d'une intelligence supérieure. Toutefois, il est à remarquer
que toutes les espèces d'ours ne se prêteraient probablement
pas à ce genre d'éducation, car leur tempérament émotionnel
varie manifestement. Ainsi, toutes réserves faites sur la
question d'exagération, il paraît certain que l'ours « grizzly »
déploie un courage et une férocité qui n'ont rien de commun
avec le caractère de l'ours brun, et à vrai dire de la plupart
des autres animaux. L'ours blanc fait également preuve d'un
grand courage sous l'influence de la faim ou des sentiments
maternels, quoique en d'autres circonstances son habitude
soit de témoigner, par sa prudence, d'un grand amour pour la
sûreté. Comme exemple d'intelligence de la part de cet
animal, citons une anecdote qui se trouve dans les *Descriptions des régions arctiques* de Scoresby.

« Une compagnie de matelots s'était mise à la poursuite
» d'un ours blanc et de deux oursons à travers un champ de
» glace. Les jeunes n'allant pas assez vite au gré de leur
» mère, celle-ci, pour les exciter, courait devant eux, se re-
» tournait, et leur témoignait de la voix et du geste son in-
» quiétude pour eux ; mais comme, malgré tout, ses ennemis
» gagnaient du terrain, elle eut recours à d'autres moyens ;

» tantôt portant, tantôt poussant ou projetant devant elle ses
» oursons, elle réussit à échapper. C'était un spectacle cu-
» rieux que de voir les petits animaux se placer en travers
» devant elle pour recevoir son impulsion, puis une fois pro-
» jetés, courir en avant jusqu'à ce qu'elle les eût rattrapés. »

Comme l'ours blanc n'a d'autres ennemis à redouter que l'homme, cette manière d'échapper à une poursuite ne peut guère être une affaire d'instinct; il faut plutôt y voir une adaptation intelligente à des circonstances spéciales.

Voici encore ce que m'écrit M. S.-J. Hutchinson :

« Un dimanche, au Jardin Zoologique, quelqu'un jeta aux
» ours un gâteau qui tomba dans l'angle du bassin, en forme
» de quart de cercle que vous connaissez. L'ours n'avait
» évidemment point envie d'entrer dans l'eau; il se contenta
» de s'approcher du bord et de remuer l'eau, tantôt avec une
» patte, tantôt avec l'autre, mais toujours dans le même sens,
» de manière à produire un courant rotatoire qui finit par lui
» amener le gâteau. Ce fut avec un vif intérêt que j'observai
» cette scène. »

Cette remarquable observation se trouve confirmée par M. Darwin dans un passage de la *Descendance de l'homme* (page 76), et l'analogie extraordinaire des deux témoignages est preuve à peu près concluante de la faculté intellectuelle qu'ils révèlent : « Un entomologiste bien connu, M. Westropp,
» m'assure, dit M. Darwin, avoir vu à Vienne un ours, qui, de
» sa patte passée à travers les barreaux de sa cage, agitait
» l'eau d'un baquet, pour attirer un morceau de pain qui flot-
» tait à la surface et qu'il convoitait. »

CHAPITRE XII

RONGEURS

Considéré au point de vue psychologique, l'ordre des rongeurs se distingue entre tous dans le règne animal, par les différences que présentent les espèces qui le constituent. Voici en
effet un groupe comprenant plusieurs animaux qui, comme
le cochon d'Inde, ne l'emportent ni par l'instinct ni par l'intelligence sur les mammifères les plus infimes, en même temps
que d'autres qui excellent par l'instinct comme l'écureuil, ou
par l'intelligence comme le rat, ou par un développement
psychologique sans pareil comme le castor. Aucun autre
groupe ne fournit d'une manière aussi éclatante la preuve que
l'affinité zoologique ou structurale n'a pas une connexion constante avec la similitude psychologique ou mentale. Toutefois
même ici nous trouvons mise en évidence une vérité pour ainsi
dire complémentaire, à savoir que la similitude dans l'organisation et dans l'ensemble des conditions se rattache d'une manière générale à la similitude d'instinct, sinon d'intelligence.
Prenons d'abord l'instinct qui a valu à l'ordre le nom de
rongeurs, qu'il soit la cause ou l'effet d'une organisation spéciale, il n'en est pas moins étroitement lié à cette organisation.
La même remarque s'applique d'une manière moins frappante
à l'instinct de l'approvisionnement en vue de l'hiver, instinct
qui est plus répandu chez les rongeurs que dans tout autre
ordre de mammifères — rats, souris, écureuils, castors, etc.,
tous le possèdent à un degré remarquable au point de vue de
l'intensité et de l'opiniâtreté. Nous nous trouvons probablement ici en présence d'une similitude d'instinct résultant d'une

similitude d'organisation et d'une certaine communauté dans les conditions d'existence, car l'instinct en question n'est point assez général chez les différentes espèces de rongeurs pour nous permettre de supposer que celles qui le présentent le tiennent d'ancêtres communs.

Le lapin est un animal tant soit peu borné, de peu de ressources en face de circonstances insolites, qui a cependant hérité de plusieurs instincts déliés, entre autres celui qui lui indique, presque toujours avec une grande sûreté de jugement quand il lui est avantageux de prendre la fuite ou de se blottir. J'ai cependant souvent remarqué que l'animal semble négliger de prendre garde à la couleur de la surface où il se blottit, et s'expose ainsi à un réel danger quand cette couleur est de nature à le mettre en relief. Ce qui m'a surtout frappé c'est que les lapins noirs héritent de l'instinct de se blottir au même degré que ceux de couleur normale, alors qu'il ne leur sert qu'à s'exposer. Cela montre qu'il n'existe pas nécessairement de connexité entre cet instinct et la couleur qui est la condition de son utilité, mais que l'un et l'autre se sont développés simultanément, indépendamment l'un de l'autre et sous l'influence de la sélection naturelle. Il en résulte également que chez les lapins l'habitude de se blottir est purement instinctive, et ne se rapporte à aucune comparaison consciente de leur couleur avec celle des surfaces où ils se blottissent. Sans aucun doute cet instinct doit son origine et son développement à la sélection naturelle, grâce à la prime accordée au discernement des individus qui savent le mieux juger quand il leur convient de fuir ou de se blottir, en même temps qu'à la couleur la plus favorable.

Il est un autre fait que tout chasseur doit avoir observé, et qui montre le manque d'intelligence des lapins, ou tout au moins leur inaptitude à tirer profit des leçons de l'expérience. Sous le coup d'une alarme, ils courent à leurs terriers, mais au lieu de s'y cacher, ils s'arrêtent souvent à l'entrée pour regarder leur ennemi et, quoiqu'ils sachent très bien estimer la distance à laquelle ils peuvent sans danger permettre à l'homme d'approcher, l'excès de leur curiosité ou bien la sécurité que leur inspire l'idée d'être si près de chez eux, les aveugle si bien qu'ils laissent le chasseur arriver à portée de fusil. Sous certains rapports, cependant, l'expérience paraît produire une impression considérable sur le lapin : j'en appelle à ceux qui chassent avec des furets. Les habitants d'un terrier qui n'a pas été souvent visité, ne tardent pas à déguerpir après l'introduction du furet ; mais ceux, à qui l'expérience a appris à associer le furet au chasseur dans leur pensée, se comportent tout autrement. Plutôt que de sortir et d'affronter le feu qui les attend, ils se laissent souvent lacérer par les griffes du furet et mutiler par ses dents, et cela quelque silencieux que soient les chasseurs. L'entrée d'un furet dans leur terrier semble suffire pour les convaincre de la présence des chasseurs au dehors [1].

Sous le rapport émotionnel, le lapin est en somme un animal timide. Cependant les mâles se livrent entre eux des combats acharnés et il n'y a pas d'animal chez lequel l'instinct ait développé au même degré l'habitude singulière de châtrer ses rivaux. Du reste, lorsqu'il y est forcé, le lapin sait se tenir sur la défensive contre d'autres animaux. En voici un exemple que je tire d'une lettre écrite par moi, il y a plusieurs années, et qui parut dans *Nature :*

« J'entretiens, en ce moment, disais-je dans cette lettre,
» une trentaine de lapins de l'Himalaya, dans une cabane ex-
» térieure. Or, je remarquai dernièrement sur quelques-uns
» d'entre eux de légères morsures de rat. Le lendemain, la
» personne qui leur donne à manger remarqua, à son entrée
» dans leur cabane, qu'ils étaient presque tous rassemblés
» dans un coin, où elle trouva, en s'approchant, deux gros
» rats dont l'un était déjà mort et l'autre tellement endom-
» magé qu'il pouvait à peine se traîner. Les lapins leur
» avaient labouré le corps de leurs dents.

» Je n'avais pas l'idée avant cet épisode que les lapins
» domestiques fussent d'humeur à combattre un antagoniste
» carnivore. Ce qui me semble indiquer que le lapin sauvage
» ne l'est pas, c'est que j'ai plusieurs fois vu les furets faire

---

1. Ce qu'il y a de remarquable en pareil cas, c'est que si un lapin qui sort de son terrier aperçoit un chasseur et rentre se cacher, la certitude qu'il a acquise du danger extérieur lui fera préférer une mort lente et pénible sous la dent du furet aux risques d'une seconde sortie. Le fait est curieux en ce qu'il montre la force et la persistance d'une idée dans l'esprit de l'animal.

» sortir des terriers les plus bondés de jeunes hermines d'été
» et de jeunes belettes à peine longues de quatre pouces.

» Evidemment l'instinct de résistance ne peut avoir été
» développé au moyen de la sélection naturelle dans les la-
» pins de l'Himalaya; mais il est également clair que s'il se
» produisait jamais chez le lapin sauvage, ce serait par son
» entremise qu'il se perpétuerait et se fortifierait. »

Pour ce qui est du lapin sauvage, j'ai reconnu chez lui un
instinct qui avait jusque-là échappé à l'observation, et que je
crois à propos de mentionner ici. Il est peu de personnes qui
ignorent que lorsqu'un lapin reçoit un coup de fusil près de
l'ouverture de son terrier, il s'efforce avec ce qui lui reste de
vie, de gagner sa demeure. Or, comme j'avais trouvé plusieurs
fois à quelques pas de leur terrier, les cadavres de lapins qui
s'étaient ainsi dérobés après avoir été blessés, l'envie me prit
de m'assurer si, en pareil cas, ces animaux sortent de leur
propre mouvement avant de mourir, peut-être pour respirer,
ou bien si ce sont leurs compagnons qui les portent au dehors. Je tirai donc sur force lapins aux approches de leurs
terriers, en me tenant à une portée telle que je pusse être
assuré que l'animal mourrait promptement de sa blessure,
mais pas tout de suite. Chaque fois, je marquais le terrier, et
au bout d'une quinzaine de jours, j'y revenais pour faire mes
constatations. Somme toute, environ la moitié du nombre de
mes victimes reparut à la surface, et je m'assurai qu'elles n'y
étaient pour rien ; car non seulement il s'écoulait généralement une période de deux ou trois jours avant que le cadavre
ne fît son apparition — et un lapin blessé à mort n'aurait pu
vivre aussi longtemps — mais encore dans plusieurs cas la
décomposition avait commencé. Il m'arriva même de ne trouver que la peau et les os d'un animal tiré dans une grande
garenne.

Ce qu'il y a de curieux, c'est que jusqu'à présent, de tous les
lapins *morts* que j'ai introduits dans un terrier, pas un seul
n'a reparu à la surface. J'en conclus que l'infection qui résulte
de la décomposition du cadavre offusque moins les habitants
du terrier quand cette dernière n'est qu'à peu de distance de
l'orifice. De même dans une grande garenne, dont les trous
communiquent tous entre eux, un cadavre est plus facilement
toléré que dans une garenne de peu d'étendue, ou dans un ter-

rier en cul-de-sac ; sans doute parce que l'étendue du logement permet d'en sacrifier une portion. En tous cas, il est à peu près certain que chez les lapins, l'élimination des cadavres est un instinct dérivé du besoin qu'ont ces animaux de veiller à l'état sanitaire de leurs domiciles.

Lièvres.

Le lièvre est plus intelligent que le lapin. Peut-être sa supériorité en matière de locomotion n'y est-elle pas étrangère. Pour mon compte, je n'ai jamais vu un lièvre commettre la sottise de chercher à se cacher en se blottissant sur un terrain dont la couleur ne se prête pas à cet artifice. Du reste les passages que je me propose de citer donneront au lecteur une bonne idée de l'intelligence de cet animal. Voici d'abord un extrait du *Magasin d'histoire naturelle* de Loudon (volume IV, page 143).

« Le lièvre a surtout conscience de la piste que laissent
» ses pattes de derrière et du danger qui en résulte pour
» lui, réflexion qui indique de sa part autant de connais-
» sance des mœurs de ses ennemis que des siennes. Avant
» d'entrer à son gîte pour s'y reposer, il saute dans toutes
» les directions, croise sa piste un grand nombre de fois,
» réservant son bond le plus vigoureux pour pénétrer à la
» fin dans sa demeure qu'il choisit plutôt comme cachette que
» comme abri. Le *Manuel du chasseur* cite quelques exemples
» tirés d'un ancien ouvrage sur la chasse par Jacques du
» Fouillouse. Tel lièvre, voulant mettre ses ennemis en défaut,
» quitte spontanément son gîte pour aller se baigner à près
» d'un mille de distance dans un étang dont il sort en passant
» à travers une quantité de roseaux ; tel autre, poursuivi par
» des chiens et sentant la fatigue le gagner, en déloge un
» autre et s'établit dans son gîte ; tel autre traverse à la nage
» et l'un après l'autre deux ou trois étangs dont le plus petit
» n'avait pas moins de quatre-vingts pas de circonférence,
» ou bien encore se glisse, après une longue course, sous
» la porte d'une bergerie et se réfugie au milieu du bétail.
» L'auteur dit même en avoir vu se faufiler au centre d'un
» troupeau de moutons et en suivre toutes les évolutions
» plutôt que de quitter le refuge qu'il trouvait contre la

» poursuite des chiens. Un stratagème auquel il a souvent
» recours, consiste à courir d'un côté d'une haie dans un
» sens et de revenir de l'autre côté en mettant l'épais-
» seur de la haie entre lui et ses ennemis; dans certains
» cas il va même jusqu'à se gîter près des murs d'un
» chenil. Il faut certainement reconnaître des éléments de
» réflexion et de raisonnement dans le choix d'un pareil
» emplacement; car le renard, la belette et le putois qui cons-
» tituent pour le lièvre des ennemis plus dangereux que
» le chien, n'oseraient guère s'aventurer dans ces régions.
» Pendant une chasse à courre, un lièvre, la meute à ses
» talons, passa sous une barrière que les chiens durent
» franchir au bond. Il en résulta un temps d'arrêt dans la
» poursuite qui fut pour la pauvre bête comme une révé-
» lation dont il se mit aussitôt à tirer parti ; car, à peine
» la meute eut-elle franchi l'obstacle, que le lièvre re-
» vint sur ses pas, et se glissa de nouveau sous la bar-
» rière, forçant ainsi les chiens à répéter leur saut. Ce
» va-et-vient continua jusqu'à lassitude complète de la part
» de la meute et le lièvre put, en fin de compte, s'éloigner
» tranquillement. »

Le fait suivant, raconté par M. Yarrell, dénote une appréciation raisonnée des phénomènes de la nature qui ferait
honneur à une race d'un ordre plus élevé :

« Certain port de nos côtes du Nord forme un vaste bassin,
» au centre duquel se trouve une île considérable. La distance
» entre le continent et le point le plus rapproché de cette île
» est d'un mille à la pleine mer, et le passage se fait au
» moyen d'un bac. Or, par une matinée de printemps, un
» observateur remarqua deux lièvres qui se dirigeaient des
» collines vers la mer. Arrivés à peu de distance du rivage,
» ils firent une halte pendant laquelle l'un d'eux fit plusieurs
» petites excursions d'une minute ou deux jusqu'au bord de
» l'eau. Pendant ce temps la marée montait ; lorsqu'elle fut
» au plein, l'un des lièvres se mit à l'eau et se dirigea en
» droite ligne vers le promontoire de l'île. L'observateur, qui
» se tenait caché à proximité, n'hésita point à reconnaître
» un mâle dans l'intrépide nageur qui, comme un nouveau
» Léandre, franchit le bras de mer. Il est probable que ce
» n'était point son coup d'essai ; mais ce qu'il y a de remar-

» quable, c'est cette demi-heure d'attente sur le rivage, ces
» excursions au bord de l'eau dans le but évident de se
» rendre compte du courant, et cette mise à l'eau juste au
» moment où la marée étant à son plein, le passage pouvait
» s'effectuer droit sur le point d'atterrissement sans déviation
» d'un côté ou de l'autre. L'autre lièvre, qui était une femelle,
» reprit le chemin des collines. » (*Magasin d'histoire naturelle de Londou.* vol. V, page 89.)

D'après Couch (*Manifestations de l'instinct*, page 177)
lorsqu'un lièvre est poursuivi par des chiens, il n'a garde de
passer par une barrière quelque libre qu'en soit le passage.
« Pour se frayer un chemin à travers une haie, il choisit
» l'endroit le plus hérissé d'épines et de ronces, et quand il
» s'agit de franchir une hauteur, il ne la gravit pas en ligne
» droite, mais obliquement. En agit-il ainsi pour éviter les
» endroits où il soupçonne des pièges, ou parce que, sa-
» chant que ses ennemis le suivent pas à pas, il veut leur
» rendre le trajet aussi pénible que possible? En tout cas il
» se montre capable d'apprécier les causes et leurs consé-
» quences. »

Détail curieux : lapins et lièvres se laissent attraper en
rase campagne par les belettes. J'ai vu moi-même la chose,
et ne sais comment l'expliquer. Ils paraissent se rendre parfaitement compte du caractère dangereux de la belette, et
cependant ils ne font point usage de toutes leurs ressources
pour lui échapper. Ils trottinent paisiblement tandis que la
belette en fait autant par derrière jusqu'au moment où elle
finit par les rejoindre. Ce phénomène singulier est peut-être
dû à quelque influence du genre de celle que les serpents
exercent sur les oiseaux et les petits rongeurs en les char-
mant; la sélection naturelle n'en a pas moins en cette occasion manqué à ses devoirs envers ces rapides coureurs.

Je ne saurais en finir avec l'intelligence du genre lièvre,
sans faire allusion à l'exemple classique des lièvres de
Cowper. Aussi ai-je emprunté à la *Vie de William Cowper
et ses œuvres* (édit. de Tegg, p. 633), le passage suivant :

« Puss (nom que Cowper donnait à son lièvre) fut malade
» pendant trois jours durant lesquels je le séparai de ses
» compagnons et lui prodiguai mes soins... enfin, grâce à
» mes bons traitements, il retrouva sa santé. Il se montra

» plein de reconnaissance, me léchant le dos de la main, puis
» la paume, puis chaque doigt séparément, puis entre les
» doigts, comme s'il avait à cœur de n'omettre aucune partie ;
» cérémonies toutes spéciales, qu'il ne répéta jamais qu'une
» seule autre fois, dans des circonstances analogues. Voyant
» son caractère doux et obéissant, je pris l'habitude de le
» porter au jardin chaque jour après déjeuner... ces mo-
» ments de liberté lui devinrent bientôt si chers qu'il se prit
» à en désirer ardemment le retour. Il m'invitait à aller au
» jardin en me prodiguant de petites tapes sur le genou et
» en me regardant avec une expression à laquelle on ne pou-
» vait se méprendre. Si cela ne suffisait pas, il prenait le
» pan de mon habit entre ses dents et il tirait de toutes ses
» forces. La compagnie d'êtres humains semblait lui plaire
» davantage que celle de ses semblables. »

Rats et Souris.

Il est reconnu que les rats sont des animaux très intelligents. Sauvages par prudence plutôt que par timidité comme
le lièvre ou le lapin, ils font preuve à l'occasion d'une audace
et d'un courage étonnant. Loin de jamais perdre la tête, ils
semblent toujours prêts à tirer parti des circonstances quel
que soit le danger où ils se trouvent. Enfermés dans une
chambre, avec un adversaire redoutable comme le furet, ils
déploient une ruse infinie dans leur tactique ; se tenant dans
l'ombre juste au-dessous de la fenêtre, ils se font un auxiliaire de la lumière qui aveugle leur ennemi, tandis qu'ils
courent de temps en temps donner un coup de dent pour revenir ensuite promptement se mettre à couvert. (Watson, *Du
Raisonnement chez les Animaux,* et la *Quarterly Rewiew,*
c. I, p. 135.)

Mais leurs émotions ne sont pas toutes caractérisées par
l'égoïsme. On trouve dans les livres tant d'anecdotes où il est
question de rats aveugles auxquels leurs compagnons font la
conduite, qu'il est difficile de ne pas croire à l'authenticité
d'un fait si souvent observé. (Jesse, *Recueils,* III, p. 206, et la
Quarterly Rewiew, c. I, p. 135.) D'ailleurs on a souvent constaté que les rats s'entr'aident pour combattre des ennemis
dangereux. Un écrivain digne de foi, M. Rodwell, a rassemblé

plusieurs exemples de ce genre dans un ouvrage très détaillé qu'il a consacré à l'étude de cet animal.

Voici qui témoigne d'un sentiment affectueux vis-à-vis d'un être humain : « Après que l'on eût enlevé au baron Trench, » la souris qu'il avait apprivoisée en prison, la petite bête » resta à guetter près de la porte attendant qu'on l'ouvrît » pour rentrer chez le baron ; mais quand elle se trouva » séparée de lui une seconde fois, elle refusa toute nourriture, » et mourut en trois jours. » (Thompson, *Passions des Animaux*, p. 368.)

Pour ce qui est de l'intelligence générale, tout le monde connaît la circonspection extraordinaire des rats en matière de pièges, circonspection qui, dans tout le règne animal, n'a d'égale que celle du renard et du glouton. On a souvent cité comme une preuve remarquable de l'intelligence des rats, le soin qu'ils ont de ne pas perforer complètement les flancs des navires dont ils rongent le bois ; la raison en est probablement, comme le suggère M. Jesse, que l'eau salée leur répugne ; mais leurs manœuvres ne prêtent pas toujours à une interprétation aussi banale. Citons, par exemple, la manière dont ils transportent des œufs dans leurs trous ; elle a été observée assez souvent pour ne comporter aucun doute.

Rodwell (*Du Rat et de son histoire naturelle*, p. 102) raconte comment des rats réussirent à descendre une quantité d'œufs du haut en bas d'une maison en se mettant deux à chaque œuf et se le passant de l'un à l'autre à chaque marche de l'escalier. Un témoin oculaire d'un fait de même nature en fit également le récit au docteur Carpenter. (Mᵐᵉ Lee, *Anecdotes sur les Animaux*, p. 264.) D'après l'article de la *Quarterly Review* que j'ai déjà cité, les rats savent aussi bien monter un escalier que le descendre avec des œufs. « Le » mâle se dresse sur ses pattes de devant, la tête en bas, et » pousse l'œuf qu'il tient entre ses jambes de derrière vers la » femelle ; celle-ci le reçoit sur la marche suivante et le maintient avec ses pattes de devant pendant que son compagnon » saute à ses côtés. Le procédé se répète de marche en marche » jusqu'au haut de l'escalier.

» Le capitaine d'un vaisseau marchand qui fréquentait le » port de Boston, dans le comté de Lincoln, dit M. Jesse, avait » remarqué qu'il lui manquait constamment des œufs. Soup-

» çonnant son équipage, sans trop savoir qui accuser, il réso-
» lut de surveiller le magasin. Aussitôt qu'il eût renouvelé sa
» provision d'œufs, il s'établit pendant la nuit de manière à
» les avoir bien en vue. Mais quel ne fut pas son étonnement,
» lorsqu'il vit paraître une troupe de rats, qui firent la chaîne
» entre le panier aux œufs et leur trou, et commencèrent à se
» passer les œufs avec leurs pattes de devant. » (*Gleanings*,
t. II, p. 281.)

Passons à un autre expédient que mentionnent tous les
livres d'anecdotes et dont j'ai cru utile de contrôler la réalité
par des expériences directes. Voici d'abord en quoi il consiste
d'après Watson : « On a vu des rats puiser de la manière sui-
» vante l'huile d'une bouteille à col étroit : l'un d'eux choisit
» quelque point d'appui commode, près de la bouteille, pour
» s'y établir, puis il plonge sa queue dans l'huile, et la donne
» à lécher à un compagnon. Pareil acte dénote plus que
» de l'instinct ; il implique du raisonnement et de l'intelli-
» gence. » (*Du Raisonnement chez les animaux*, p. 293.)

Jesse, de son côté, raconte « qu'une boîte ouverte, conte-
» nant des bouteilles d'huile de Florence, avait été placée dans
» un magasin où l'on n'entrait que rarement. Un jour que le
» propriétaire était venu chercher une bouteille, il s'aperçut
» que des morceaux de vessie et de coton, qui servaient de
» bouchons, avaient disparu, et que l'huile avait beaucoup
» baissé dans les bouteilles. Voulant en avoir le cœur net, il
» remplit de nouveau quelques-unes des bouteilles et eût soin
» de les boucher comme la première fois. Le lendemain ma-
» tin, les bouchons avaient disparu, ainsi qu'une portion de
» l'huile. Alors, il se mit à guetter par une lucarne, et il vit
» des rats se glisser dans la boîte, introduire leurs queues
» dans le cou des bouteilles, les retirer et lécher les gouttes
» d'huile qui y adhéraient. » (*Loc. cit.*)

Enfin, Rodwell cite un exemple semblable, sauf qu'au lieu
de lécher la queue de son voisin, chaque rat léchait la sienne.

Quant à l'expérience fort simple au moyen de laquelle je
vérifiai l'exactitude de ces faits, j'en fis part au journal *Na-*
ture, dans les termes suivants :

« M'étant procuré deux bouteilles au col étroit et tant soit
» peu court, je les remplis de gelée de groseilles à moitié
» liquide, jusqu'à trois pouces de l'orifice, que je recouvris

» d'un morceau de vessie, puis, je les mis dans un endroit
» infesté de rats. Le lendemain matin, chaque morceau de
» vessie se trouvait percé d'un petit trou au centre, et le
» niveau de la gelée avait baissé également dans les deux bou-
» teilles. Or, comme la distance de l'orifice à la surface cor-
» respondait à peu près à la longueur d'une queue de rat
» passée par les trous en question, et comme d'ailleurs ces
» trous n'étaient guère plus grands que la racine de ce
» membre, il semble qu'il soit assez prouvé que les rats
» s'étaient procuré de la gelée en y plongeant leur queue et
» en la léchant ensuite. Mais, pour tirer la chose plus au
» clair, je remplis de nouveau les bouteilles, de manière à
» exhausser d'un demi-pouce le niveau de la gelée dont je
» recouvris la surface d'une rondelle de papier mouillé. Puis,
» ayant bouché les orifices avec des morceaux de vessie
» comme auparavant, je plaçai les bouteilles dans un endroit
» où il n'y avait ni rats ni souris. Quand je vis dans l'une
» d'elles une couche épaisse de moisissure à la surface du pa-
» pier qui recouvrait la gelée, je la remis à portée des rats,
» et le lendemain, je pus constater que la peau de vessie
» avait été rongée d'un côté de l'orifice et que la couche de
» moisissure portait de nombreuses empreintes, tracées par
» le bout des queues de rat, comme par l'extrémité d'un
» porte-plume. Évidemment, ils s'étaient évertués à trouver
» dans la rondelle de papier un trou où leurs queues pussent
» passer. »

Venons maintenant aux souris. Le révérend W. North, curé
d'Ashdown, en Essex, mit un pot de miel dans un cabinet où
des maçons avaient laissé des débris de plâtre. Avec ces matériaux, les souris se construisirent autour du pot une sorte
de plan incliné qui leur permit d'en atteindre le bord. On
trouva aussi dans le pot une quantité de débris qui avaient
fait monter le niveau du miel à proximité de l'orifice ; mais
il serait difficile d'affirmer que c'était un expédient de la part
des souris, et non l'effet du hasard. (Jesse, *Rec.,* III, p. 176.)
Quant au fait, on ne voit pas que l'observation ait pu prêter
à erreur.

Powelsen, dans son ouvrage sur l'Islande (*Introd. à la
Zoologie arctique,* p. 70), a cité, sur les souris de cette contrée, certains faits qui ont soulevé de vives contestations de la

part d'hommes compétents, et qui ne sont pas encore établis
avec certitude. Selon cet auteur, les souris d'Islande se réunissent en troupes, de six à dix, choisissent un morceau de
bouse de vache sec et plat, y entassent des baies ou toutes
autres provisions, le tirent, au moyen de leurs forces réunies,
jusqu'au bord de la rivière qu'elles veulent traverser, le
lancent à l'eau et s'embarquent en cercle autour des provisions se touchant de la tête au centre, et traînant la queue
dans l'eau, peut-être en guise de gouvernail. Le Dr Hooker,
ayant traité ce récit de « pure fantaisie » dans son *Voyage
en Islande*, le docteur Henderson résolut de savoir à quoi
s'en tenir : « Je me fis un devoir, dit-il, de m'enquérir au-
» près de différentes personnes de l'exactitude des faits allé-
» gués. A mon grand plaisir, je puis maintenant les déclarer
» acquis au domaine de l'histoire naturelle, sur la parole de
» deux témoins oculaires et dignes de foi, le pasteur de Briams-
» lack et Mme Benedictson, qui, l'un et l'autre, m'affirmèrent
» avoir vu plusieurs de ces expéditions. Mme Benedictson se
» rappelait très particulièrement toute une après-midi qu'elle
» avait passée, dans sa jeunesse, au bord d'un petit lac, à
» observer ces hardis petits navigateurs, et à les empêcher
» (elle et ses compagnes) d'atterrir au rivage quand ils en
» approchaient. On m'apprit aussi que les souris se servent de
» champignons secs comme de sacs, dans lesquels elles trans-
» portent leurs provisions à la rivière, et de là à domicile. »
(*Journal d'un séjour en Islande en 1814 et 1815*, vol. II,
p. 187.)

Avant d'en finir avec les rats et les souris, je dirai quelques
mots, touchant certains animaux qui tiennent de l'un et de
l'autre, et auxquels il n'y a pas lieu de consacrer une section
à part. Dans cette catégorie, se trouve le rat des moissons
(*Micromys minutus*), sur le compte duquel Gilbert White
nous donne les détails suivants :

« Cet automne, dit-il, je me procurai un nid de ce rongeur,
» et fus émerveillé de l'art avec lequel les brins d'herbe, qui
» entraient dans sa construction, étaient entrelacés ; c'était
» comme une sphère, de la grosseur d'une balle de cricket, et
» munie d'une ouverture si adroitement fermée qu'on ne pou-
» vait la distinguer ; le tout si compact et si bien rembourré,
» qu'on pouvait faire rouler le nid sur la table sans risque,

» bien qu'il contînt huit petites souris, nues et aveugles. L'in-
» térieur étant ainsi rempli, comment la mère peut-elle y
» circuler pour présenter ses mamelles à chacun de ses petits?
» Peut-être pratique-t-elle plusieurs ouvertures qu'elle bouche
» soigneusement après la tournée ; en tout cas, il est impos-
» sible qu'elle trouve place à l'intérieur avec sa famille, qui,
» d'ailleurs, grandit de jour en jour. Ce merveilleux berceau,
» spécimen élégant d'un art instinctif, avait été trouvé dans
» un champ, suspendu à une tête de chardon. »

Pallas décrit le caractère prévoyant du *Lagomys*, qui fait
provision d'herbe, ou plutôt de foin, pour sa consommation
pendant l'hiver. Cet animal, originaire des montagnes de
l'Altaï, habite les trous ou fentes de rocher. Vers le milieu du
mois d'août, il ramasse de l'herbe, qu'il étend à sécher ; en
septembre, il en fait des tas, qui ont jusqu'à six pieds de haut
sur huit de diamètre ; puis, il la met en magasin dans son
trou, à l'abri de la pluie.

Voici maintenant ce que dit Thompson (*Passions des Animaux*, p. 235-236), au sujet du harvester (*Cricetus frumenta-
rius*) : « Il passe sa vie à manger et à se battre. Sa seule pas-
» sion semble être une sorte de fureur, qui le pousse à atta-
» quer tout animal qui se présente, quelle que soit d'ailleurs
» sa supériorité physique. La fuite est un moyen de salut qu'il
» ignore, et, plutôt que de céder, il se laisse mettre en mor-
» ceaux à coups de bâton. S'il vous mord la main, il faut le
» tuer pour lui faire lâcher prise. Le cheval, par sa taille,
» l'intimide aussi peu que le chien par son adresse. Lorsqu'il
» aperçoit un chien de loin, il commence par vider les poches
» de ses joues, si elles sont pleines de grains de blé ; puis, il
» les gonfle d'une manière si prodigieuse, que son cou et sa
» tête en deviennent plus gros que son corps. Se dressant sur
» ses jambes de derrière, il se jette sur son ennemi, et, s'il
» réussit à le mordre, il tient bon jusqu'au dernier soupir ;
» mais le chien le saisit d'habitude par derrière et l'étrangle.
» Ce naturel féroce l'empêche de vivre en paix avec n'im-
» porte quel animal, même avec ses congénères. Lorsque deux
» rats moissonneurs se trouvent en présence, ils ne man-
» quent jamais de s'attaquer, et le plus fort dévore le plus
» faible. Un combat entre mâle et femelle dure généralement
» plus longtemps qu'entre deux mâles. Les deux adversaires

» commencent par se pourchasser et se mordre, puis, ils se sé-
» parent comme pour prendre haleine. Après un court inter-
» valle, ils recommencent et continuent leur duel jusqu'à ce
» que l'un d'eux tombe. Le vaincu fait infailliblement les frais
» d'un repas pour le vainqueur. »

Si l'on considère le contraste entre le caractère intrépide du harvester et le naturel timide du lièvre ou du lapin, on voit que, comme émotion, aussi bien que comme intelligence, l'ordre des rongeurs comprend des types extrêmes.

Le chien des prairies (*cynomys ludovicianus*) est une sorte de marmotte de petite taille dont les terriers sont surmontés d'un monticule. Il vit en société, et ses garennes ont reçu le nom de « dog-towns » (villes de chiens). Le professeur Jillson, Ph. D., qui en possédait une paire (voir le *Naturaliste américain*, vol. V, p. 24-29), loue leur intelligence et leur attachement. Il trouva que les terriers de ces animaux contiennent des magasins à provisions. Quant à leur prétendue association avec le serpent à sonnettes et le hibou, voici ce que dit le professeur Jillson : « J'ai vu plusieurs de ces cités des prairies, » où chiens et hibous occupaient des monticules adjacents, et » par ci par là les mêmes ; mais je n'ai jamais vu de serpents » dans leur voisinage ». Enfin l'idée populaire, qui fait du hibou la sentinelle du chien, aurait au moins besoin d'être confirmée.

CASTORS.

De tous les rongeurs, le plus remarquable par l'instinct et l'intelligence, est indubitablement le castor. De fait il n'existe pas d'animal, sans même excepter les fourmis et les abeilles, chez lequel l'instinct ait atteint un degré plus élevé de puissance adaptive dans un milieu soumis à des conditions constantes, et chez lequel des facultés manifestement instinctives s'enchevêtrent d'une manière plus embarrassante avec d'autres tout aussi manifestement intellectuelles. Cela est si vrai que, comme nous le verrons bientôt, l'étude la plus minutieuse de la psychologie de cet animal est impuissante à distinguer entre la chaîne de l'instinct et la trame de l'intelligence ; les deux principes se trouvent ici si intimement mariés, que dans les actes qui procèdent de cette alliance, on ne sait quelle part faire à l'impulsion machinale ou à la direction rationnelle.

Heureusement, l'obscurité qui enveloppait cette question s'est éclaircie grâce à l'observation infatigable et consciencieuse de M. Lewis H. Morgan dont l'ouvrage sur *Le Castor d'Amérique* révèle un esprit scientifique. Comme ce traité est le plus sérieux et le plus complet qui ait encore paru, j'y puiserai la plupart de mes données, et tout en exposant les faits, je m'efforcerai de montrer par où ils prêtent ou échappent à une explication psychologique.

Les castors vivent en société ; chaque mâle avec sa femelle et sa progéniture habite un terrier ou loge à part. D'habitude un certain nombre de ces loges s'élèvent côte à côte et forment une colonie. Les jeunes castors quittent le toit paternel au commencement de l'été de leur troisième année, choisissent leurs compagnes et s'établissent dans une loge pour leur propre compte. Comme chaque portée comprend annuellement trois ou quatre petits, il s'en suit qu'une loge de castor contient rarement plus de douze sujets ; le nombre habituel varie de quatre à huit. Chaque saison, surtout dans les districts où il y a un excès de population, une partie de la colonie émigre. Les Indiens affirment que, quand cela arrive, les vieux castors remontent le cours d'eau, tandis que les jeunes le descendent, parce que, disent-ils, dans la région qui avoisine la source, les anciens trouvent à se suffire plus facilement que dans les parties éloignées. Les loges qu'ils abandonnent ainsi passent à d'autres couples, et, grâce à ce système de transfert continu de génération en génération, ne cessent pendant des siècles d'être occupées.

Construites au bord de l'eau ou dans l'eau, elles se classent en loges insulaires, riveraines et lacustres. Les loges insulaires sont celles qui se trouvent sur les petites îles des étangs que déterminent les barrages des castors ; le plancher en est à quelques pouces du niveau de l'eau, et deux vestibules, ou parfois davantage, y donnent accès :

« Ces vestibules sont de véritables œuvres d'art. L'un
» d'eux, dont le plancher forme une sorte de plan incliné,
» s'élève graduellement du fond de l'étang jusqu'à la loge,
» sans déviation sensible ; l'autre est presque à pic et souvent
» contournée. J'appellerai le premier « le chemin au bois »
» parce qu'il a évidemment pour but de faciliter le transport
» des morceaux de bois, à la fois volumineux et longs, dont les

» castors se nourrissent pendant la saison d'hiver. L'autre
» peut s'appeler « l'allée aux castors » puisqu'il sert d'ordi-
» naire à leurs allées et venues. Dans le cas qui nous occupe,
» l'allée au bois, de la plateforme extérieure de l'entrée de la
» loge au fond de l'étang, descendait d'environ dix pieds en
» pente ; l'autre partait de côté, et s'en allait à pic jusqu'au
» fond de l'espèce de fossé qui conduit en pleine eau. Les deux
» allées étaient recouvertes d'une voûte grossière de mor-
» ceaux de bois entrelacés et cimentés de boue et de plantes
» flexibles et adhéraient respectivement au fond de l'étang
» ou du fossé. Les extrémités aboutissant au niveau de la
» loge étaient d'un fini remarquable, le haut et les côtés for-
» mant une arche plus ou moins régulière, avec un seuil en
» terre battue et consolidée à l'aide de morceaux de bois.
» Leur vue seule pourrait donner une idée de l'aspect artis-
» tique de quelques-unes de ces entrées. »

Sur le plancher de la loge s'élève une sorte de cabane
construite avec un mélange de boue et de débris de bois, de
forme circulaire ou ovale, et dont la grandeur varie avec
l'âge ; car au cours des réparations successives qu'elle subit,
et qui consistent à retirer de l'intérieur les morceaux de bois
pourris et les autres détritus,.... et à les appliquer ensuite
sur l'extérieur à l'aide de nouveaux matériaux, la loge entière
augmente peu à peu de taille et la cabane intérieure peut ainsi
atteindre jusqu'à sept ou huit pieds de diamètre.

Il y a deux espèces de loges riveraines :

« Les unes sont situées sur la berge d'un cours d'eau ou
» d'un étang, à quelques pieds du bord, et communiquent
» avec le fond de l'eau par un tunnel souterrain. Les autres
» sont construites tout au bord de l'eau qu'elles surplombent
» en partie ; si bien que le plancher repose sur la berge,
» tandis que le mur extérieur, du côté de l'étang, est dans
» l'eau, et descend jusqu'au fond. »

Enfin les loges lacustres, construites sur un sol dur et en
pente comme l'est généralement le rivage des lacs, présentent
certaines particularités qui les rendent intéressantes comme
exemples du génie d'adaptation des castors. La moitié, et
même les deux tiers de la loge sont construits sur pilotis, de
manière à en masquer l'entrée et à permettre de l'étendre sous
l'eau, en eau profonde.

Ces différentes espèces de loges ne sont, au point de vue historique, que des terriers modifiés.

« Le castor est un animal fouisseur. Poussé par son instinct,
» il creuse sous terre des galeries, et à la surface, il construit
» des loges, éléments nécessaires à sa sécurité et à son
» bonheur. Ces loges ne sont que des terriers extérieurs,
» recouverts d'un toit et spécialement adaptés à l'élevage des
» jeunes. Il y a lieu de croire que le terrier est la demeure
» normale du castor, et que la loge n'en est que le dévelop-
» pement naturel, suggéré par l'expérience... Du reste il lui
» adjoint des terriers dans la berge de l'étang. Jamais il ne
» s'en fie entièrement à sa loge, pour sa sûreté personnelle;
» il sait trop bien qu'étant en vue, elle attire les attaques.
» ... Comme les entrées sont toujours au-dessous du niveau
» de la surface de l'étang, aucun indice extérieur ne révèle la
» position du terrier, si ce n'est parfois un petit tas de bran-
» ches coupées d'un pied de haut ou davantage. »

D'après les trappeurs, ces branches auraient pour objet d'empêcher la neige de boucher hermétiquement l'ouverture du terrier en s'y tassant.

M. Morgan ajoute, avec vraisemblance, que cette habitude d'amonceler des morceaux de bois pour pourvoir à la ventilation, peut fort bien être le germe d'où est sortie la loge.

« D'une pile extérieure de branches à la loge, avec com-
» partiment au-dessus du sol et accès à l'étang par le terrier
» précurseur, il n'y a qu'un pas. Un terrier défoncé à son
» extrémité supérieure par quelque coup de hasard, puis
» réparé à l'aide d'une couche de terre et de brins de bois, a
» pu facilement servir de début à la loge extérieure. »

Fait important à consigner, à titre de modification locale d'instinct, dans les *Cascade Mountains* les castors habitent principalement des terriers creusés dans les berges des cours d'eau et ne construisent que rarement des loges ou des digues[1].

Dans son compte rendu de la zoologie de l'Orégon et de la Californie, le docteur Newbury raconte comme quoi il a vu des castors en nombre étonnant, mais pas une seule « cabane » et fort peu de digues. Qu'il y ait là un retour à l'instinct primitif ou un arrêt dans le développement de l'ins-

---

[1] Il en est de même des Castors du Rhône (E. P.).

tinct plus récent, peu importe ; mais il est probable, vu l'antiquité de l'instinct de construction, et ses manifestations partielles chez les castors de Californie, que l'on se trouve en présence d'une rétrogradation.

Dans le choix qu'ils font d'un endroit pour y établir leurs loges, les castors déploient beaucoup de sagacité et de prévoyance : « Eu égard au climat rigoureux de ces pays, il est » nécessaire que les entrées de leurs loges se trouvent dans » une eau suffisamment profonde et abritée pour ne pas » geler au fond[1] ; sans quoi ils périraient de faim dans leurs » habitations changées en prisons. Pour parer à ce danger, il » importe aussi que la digue soit solidement établie, sans » quoi le niveau de l'eau pourrait baisser pendant l'hiver ; » d'autre part ce niveau doit être déterminé par rapport au » plancher de la loge, de manière à permettre aux castors de » rentrer en tout temps leurs coupes de bois pour pourvoir à » leur consommation. Ayant délaissé leur condition normale » d'existence sur les berges des rivières, pour vivre dans des » étangs artificiels qu'ils forment eux-mêmes, ils ont à subir » les conséquences de leur choix et à parer à celles qui leur » seraient fatales. »

Sur le Missouri supérieur, dans les régions où les bords de la rivière se dressent verticalement de trois à huit pieds de hauteur pendant des milles et des milles, les castors ont recours à des espèces de tranchées ou plans inclinés à un angle de 45° à 60°, qui partent à quelques pieds en arrière du bord, et descendent graduellement jusqu'au niveau de l'eau. Comme le fait remarquer M. Morgan, voilà encore une preuve que les castors sont doués d'une grande liberté d'intelligence qui leur permet de s'adapter aux conditions dans lesquelles ils se trouvent.

Passons maintenant, à la manière dont ces animaux se procurent et emmagasinent leurs aliments. Tout d'abord, il est bon d'observer que l'écorce des troncs de grands arbres, ou d'arbres de taille moyenne est trop épaisse pour leur convenir ; celle qu'ils recherchent comme tendre et nourrissante, provient des branches. Pour se la procurer, ils abattent les arbres en rongeant le tronc tout autour de la base.

---

1. Dans ce but, ils choisissent souvent l'endroit où une source s'échappe du fond du lac ou de l'étang.

En deux ou trois nuits de travail, un couple de castors, peut ainsi venir à bout d'un arbre qui a atteint la moitié de sa croissance, et chaque famille jouit en paix du fruit de ses efforts. Lorsque l'arbre commence à casser, nos bûcherons s'arrêtent, puis reprennent leurs opérations avec circonspection jusqu'au moment où la chute s'accuse ; aussitôt ils plongent dans l'étang et restent cachés pendant quelque temps, comme s'ils craignaient que le bruit fait par l'arbre en tombant n'attirât quelque ennemi. Point à noter : les castors savent déterminer la direction de la chute : ils s'attaquent surtout au côté opposé à celui de l'eau, ce qui fait tomber l'arbre vers ce dernier, et leur épargne par la suite beaucoup de peine dans le transport. Aussitôt l'arbre à bas, ils s'occupent d'en détacher les branches, du moins celles qui ont de deux à six pouces de diamètre ; ils les dépouillent de leur bois et puis les coupent en morceaux d'une longueur qui leur permette de les porter dans leurs loges. Ce découpage, s'opère au moyen d'incisions qu'ils pratiquent à des distances plus ou moins égales le long du côté supérieur de la branche, alors qu'elle repose sur le sol, et qu'ils complètent en la retournant avec bien moins de peine que s'ils continuaient à couper du même côté. Plus la branche est épaisse, plus les sections sont nombreuses et par conséquent, plus les morceaux sont courts, pour la simple raison que l'animal n'aurait pas la force de transporter un gros morceau de la même longueur qu'un morceau de diamètre moindre dont il peut juste se charger. « Ils montrent beaucoup d'adresse à manier ces
» pièces. Avec l'aide de leurs hanches il les poussent et les
» font rouler, se servant de leurs jambes et de leur queue
» comme de leviers, tandis qu'ils avancent de côté. Par ce
» moyen ils font traverser aux gros morceaux, le terrain
» inégal, mais généralement en pente qui sépare les arbres
» de l'étang..... quand une pièce a été ainsi transportée au
» bord de l'eau, un castor s'en empare, en ajuste une extré-
» mité sous son cou et la pousse devant lui jusqu'au point où
» elle doit être submergée. »

C'est sans doute en laissant tremper leurs morceaux de bois, que les castors les font aller au fond ; mais certains indices semblent prouver qu'ils connaissent également un moyen de les amarrer sous l'eau. En effet, on en a vu remorquer des broussailles vers leurs loges, en prendre le gros bout dans leur bouche, et plonger comme pour le planter dans la vase. Une fois un amas de broussailles établi au fond, les morceaux de branches d'arbre y sont fourrés et se trouvent ainsi à l'abri du courant qui, sans cela, pourrait les emporter peut-être au moment même, où l'existence des castors dépend de leurs provisions.

Enfin, dans certaines circonstances, découpage, transport et amarrage, tout cela serait peine superflue, et en pareil cas, les castors ne manquent pas de s'en dispenser. C'est quand l'arbre pousse si près du bord, que ses branches seront sûrement submergées quand il sera abattu ; les castors savent alors que leurs provisions seront en sûreté sans plus d'embarras. Mais naturellement le nombre d'arbres situés ainsi, est limité et ne saurait leur suffire.

Si nous considérons maintenant les digues et les canaux, que construisent ces créatures, nous nous trouvons en présence d'œuvres merveilleuses, et, selon moi, les plus troublantes au point de vue psychologique que nous présente le règne animal.

Les digues sont destinées à former les étangs artificiels, qui doivent servir de refuge aux castors, et relier les différentes loges entre elles. Le niveau de l'eau doit, par conséquent, s'élever dans tous les cas au-dessus des entrées des loges et des terriers, et de fait il en est généralement à deux ou trois pieds de distance.

« Comme la digue n'est pas de première nécessité dans
» l'existence du castor, dont le gîte normal se trouve plutôt
» dans les étangs et rivières naturels, dans les berges desquels
» il trouve à se terrer, on a lieu de trouver singulier qu'il
» ait, de son propre mouvement, quitté le milieu qui lui est
» naturel pour se créer un genre de vie artificiel, au moyen
» de digues et d'étangs spéciaux. »

Le mode de construction est le même pour toutes les digues ; mais comme forme extérieure, on en distingue deux espèces. La plus répandue est celle qu'on appelle « la digue à
» claie » parce qu'elle consiste en fagots et perches entrelacés et surmontés d'un mélange de terre et de morceaux de bois en forme de banc.

La digue dite « en môle plein, » diffère de la précédente en ce qu'il entre beaucoup plus de boue et de broussailles dans sa construction, surtout à sa surface, de sorte qu'elle présente l'apparence d'un véritable mur de terre. La digue à claie laisse filtrer l'eau sur toute sa longueur, tandis qu'avec la digue à môle plein, elle se déverse par un seul conduit ou trop-plein que les castors ont soin de pratiquer dans le haut.

Par ci par là, pour donner du poids et de la solidité à leurs constructions, ils y incorporent des pierres pesant de une à six livres qu'ils transportent de la même manière que la boue, c'est-à-dire en les serrant contre leur poitrine avec leurs pattes de devant tout en marchant sur celles de derrière. Les digues à môle plein sont beaucoup plus solides que celles à claie ; un cheval pourrait y passer sans danger, mais les autres ne porteraient pas le poids d'un homme. Du reste, chaque sorte est adaptée au site qu'elle occupe. Dans les endroits où la force du courant agissant sur des terres d'alluvion, y creuse un lit à bords verticaux, la forme des berges ne se prête pas à l'établissement d'une digue à claie, et d'ailleurs elle ne pourrait résister au volume et à l'impétuosité de l'eau. Aussi en pareil cas les castors ont-ils recours à leurs digues à môle plein, réservant les autres pour les endroits où le courant est faible et l'eau peu profonde.

Voici, d'après M. Morgan, les proportions d'une digue :

Hauteur à partir de la base..............	de 2 à	6 pieds.
Différence de profondeur de l'eau en aval et en amont de la digue..............	4	5 —
Épaisseur à la base....................	6	18 —
Arète de section en aval................	6	13 —
Arète de section en amont..............	4	18 —

Quant à la longueur, elle dépend naturellement de la distance d'un bord à l'autre. Quand cette distance est considérable, la longueur de la digue prend parfois des proportions étonnantes, comme l'atteste M. Morgan :

« La longueur de certaines digues, dans cette région, tient » du prodige, et il faut presque l'avoir mesurée soi-même » pour y croire. Elle atteint 400 et même 500 pieds de long.

» Sur un affluent de la rivière Esconauba, à environ un » mille et demi du « Washington-Main », il existe une digue » composée de deux sections, dont l'une mesure 110 et l'autre

» 400 pieds de long. Entre les deux se trouve un banc naturel
» de 1,000 pieds de long que les castors ont façonné par en-
» droits. A l'origine ils avaient construit d'un bord à l'autre
» du cours d'eau, une digue à remblai longue de 20 pieds, et
» munie d'un conduit de 5 pieds de large en guise de trop-plein.
» L'eau ayant monté et inondé la rive gauche, la digue fut
» prolongée de 90 pieds jusqu'à contact avec une élévation de
» terrain suffisante. Cette élévation formait une sorte de
» remblai, parallèle au courant qu'il remontait sur une dis-
» tance de 1,000 pieds, jusqu'en un point, où un abaissement
» permettait à l'eau de l'étang, d'échapper et de rejoindre
» par un détour le lit du cours d'eau au-dessous de la digue.
» C'est pour remédier à cet état de choses, que la section de
» 420 pieds fut construite. Assez basse sur la moyenne partie
» de sa longueur, elle atteint dans certains endroits, une
» hauteur de 2 pieds et demi à 3 pieds. C'est une digue à
» claie, avec un remblai en terre sur sa face extérieure.
» Voilà donc un total de 1,530 pieds, dont 530 sont dus en-
» tièrement au travail des castors, et dont le reste a été
» façonné par eux, dans les endroits où l'abaissement du
» terrain réclamait un remblai artificiel. »

C'est véritablement merveille, que des animaux se livrent
à des travaux de construction aussi vastes, avec l'intention,
nettement caractérisée, de se procurer certains avantages,
par l'exercice de leur talent comme ingénieurs. Le fait est
même si étonnant, qu'en interprètes de sens rassis, nous en
chercherions volontiers l'explication ailleurs que dans une
conception intelligente, tant des conséquences avantageuses
de l'entreprise que des principes hydrostatiques dont l'application s'y trouve indiquée. Et cependant nous avons beau
scruter, rien de simple ne se présente comme solution.

Donc, il n'y a pas moyen de conclure autrement : les castors
savent parfaitement, en réalité, que leurs digues servent à
maintenir l'eau à un niveau constant. Car il est avéré que
les digues à remblai sont munies d'un trop-plein, et de plus
que les dimensions de ce tuyau d'écoulement subissent des
modifications suivant le volume du cours d'eau à différentes
époques. De même, les castors facilitent ou restreignent le
passage de l'eau à travers les digues à claie selon qu'elle
abonde ou non, sans quoi leurs loges seraient inondées ou

bien leurs vestibules sous-marins seraient mis à sec[1]. D'ailleurs, on comprend facilement que les digues à claie, par suite de la filtration de l'eau ou de la pourriture et de l'affaissement des matériaux, soient sujettes à des fuites qui demandent une surveillance continuelle. Aussi paraît-il, qu'à l'automne, la partie inférieure de ces digues reçoit une nouvelle couche de matériaux pour compenser les pertes.

Or il y a là évidemment un changement continuel de conditions résultant d'une variation continuelle dans le volume d'eau; et il est à remarquer que les castors ont recours au seul remède possible en réglant la décharge par les digues. Nous nous trouvons donc en présence d'un fait qui diffère essentiellement des opérations purement instinctives quelque merveilleuses que soient certaines d'entre elles. Car les adaptations de l'instinct proprement dit n'ont rapport qu'à des conditions qui ne changent pas; de sorte que nous ne saurions attribuer le cas qui nous occupe à un effet de l'instinct pur et simple, sans modifier grandement l'idée que nous nous faisons de ce dernier. Il nous faut, par exemple, supposer que les castors, s'apercevant d'une hausse ou d'une baisse du niveau de leurs étangs, agissent sous le coup du malaise qu'ils en ressentent et, sans motif raisonné, se mettent, suivant le cas, à élargir ou à rétrécir les orifices d'écoulement. De plus, il faut qu'il y ait, dans les conditions d'incitation et de réaction un accord parfait, de manière à ce que les animaux mesurent l'élargissement ou le rétrécissement nécessaire d'après le degré de malaise qu'ils éprouvent ou qu'ils prévoient. En voilà assez, il me semble, pour montrer combien il est difficile d'imaginer un raffinement d'instinct proprement dit qui puisse satisfaire à des conditions d'adaptation aussi complexes, mais nous allons voir que la difficulté ne fait que croître quand l'on considère certaines autres particularités que présente l'ouvrage des castors.

Il arrive quelquefois que la pression de l'eau sur les digues de grande étendue est telle qu'elle compromet leur stabilité. M. Morgan a observé qu'en pareil cas, les castors établissent une autre digue moins élevée à quelque distance au-delà de la

---

1. Pendant les grandes crues, cela arrive quelquefois, les castors ne peuvent établir un écoulement suffisant et leurs digues finissent par être submergées. Quand la baisse a lieu, ils s'appliquent à réparer les dégâts.

première de manière à former, entre les deux, un étang de peu de profondeur : « Cet étang ne joue aucun rôle apparent dans » l'installation des castors, mais il n'en rend pas moins de » grands services en produisant une couche d'eau en retour » de douze à quinze pouces de profondeur... et la digue se- » condaire, par cela même qu'elle retient un pied d'eau au- » dessous de la première, réduit d'autant la différence des ni- » veaux et la pression de l'eau de l'étang supérieur contre » l'ouvrage principal. »

La digue secondaire est-elle réellement construite en vue de pareils résultats, ou bien faut-il chercher la raison de son existence dans une autre hypothèse ? C'est là un point sur lequel M. Morgan préfère ne pas se prononcer, mais comme il affirme ailleurs avoir renouvelé en tous points son observation dans le cas de plusieurs grandes digues, on est amené à en conclure qu'il y a là au moins plus qu'une combinaison fortuite ; et, comme après tout, elle est nettement caractérisée, on ne voit guère qu'une seule hypothèse à faire, à savoir que les animaux ont pour objectif la stabilité de la digue principale. Et, s'il en est ainsi, nous ne pouvons plus, à mon avis, nous réclamer ici de l'instinct pur et simple.

M. Morgan découvrit également une digue qui était précédée d'une autre, longue de 93 pieds et haute de 2 pieds et demi au centre. Elle lui inspire les réflexions suivantes :

« Une digue en amont n'a aucun avantage visible, en ce » qui concerne l'aménagement de l'étang, pour les castors. » Celle-ci se distingue d'ailleurs par une élévation qui n'ap- » partient qu'aux digues des bouches de lacs, c'est-à-dire d'en- » viron 2 pieds au-dessus du niveau normal de l'eau sur toute » sa longueur, tandis que les autres digues sont presque au » ras de l'eau. On est tenté de croire qu'elle fut construite en » vue de hausses soudaines en temps de crues, dans le but de » contenir l'excédent d'eau et de donner à la digue inférieure » le temps de l'écouler graduellement, — but qu'elle rempli- » rait certainement à l'occasion, quelque risquée que soit l'hy- » pothèse. Sans doute qu'en attribuant l'origine de l'expédient » à un motif aussi raisonné, nous ferions une part excessive » à la sagacité de l'animal ; encore convient-il de faire remar- » quer dans quel rapport les deux digues se trouvent vis-à-

» vis l'une de l'autre, que le rapport soit l'effet du hasard ou
» d'un acte intentionnel. »

Voilà qui est s'exprimer avec prudence; mais puisque, nulle
part ailleurs, on ne trouve de digues sans objet, on est clairement en droit de conclure que celle dont il s'agit, vu sa
position et sa hauteur, dut son origine à la nécessité de parer
à l'inconvénient auquel elle remédie incontestablement. Que
si nous rejetons cette explication il ne s'en présente pas
d'autre, et, bien que dans le cas d'une pareille manifestation
d'intelligence de la part d'un animal, se produisant d'habitude
ou par occasion, je n'hésiterais pas à voir l'action du hasard,
il y a chez les castors une telle multitude de faits se répétant
sans cesse et ne pouvant, les uns et les autres, se rattacher
qu'à une connaissance pratique et non moins merveilleuse des
principes de l'hydrostatique, que l'hypothèse du hasard me
paraît devoir être abandonnée ici. Voici, du reste, à l'appui de
mon opinion, des preuves que fournit le détail des canaux de
castors. M. Morgan, qui fut le premier à découvrir et à décrire
ces étonnants monuments d'ingénuité, dit à ce sujet :

« Quelque remarquable que soit une digue, tant par sa
» construction que par le but qu'elle remplit, elle ne l'est pas
» davantage, si même elle l'est autant, que ces chemins d'eau,
» qu'on appelle ici canaux, et qui sont creusés dans les terres
» basses qui bordent l'étang, de manière à atteindre le bois
» dur, et à en faciliter le transport jusqu'aux loges. Il y a là
» tout un plan, dont le devis et l'exécution impliquent un fonc-
» tionnement rationnel, plus complexe et plus étendu que la
» construction d'une digue, une fois l'idée conçue et mûrie,
» elle aboutit à un travail beaucoup plus simple, sans doute,
» mais auquel on se serait bien moins attendu de la part d'un
» animal. »

Les circonstances qui donnent naissance à ces canaux sont
les suivantes : le barrage d'un petit cours d'eau par une digue
sert principalement à inonder les terres basses jusqu'à la hauteur la plus proche, sur laquelle se trouvent des arbres de
bois dur ; la communication par eau étant commode ou même
nécessaire au point de vue du transport. Or, parfois, l'étang
ne remplit pas complètement ce but, et parfois aussi, les bords,
par leur configuration nette, en déterminent les limites ; c'est
alors que les canaux sont mis en réquisition :

« Sur les terrains en pente, comme nous l'avons déjà vu,
» les castors font rouler ou traînent jusqu'à l'étang les mor-
» ceaux de bois qu'ils ont détaillé. Mais, lorsque le terrain est
» bas, la surface en est généralement inégale et accidentée,
» ce qui rend le transport difficile, sinon impossible ; d'où
» l'idée d'un canal à travers cette région pénible. Le besoin
» en est si apparent, qu'on se sent moins porté à s'étonner de
» son existence ; et, cependant, que les castors s'avisent de
» construire un canal pour parer à ce besoin est chose des
» plus remarquables. »

Les canaux sont des excavations à section et extrémités
rectangulaires, de 3 à 5 pieds de large sur 3 pieds de profondeur ; leur longueur se compte quelquefois par centaines
de pieds, et dépend naturellement de la distance qui sépare
les loges du bois à couper. Racines, broussailles, etc., tout est
enlevé avec soin, de manière à laisser un passage libre. Ces
tranchées existent en si grand nombre que l'on ne saurait les
attribuer à un effet du hasard ; elles sont évidemment le résultat d'efforts laborieux, entrepris de propos délibéré, pour s'assurer certains avantages calculés d'avance. Dans l'exécution
du plan conçu, la nature des localités conduit parfois à des détails de construction, qui révèlent une profondeur de prévoyance technique, plus étonnante encore que la mise en
œuvre de l'idée générale. Ainsi, il arrive assez fréquemment
qu'à une certaine distance de l'étang, un exhaussement du sol
forme un obstacle, qui ne permettrait de continuer le canal
qu'au prix d'une tranchée profonde et pénible à creuser. En
pareil cas, les castors ont recours à divers expédients, suivant
la nature du terrain.

M. Morgan a fait un croquis qui se rapporte à un cas de ce
genre. Il s'agit d'un canal qui rencontre trois exhaussements
successifs du sol ; le premier, à 450 pieds de l'étang, le second,
25 pieds plus loin, et le troisième, 47 pieds au-delà du second.
A chaque exhaussement, il y a une digue, et le canal se
trouve partagé en sections, qui s'étagent d'un pied au-dessus
l'une de l'autre. La première partie est alimentée par l'eau de
l'étang, et les trois autres par l'eau qui découle des terres
élevées et que rassemblent les digues qui vont en s'allongeant.
Celle du bas dépasse le canal de chaque côté de quelques
pieds ; celle du milieu est longue de 27 pieds d'un côté et de

75 de l'autre ; enfin, celle du haut ne mesure pas moins de
142 pieds. Toutes les trois sont en forme de croissant dont la
concavité fait face aux hauteurs.

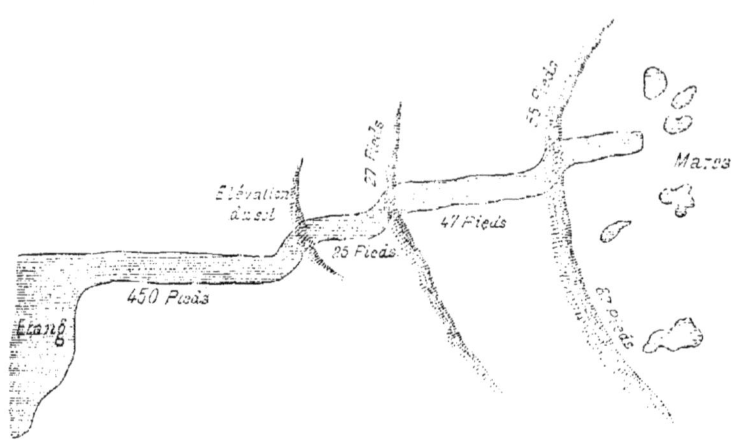

Nous voilà donc en présence, non seulement d'une application rigoureuse du système d'écluses que l'homme emploie
dans les canaux de sa construction, mais de tout un système
pour recueillir les eaux d'écoulement au moyen de remblais
collecteurs d'une longueur considérable et de la forme la
mieux appropriée ; combinaison de principes techniques, qui,
par cela même qu'elle n'a qu'un seul objectif, ne nous permet
pas d'en attribuer le détail au hasard. M. Morgan nous apprend « qu'au point où les digues traversent le canal, leur
» crête est déprimée au centre, par suite du passage conti-
» nuel des castors qui vont et viennent avec leurs fardeaux.
» Somme toute, il y a là un ouvrage des plus remarquables,
» qui, comme marque d'intelligence, dépasse de beaucoup
» l'idée que l'on se fait communément de la capacité du cas-
» tor. Grâce à lui, les habitants de l'étang se trouvent en
» communication par voie d'eau avec les arbres qui leur
» fournissent leur nourriture, et dispensés de traîner leurs
» pièces de bois à travers 500 pieds de terrain inégal et sans
» pente ; tâche des plus rudes, sinon impossible. »

Dans un autre cas, que M. Morgan représente également
par un croquis, un autre genre de difficulté a imposé aux
castors un expédient différent et le plus conforme aux exi-

gences de la situation qu'ils pussent adopter. Ici, le canal, au bout des 150 pieds qui séparent l'étang de la région boisée, rencontre un talus couvert d'arbres à bois dur, au pied duquel 1 se bifurque en deux branches, de directions opposées, longues, l'une de 100 pieds et l'autre de 115, et terminées abruptement par une paroi verticale.

La raison de cette bifurcation est facile à comprendre : « Au moyen de ses deux bras, le canal se trouve avoir » 215 pieds de contact avec les terres boisées, ce qui permet » aux castors de jouir des avantages du transport par eau sur » toute cette longueur. »

Une dernière preuve, et je crois que j'aurai suffisamment démontré que, dans le cas de leurs canaux comme dans celui de leurs digues, les castors conçoivent à l'avance une idée très nette du rapport entre certains artifices et certains résultats à produire dans des circonstances aussi spéciales que variées. M. Morgan eut une ou deux fois l'occasion de constater l'existence d'un canal de castors à travers la partie la plus étroite d'une langue de terre, déterminée par une sinuosité dans le cours d'une rivière et destiné apparemment à raccourcir le chemin dans un sens comme dans l'autre. A en juger par les croquis à l'échelle qu'il nous présente, il est certain que ce devait être là le but des castors ; et, comme il y va pour eux d'une tranchée de 100 à 200 pieds de long, c'est-à-dire de quelques 1,500 pieds cubes de terre à remuer, il faut bien qu'ils conçoivent nettement l'avantage qui doit résulter pour eux dans l'avenir de la substitution d'un trajet artificiel en ligne droite au circuit naturel du courant de la rivière.

Pris dans leur ensemble, les faits qui se rapportent à la psychologie du castor constituent, comme on le voit et comme je l'ai dit en commençant, un problème des plus ardus, peut-être même le plus difficile que l'on puisse rencontrer dans le domaine de l'intelligence animale. D'une part, il ne semble pas croyable que le castor puisse atteindre au degré de raisonnement abstrait qu'indiqueraient ses différents travaux s'il s'y livrait dans le dessein mûrement réfléchi d'obtenir les résultats qui en découlent actuellement. D'autre part, ainsi que nous l'avons vu, il ne paraît guère plus probable qu'il doive son inspiration à l'instinct. Et pourtant il faut bien admettre l'une ou l'autre hypothèse, ou une combinaison de toutes les deux. C'est qu'en effet le cas se distingue des manifestations les plus remarquables de l'instinct comme on en observe chez les fourmis et les abeilles, par la variété et la complexité de l'exécution aussi bien que par la plus grande profondeur des principes physiques qui s'y trouvent impliqués. En raison des difficultés qu'il présente au point de vue théorique, j'en réserverai la discussion pour plus tard lorsqu'en traitant de « l'évolution mentale », j'aurai occasion d'examiner dans son entier la question des rapports de l'instinct et de l'intelligence.

Je ne saurais terminer cet aperçu, sans mentionner le rapport aussi succinct qu'intéressant du professeur Alexandre Agassiz [1], dont le témoignage est le seul après celui de M. Morgan qui ait une réelle valeur scientifique. Il raconte que la digue la plus longue qu'il ait vue, de ses propres yeux, avait 650 pieds, sur 3 pieds 1/2 de haut; l'étang comptait un petit nombre de loges, et l'auteur remarque que la longueur des digues est toujours hors de proportion avec le nombre des loges : il n'a jamais compté plus de cinq de ces dernières dans un même étang. Il est donc évident d'après cela que les castors ne sont pas des animaux d'une espèce sociale proprement dite ; leurs digues et leurs canaux sont l'ouvrage d'une troupe restreinte, continué pendant des siècles par les générations qui se succèdent dans un même étang, ce qui explique leurs vastes proportions dans certaines localités.

M. Morgan s'était déjà exprimé dans ce sens; selon lui l'ouvrage des castors peut représenter des centaines sinon des milliers d'années d'un travail continu. Le professeur Agassiz eut la preuve géologique de l'exactitude de cette opinion, et voici comment. Pour assurer les fondations du barrage d'un moulin établi en amont d'une digue de castors, il avait été nécessaire de déblayer le fond de leur étang, on reconnut alors qu'on avait affaire à une tourbière dans laquelle on put creuser une tranchée de 1,200 pieds de long sur 12 de large et 9 de profondeur. Sur tout le parcours on rencontra à différentes profondeurs de vieux troncs d'arbres, dont quelques-uns portaient encore la marque de dents de castor. Selon

1. Notice sur les digues de castors (*Comptes rendus de la Société d'histoire naturelle de Boston*, 1869, page 101 et suivantes).

Agassiz la tourbière avait dû se développer à raison d'un pied par siècle; de sorte que la digue devait avoir quelque mille ans d'existence.

L'extension graduelle de ces énormes digues modifie grandement la configuration du pays aux alentours. En prenant une série de niveaux entre les digues et la source des cours d'eau qu'elles traversent, Agassiz put se faire une idée du paysage tel qu'il existait avant le développement des digues et il constata que les espaces découverts qui touchent aux étangs, qu'on appelle prairie des castors, et où les arbres sont rares et de petite taille, avaient dû être complètement boisés à une époque. Commençant par la partie de la forêt voisine de leurs digues, les castors avaient peu à peu étendu le cercle de leurs opérations, d'abord le long du cours d'eau aussi loin que possible, puis à droite et à gauche au moyen de canaux, tant que le niveau du terrain le leur permettait; l'étendue du débordement correspondant à la durée de leur séjour dans le voisinage. De cette manière, les castors peuvent changer complètement l'aspect de toute une région; ce qui était une forêt épaisse disparaît sous l'eau de leurs étangs.

CHAPITRE XIII

DE L'ÉLÉPHANT

L'intelligence de l'éléphant est à coup sûr considérable, mais, la plupart du temps, on l'exagère. Certains exemples célèbres de sagacité de la part de cet animal ne sont probablement que des fables; en tout cas ils ne sont rien moins que justifiés. Ainsi Pline (*Histoire naturelle*, VIII, 1-13) et, après lui, Plutarque (*De Solert. anim.*, cap. 12), nous racontent l'histoire d'un éléphant auquel on avait administré une correction pour avoir mal dansé et que l'on découvrit ensuite s'exerçant tout seul au clair de la lune. Voilà qui ne saurait être admis sans corroboration; mais il n'est que juste de faire remarquer que parmi les oiseaux qui jasent ou sifflent, il en est plusieurs qui répètent en solitude les leçons qu'ils désirent apprendre. Laissant de côté quantité d'anecdotes plus ou moins douteuses, je me contenterai de quelques exemples authentiques.

Mémoire.

Il existe plusieurs cas avérés d'éléphants apprivoisés qui, après être retournés à l'état sauvage pendant plusieurs années, furent capturés de nouveau et reprirent leurs anciennes habitudes. M. Corse (*Transactions philosophiques*, 1799, p. 40), rend compte d'un fait de ce genre dont il eut lui-même connaissance. Un éléphant chargé de bagages vint à flairer un tigre et dans sa terreur prit la fuite. Dix-huit mois plus tard il fut reconnu par ses gardiens au milieu d'un troupeau

d'éléphants sauvages qui venaient d'être capturés et se
trouvaient enfermés dans une enceinte. Mais il semblait aussi
inabordable que les autres et menaçait de sa trompe quiconque
approchait. A la fin, un vieux chasseur s'avisa de monter sur
un éléphant apprivoisé, et abordant l'animal rebelle, lui saisit
l'oreille en même temps qu'il lui commandait de se coucher.
Aussitôt la force des vieilles habitudes reprit son empire,
l'éléphant obéit et fit entendre un petit cri qui lui était particulier en pareille circonstance dans le passé. Le même auteur
parle aussi d'un éléphant qui s'échappa, après deux ans seulement d'apprivoisement, passa quinze ans à l'état sauvage et
lorsqu'il fut repris, se souvenait encore en détail de tous les
commandements. Les exemples authentiques du même genre
ne manquent pas (V. Bingley, *loc. cit.*, vol. I, p. 148-151).
L'éléphant est donc certainement doué d'une mémoire très
tenace, et Pline n'est peut-être pas si loin de la vérité, quand
il affirme que ceux d'un certain âge reconnaissent les gardiens
qu'ils avaient étant jeunes (*Hist. nat.*, VIII, 5).

ÉMOTIONS.

En fait d'émotion, les sentiments de magnanimité paraissent en prépondérance chez l'éléphant. Malgré la réputation
de malice qu'on lui a faite, il ne se montre vindicatif que sous
l'influence du souvenir d'une injustice. L'histoire bien connue
du tailleur et de l'éléphant a probablement un fond de vérité,
car il existe plusieurs exemples authentiques de représailles
semblables de la part de ces animaux (V. Bingley, *loc. cit.*,
vol. I, p. 156) ; et le capitaine Shipp (*Mémoires*, v. I, p. 448)
vérifia le fait par l'expérience. Ayant donné à un éléphant un
sandwich dont le beurre était imprégné de poivre de Cayenne,
il attendit six semaines, puis revint faire visite à l'animal
dans son écurie en lui prodiguant ses caresses comme il en
avait l'habitude. Tout d'abord l'éléphant ne manifesta aucun
ressentiment ; mais juste au moment où le capitaine commençait à croire l'expérience manquée, l'animal saisit une
occasion favorable et remplissant sa trompe d'eau sale, en
arrosa l'officier.

Griffiths raconte qu'au siège de Bhurtpore en 1805, après
un séjour prolongé de l'armée anglaise devant les murs de

cette ville, le régime des vents chauds et secs avait évaporé l'eau des étangs et réservoirs. Aussi la concurrence était-elle grande autour d'un vaste puits qui contenait encore de l'eau :

« Un jour que deux conducteurs se trouvaient auprès du
» puits avec leurs éléphants, l'une des bêtes, qui était d'une
» taille et d'une force remarquable, voyant l'autre munie d'un
» seau que lui avait fourni son maître et qu'elle portait au
» bout de sa trompe, lui arracha cet ustensile nécessaire. Tan-
» dis que les deux gardiens se disaient des sottises, la vic-
» time, consciente de son infériorité comme force et comme
» taille, contint son ressentiment d'une insulte à laquelle elle
» était évidemment très sensible, mais elle eut bientôt l'oc-
» casion de se venger. Choisissant le moment où l'autre pré-
» sentait le côté au puits, le petit éléphant recula tranquille-
» ment de quelques pas avec un air des plus innocents, puis
» prenant son élan il s'en vint donner de la tête contre le
» flanc de son ennemi, et le fit tomber dans le puits. » On eut même beaucoup de peine à retirer l'animal, et c'est grâce à son intelligence que l'on y parvint. Lorsqu'on lui eût jeté une quantité de fascines servant aux opérations du siège, il eut la sagacité de les arranger avec sa trompe, de manière à s'en faire une plate-forme ascendante au moyen de laquelle il s'éleva peu à peu jusqu'au niveau du sol.

A l'esprit vindicatif pour les petites offenses se rattache l'esprit de vengeance pour les grandes, esprit dont l'éléphant donne souvent de terribles preuves lorsqu'il est blessé. Sir E. Tennent raconte par exemple qu'il y a quelques années, « un éléphant, qui avait été blessé par un indigène près de
» Hambangtotte, le poursuivit jusque dans la ville, tout le
» long de la rue et l'ayant atteint dans le Bazar, le foula aux
» pieds aux yeux des spectateurs terrifiés, après quoi il réussit
» à gagner la jungle. »

Broderip (*Récréations zoologiques*, p. 315), Bingley (*Biographie animale*, I, pages 156-158), Mme Lee (*Anecdotes sur les Animaux*, page 276), Swainson (*Habitude et instincts des Animaux*, page 37) et Watson (*Raisonnement des Animaux*, chap. iv) citent également plusieurs cas plus ou moins avérés de vengeance de la part de l'éléphant, chez qui ce trait émotionnel semble se présenter plus souvent que chez tout autre animal, à l'exception peut-être du singe.

La sympathie est aussi une émotion caractéristique de l'espèce. On en connaît des exemples innombrables, mais je me contenterai d'en citer un ou deux, entre autres celui d'un vieil éléphant dont parle l'évêque Heber. Pris de faiblesse, l'animal s'était affaissé et on était allé en chercher un autre pour l'aider à se relever. Huber fut très frappé de l'expression presque humaine de surprise, d'émoi et de sympathie du second éléphant lorsqu'il vit la position de son compagnon. Tout d'abord il obéit au commandement et tira fortement sur la chaîne qu'on avait passée autour du cou et du corps du malade ; mais au premier gémissement de ce dernier, il s'arrêta soudain, se retourna avec un grondement farouche, et avec l'aide de sa trompe et de ses pieds de devant se mit à enlever la chaîne du cou du vieil éléphant.

Voici ce que j'emprunte à Sir E. Tennent :

« Le dévouement et la loyauté que témoigne un troupeau
» envers son chef, sont très remarquables, surtout si c'est un
» éléphant à défenses, que recherchent tout particulièrement
» les chasseurs. Ses compagnons s'efforcent de le soustraire
» au danger : réduits à la dernière extrémité, ils le mettent
» au centre et se pressent autour de lui si bien que les chas-
» seurs ne peuvent arriver à lui qu'après en avoir tué un cer-
» tain nombre qu'ils auraient peut-être épargnés sans cela.
» Un éléphant à défense que le major Rogers avait blessé
» grièvement, fut aussitôt entouré par ses fidèles, qui le sou-
» tinrent contre leurs épaules, et réussirent à couvrir sa re-
» traite vers la forêt. »

Enfin, rappelons la célèbre observation faite par M. le baron de Lauriston à Laknaor pendant une épidémie qui remplit la voie publique d'indigènes malades ou mourants. Le Nabab, du haut de son éléphant, ne prenait aucun souci des malheureux qu'il pouvait écraser en passant, tandis qu'au contraire l'animal choisissait avec soin son chemin de manière à ne faire de mal à personne.

Le passage suivant est tiré des *Mémoires* que le Rév. Julius Young a publiés sur son père, M. Charles Young, l'acteur ; il témoigne de la sensibilité et de la sagacité d'un éléphant qui devint plus tard célèbre à Exeter, tant à cause de son immense taille que de sa fin tragique :

« En juillet 1810 parut l'annonce de l'arrivée en Angle-

» terre de l'éléphant le plus gros qu'on y eût jamais vu.
» Aussitôt qu'Henry Harris, l'administrateur du théâtre de
» Covent Garden en eut connaissance, il résolut de se procu-
» rer l'animal, s'il y avait moyen, pensant que sa présence
» serait un nouvel attrait dans une pantomime toute nouvelle
» intitulée « Harlequin Padmenaba », qu'il était en train de
» monter à grands frais. Bref, avant même que le proprié-
» taire de l'Exeter change eût vu l'éléphant, Henry Harris en
» était devenu l'acquéreur au prix de 900 guinées. Mme Henry
» Johnston devait monter sur l'animal et M^{iss} Parker en Co-
» lombine devait faire le jeu. Un matin que Young se trouvait
» au bureau de location, attenant au théâtre, il entendit un
» tintamarre inusité, dont le bruit provenait de l'intérieur,
» et comme il en demandait la raison à un machiniste, celui-
» ci lui répondit que c'était l'éléphant qui regimbait. Il faut
» dire, qu'à cette époque, quand la première d'une pièce était
» annoncée pour un certain jour, et que le temps manquait
» pour la monter, il était d'usage de la mettre en répétition
» chaque soir aussitôt après la représentation ordinaire et le
» départ des spectateurs. Or, à une représentation de ce
» genre, la veille du jour en question, on avait voulu s'assurer
» de la docilité de l'éléphant qui devait porter Mme Henry
» Johnston et passer sur un pont au milieu d'une suite nom-
» breuse. Mais en arrivant au pont, édifié sans solidité et
» construit à la hâte, le prudent animal s'était arrêté et,
» sourd à toutes les remontrances, avait absolument refusé de
» faire un pas de plus. Devant son entêtement, le directeur se
» décida à ajourner l'affaire au lendemain, dans l'espoir qu'il
» y serait mieux disposé, et c'était pendant cette nouvelle
» tentative que mon père, frappé du bruit qu'il entendait,
» vint sur la scène pour en connaître la cause. Le spec-
» tacle qui s'offrit à ses yeux le remplit d'indignation. Les
» yeux baissés, les oreilles pendantes, l'énorme animal sup-
» portait patiemment les coups furieux que son gardien lui
» portait au dessous de l'oreille, avec un aiguillon en fer. Le
» plancher était couvert de sang, et cependant l'un des pro-
» priétaires irrité d'un entêtement qu'il prenait pour de la
» mauvaise volonté, excitait le gardien à des cruautés encore
» plus grandes, lorsque Charles Young, poussé par son amour
» pour les animaux, lui fit des remontrances, et s'approchant

» du pauvre martyre, lui prodigua ses caresses. Mais le gar-
» dien n'entendait pas céder, et levant son instrument de tor-
» ture, il allait redoubler ses coups, si mon père ne lui avait
» saisi le poignet comme dans un étau. Pendant l'altercation
» qui s'ensuivit, survint le capitaine Hay, qui avait amené
» Chuny (c'est ainsi que s'appelait l'éléphant), dans son vais-
» seau l'*Ashel*, et qui s'y était beaucoup attaché durant le
» voyage. A peine s'était-il enquis de ce qui se passait, que
» l'animal qui s'était aperçu de l'arrivée de son ami, s'appro-
» cha de lui d'un air suppliant, lui prit doucement la main
» avec sa trompe, la plongea dans la plaie saignante qu'on lui
» avait faite, et la ramena devant ses yeux. Le geste disait
» aussi clairement qu'aurait pu le faire la parole : « Vois de
» quelle manière ces cruelles-gens traitent Chuny. Tu ne sau-
» rais l'approuver, toi ! » Le cœur des spectateurs les plus en-
» durcis fut touché, en particulier celui du propriétaire qui
» s'était acharné contre la malheureuse bête. Sous le coup
» de son émotion, il courut dehors acheter des pommes qu'il
» offrit à Chuny. Mais celui-ci le regardant de travers, prit
» son offrande, la jeta à terre, et après l'avoir réduite en com-
» pote, la repoussa dédaigneusement. Young qui était aussi
» allé acheter du fruit au marché de Covent-Garden, revint
» bientôt après, et, à son tour, présenta son emplette à l'élé-
» phant. Au grand étonnement de tous, Chuny l'accepta et
» après s'en être régalé, enlaça doucement la taille de Young
» avec sa trompe, comme pour montrer que s'il se souvenait
» d'une injustice, il n'oubliait pas un acte de bonté.

» C'est en 1814 que Harris céda Chuny à Cross, le proprié-
» taire de la ménagerie de l'Exeter change. L'acquéreur n'eut
» rien de plus pressé que d'envoyer à Charles Young un bil-
» let à vie d'admission à sa ménagerie, et c'était une des pe-
» tites vanités innocentes de mon père que le plaisir qu'il
» avait à entrer là avec quelque ami pour lui montrer sur
» quel pied d'intimité il se trouvait avec l'éléphant. Quelques
» années plus tard, la carrière théâtrale de Chuny prit fin et
» dès lors, il en fut réduit à une vie de captivité dans l'une des
» cages de la ménagerie. Un jour, un élégant, après s'être
» bêtement amusé à taquiner l'animal en lui offrant de la lai-
» tue, légume qui lui était notoirement antipathique, finit par
» lui donner une pomme et lui enfoncer, du même coup, une

» grosse épingle dans la trompe, en ayant soin de s'esquiver
» promptement. Voyant que l'éléphant commençait à se fâ-
» cher, et craignant qu'il ne devînt dangereux, le gardien pria
» le mauvais plaisant de s'éloigner, ce qu'il fit en haussant les
» épaules. Mais après avoir passé une demi-heure à persécu-
» ter de plus humbles victimes, à l'autre bout de la galerie, il
» revint du côté de Chuny, et comme il ne se souvenait plus
» des tours qu'il lui avait joués, il s'approcha sans méfiance
» d'une cage qui se trouvait vis-à-vis. A peine avait-il tourné le
» dos à l'éléphant, que celui-ci passant sa trompe à travers les
» barreaux de sa prison, saisit le chapeau du personnage, le
» déchira, et lui en jeta les morceaux à la face avec un bruyant
» ricanement de satisfaction. L'assistance fut ravie de cet acte
» de représailles, et le niais qui l'avait provoqué n'eut d'autre
» ressource que de sauter dans un fiacre et de se faire con-
» duire chez un chapelier pour se procurer un nouveau
» couvre-chef. Nombre de mes lecteurs doivent se souvenir
» de la fin tragique du pauvre Chuny. Il devint enragé sans
» qu'on en ait jamais su la cause, et comme on ne pouvait
» réussir à l'empoisonner, on le fit fusiller par un détache-
» ment des Gardes ; il ne fallut rien moins que cent cinquante-
» deux balles pour l'achever. » (*Monde animal,* mars 1882.)

Sous bien des rapports le tempérament émotionnel de l'éléphant présente d'étranges particularités. M. Corse dit, par
exemple, que si l'on sépare pendant deux ou trois jours, une
femelle sauvage de son petit, elle ne le reconnaît plus : et cela
même avant qu'il soit sevré, alors que le pauvre petit reconnaît sa mère et l'appelle à son secours (*Philos. trans.*, 1873).

D'autre part, l'esprit d'exclusivisme que manifestent les
membres d'un troupeau, c'est-à-dire d'une famille, envers des
étrangers est remarquable. « Si par hasard, dit Sir E. Ten-
» nent, un éléphant s'égare et ne peut plus retrouver son
» troupeau, il ne saurait espérer être admis dans d'autres.
» Il est libre de paître dans leur voisinage, de s'abreuver et de
» se baigner au même endroit ; mais sauf ces relations à dis-
» tance et toutes de tolérance, aucune association ne lui est
» permise. Cet exclusivisme est porté à un tel point que même
» sous le coup des terreurs d'un corral, l'éléphant qui, dans
» la mêlée, s'est séparé des siens, et a été entraîné dans l'en-
» ceinte avec un autre troupeau, ne peut se réfugier dans ses

» rangs et chaque fois qu'il essaye de se glisser dans le cercle
» que forment ses compagnons d'infortune pour se défendre,
» une grêle de vigoureux coups de trompe l'en éloigne. Il n'y
» a guère de doute que cette disposition jalouse est pour
» quelque chose dans l'existence et pour beaucoup dans la
» persistance de la classe d'éléphants solitaires que l'on
» appelle *Gondahs*, dans l'Inde, et qui, à cause de leur
» méchanceté et de leur vie de rapine, ont reçu à Ceylan
» le nom de *Hora* ou *brigands*. (*Histoire naturelle de
Ceylan*, p. 114.)

Le tempérament émotionnel des *Hora*, ou plutôt la transformation émotionnelle qui s'opère dans leur psychologie est aussi notoire qu'extraordinaire. De paisible, sympathique et magnanime qu'il était, l'éléphant, exclu de la société de ses semblables, devient féroce, cruel et morose à un point que n'atteint aucun autre animal. Les manifestations déplorables de rage sanguinaire et destructive que l'on rapporte de la part des *Hora*, montrent que leurs actions ne résultent pas d'accès subits de fureur à la vue de l'homme ou de ses œuvres, mais bien plutôt d'une hostilité systématique envers toutes choses : l'animal s'embusque sur le trajet des voyageurs et attend patiemment qu'ils soient en son pouvoir pour tomber sur eux. Pour donner une idée de cette passion à froid du meurtre, je citerai le fait suivant qui fut communiqué à sir E. Tennent :

« Nous comptions, dit le narrateur, rejoindre l'animal à
» l'endroit où on l'avait vu une demi-heure auparavant ;
» mais à peine celui de nos gens qui marchait en tête, l'eût-
» il aperçu à une distance de quinze à vingt brasses, que
» criant : « Le voilà ! Le voilà ! » il prit la fuite, suivi de nous
» tous. L'éléphant ne nous avait pas vus tout d'abord ; mais
» nous n'avions pas fait une vingtaine de pas, qu'il se mit à
» nos trousses, en poussant des cris effroyables. L'Anglais
» réussit à grimper sur un arbre, et ses compagnons sui-
» virent son exemple ; mais, malgré des efforts inouïs, je ne
» pus parvenir à en faire autant. Il n'y avait cependant pas
» de temps à perdre, car l'éléphant courait sur moi, la trompe
» courbée vers le sol. En ce moment critique, M. Lindsay
» me tendit son pied auquel je m'accrochai, et en m'aidant de
» quelques branches, au-dessus de ma tête, je finis par en

» atteindre une d'une hauteur suffisante. Arrivé au pied de
» l'arbre, l'animal chercha à le renverser, d'abord en l'en-
» laçant de sa trompe et en tirant de toutes ses forces, puis
» en le poussant de sa tête. Il en fit ensuite le tour plusieurs
» fois, écrasant en chemin toutes les racines qui dépassaient.
» Enfin, comme rien de tout cela ne produisait de résultat,
» il avisa une pile de bois que j'avais dressée moi-même,
» apporta une à une les trente-six buches qui la composaient
» et les amoncela méthodiquement au pied de l'arbre ; puis,
» appuyant ses pieds de derrière sur le tas, il souleva son
» avant-train, et s'efforça de nous atteindre avec sa trompe.
» Mais nous étions trop haut, et pendant qu'il se livrait à cette
» tentative stérile, l'Anglais fit feu et lui logea une balle dans
» la tête. Le coup n'était pas mortel, et ne fit qu'exaspérer
» sa fureur ; mais une seconde balle le coucha tout de son
» long. J'emportai plus tard, à Colombo, le crâne de cet
» animal, et l'on peut encore le voir dans la maison de
» M. Armitage. » (*Histoire naturelle de Ceylan*, page 140.)

Autre trait curieux de la psychologie émotionnelle de l'éléphant : c'est la facilité avec laquelle l'énorme créature expire
sous l'influence, de ce que les indigènes appellent un « cœur
» brisé ». Ce fait sans équivalent dans le règne animal, est
d'autant plus remarquable qu'à en juger par sa longévité,
l'éléphant peut passer pour le mammifère le mieux doué
sous le rapport de la force vitale. Le passage suivant est
emprunté à Sir E. Tennent :

« Parmi les éléphants capturés en dernier lieu, se trou-
» vait le *Hora*. Quoique bien plus féroce que les autres, il
» ne prenait aucune part aux charges contre les palissades
» de ses compagnons d'infortune qui ne voulaient point le
» souffrir dans leurs rangs. Une fois qu'il passait entraîné,
» à côté de l'un d'eux qui s'était couché à terre d'épuisement,
» il se jeta sur lui et chercha à lui enfoncer ses dents dans la
» tête ; ce fut le seul acte de méchanceté que l'on eût à cons-
» tater dans le corral. Lorsqu'on eut réussi à l'attacher et à
» le maîtriser, il fit d'abord beaucoup de bruit, mais bientôt
» il se coucha tranquillement, ce que les chasseurs prirent
» pour un signe de sa mort prochaine, et leur pronostic ne
» manqua pas de se vérifier. En effet, après s'être occupé
» comme les autres, pendant douze heures à se couvrir de

» poussière qu'il humectait avec l'eau de sa trompe, il s'éten-
» dit tout épuisé, et mourut si doucement, que le seul signe
» que l'on eût de son décès, fut la nuée de mouches noires
» qui, invisibles jusque-là, vinrent s'abattre sur son corps,
» quelques moments à peine après qu'on l'avait vu se re-
» muer. » (*Histoire naturelle de Ceylan*, page 196.)

Mais le trait n'est pas exclusivement caractéristique des
éléphants solitaires. Le capitaine Yule, dans son « Récit
» d'une ambassade à Ava, en 1855 », cite un exemple qui
montre la tendance générale de l'espèce à mourir subitement.
Un éléphant, de capture récente, que l'on domptait en présence de l'envoyé anglais, se refusait à se laisser mettre
un collier autour du cou. Après une résistance opiniâtre,
il avait fini par se coucher, comme vaincu par la fatigue,
et l'on était en train de resserrer le collier, lorsque tout à
coup, il se dressa sur son arrière-train, et retomba mort
sur le côté !

M. Strachan relève également chez les éléphants cette disposition à une fin soudaine à propos d'un rien en apparence.
« S'ils font une chute, dit-il, même sur un terrain des plus
» ordinaires, ils meurent ou bien tout de suite, ou bien
» après avoir langui plus ou moins longtemps ; l'ébran-
» lement de leur poids énorme, leur causant de graves lé-
» sions. » (*Philos. Trans.*, A. D. 1701, vol. XXIII, p. 1052.)

D'autre part, Sir E. Tennent dit : « Quand on dompte les
» éléphants, on peut d'habitude, au bout de deux mois, se
» dispenser de la présence d'animaux apprivoisés, et le
» prisonnier peut dès lors être monté par son conducteur. Au
» bout de trois ou quatre mois, il est assez docile pour tra-
» vailler ; mais il peut y avoir inconvénient et même danger
» pour la vie de l'animal à le faire travailler trop tôt. Il est
» arrivé souvent à un éléphant d'une grande valeur, de se
» coucher sur le sol et de rendre le dernier soupir, la pre-
» mière fois qu'on lui fit essayer du harnais ; les indigènes
» disent qu'il meurt d'un *cœur brisé*, en tout cas, ce n'est ni
» d'une maladie, ni d'une blessure. » (*Loc. cit.*, page 216.)

Du reste, l'émotion dite « cœur brisé » n'est pas la seule
capable de déterminer la mort chez l'éléphant, comme le
prouve l'exemple d'un de ces animaux, que M. Cripps avait
capturé et dompté. Suivant Sir E. Tennent, c'était le plus

gros éléphant apprivoisé qu'il y eût à Ceylan. « Il mesurait
» plus de 9 pieds à l'épaule, et appartenait à la caste qui est
» si recherchée pour les temples. Une fois pris, il ne tarda
» pas à se montrer très doux ; mais on eut toutes les peines
» du monde à le transférer du corral aux écuries, quoique la
» distance ne fût que de six milles. Sa force prodigieuse don-
» nait fort à faire à ses compagnons de leurre. Une fois, il
» réussit à s'échapper ; mais on le captura de nouveau dans
» la forêt. Il devint, par la suite, très docile, et apprit un
» grand nombre de tours. Mais en approchant du fort de
» Colombo, où on avait reçu l'ordre de le transférer, il fut
» pris d'une panique qui, au moment d'entrer par la porte,
» donna lieu à une de ces attaques de paralysie, dont j'ai
» déjà parlé ailleurs, suivie de mort sur place. »

Intelligence générale.

Les facultés intellectuelles d'ordre supérieur atteignent chez
l'éléphant un développement plus avancé que chez tout autre
animal, à l'exception du chien et du singe. C'est pourquoi je
consacrerai un espace considérable au récit de leurs manifestations. Le seul fait que, dans certaines parties de l'Inde, on
emploie communément l'éléphant dans les travaux de construction, dans les chantiers, etc....., témoigne d'une docilité
intellectuelle qui n'a de pareille que chez le chien ; mais je
ne m'arrêterai qu'aux exemples révélant un degré de sagacité
hors du commun, même chez l'éléphant.

Le capitaine Shipp, dans ses « Mémoires », raconte l'incident suivant dont il fut témoin. Pendant une marche à travers les régions montagneuses de l'Inde, la troupe dont il
faisait partie arriva au pied d'une pente très escarpée.
Afin d'en faciliter l'ascension aux éléphants, on leur installa
une sorte d'escalier avec des bûches. Quand il fut prêt, on
amena le premier éléphant pour en gravir les marches :
« Il parcourut l'escalier du regard, secoua sa tête et ré-
» pondit par des cris pitoyables à son gardien qui essayait
» de le forcer à grimper. Pour moi, il n'y a pas l'ombre d'un
» doute, que le prudent animal avait jugé d'instinct la prati-
» cabilité de l'escalier improvisé, car sitôt qu'on l'eût quel-
» que peu modifié, il ne se refusa plus à approcher et com-

» mença son examen en appuyant sur les bûches avec sa
» trompe; après quoi, il leva une jambe de devant et plaça
» son pied avec le plus grand soin..... La marche suivante
» était formée par un roc en saillie qu'il ne pouvait déplacer
» et qu'il se mit à scruter avec la même circonspection, ap-
» puyant son flanc le long de la bûche. Puis vint un arbre
» dont la solidité lui parut douteuse dès qu'il y appliqua sa
» trompe, car son gardien eut beau lui appliquer les noms
» les plus tendres « ma vie », « ma tourterelle », « mon fils »,
» etc..., auxquels les éléphants se montrent très sensibles, il
» ne voulut pas avancer et ne fit que pousser des cris effroya-
» bles quand on voulut user de force. »

Il fallut bien consentir à modifier l'installation pour satisfaire l'animal, et, en fin de compte, il parvint au sommet. « A
» ce moment sa joie fut sans pareille et se manifesta par
» toutes sortes de caresses à ses gardiens. L'éléphant qui de-
» vait suivre était beaucoup plus jeune. Il avait suivi les pé-
» ripéties de l'ascension avec un vif intérêt, faisant mine de
» donner des coups d'épaules à son compagnon pour l'aider
» aux endroits difficiles, comme l'on voit parfois les spec-
» tateurs d'un tour de gymnastique y participer du geste.
» Lorsqu'il l'aperçut au sommet, il le salua d'un cri de joie
» comme d'un coup de trompette; ce qui ne l'empêcha pas
» toutefois de se montrer très récalcitrant quand vint son
» tour, au point que l'on eût à user de force pour le décider à
» entreprendre l'aventure. »

Il s'en tira, du reste, à peu près comme son prédécesseur,
qui, en le voyant approcher du faîte, lui tendit sa trompe
pour l'aider dans son dernier effort. La réunion des deux animaux fut le signe des manifestations les plus cordiales entre
eux, comme après une longue séparation et une épreuve dangereuse. Ils s'embrassèrent et restèrent en tête-à-tête pendant
assez longtemps comme s'ils échangeaient leurs félicitations
à voix basse. (*Mémoires*, vol. II, page 64 et suiv.)

M. Jesse raconte qu'un jour qu'il régalait de pommes de
terre le malheureux éléphant que l'on mit à mort d'une manière si cruelle à l'Exeter change, il en tomba une que l'animal ne pouvait atteindre avec sa trompe. Il essaya néanmoins
plusieurs fois, mais, voyant que c'était inutile, il souffla avec
force sur la pomme de terre, la fit rebondir contre le mur

d'en face et réussit ainsi à s'en emparer. (Jesse, *Gleanings of natural history*, vol. I, page 19.)

Cette remarquable observation se trouve heureusement confirmée par Ch. Darwin : « J'ai remarqué, dit-il, comme
» d'autres sans doute ont dû le faire, que si l'on jette à terre
» quelque petit objet devant l'un des éléphants du Jardin
» zoologique, mais hors de sa portée, il dirige le souffle de sa
» trompe sur un point du sol situé au delà de l'objet, de ma-
» nière à ce que le courant d'air réfléchi le pousse de son
» côté. » (*Descendance de l'homme*, p. 96.)

Du reste, d'autres observations corroborent ce fait. (Voy. *Règne animal*, vol. III, p. 374.)

M. Watson, dans son livre sur la *Faculté de raisonner chez les animaux* (p. 54) cite un autre cas non moins curieux :

« Comme preuve d'intelligence et de jugement de la part de
» l'éléphant, on peut citer l'exemple que mentionne le D\u02b3 Da-
» niel Wilson, évêque de Calcutta, dans une lettre à son fils,
» lettre qui a été reproduite dans sa biographie, publiée il y a
» quelques années. Il paraît qu'un éléphant appartenant à un
» officier du génie de son diocèse, souffrait d'une maladie des
» yeux. Depuis trois jours il n'y voyait plus, lorsque son
» maître demanda au docteur Webb, médecin et ami intime
» de l'évêque, de voir s'il ne pouvait rien faire pour soulager
» sa bête. Le docteur répondit qu'il voulait bien faire l'essai
» sur un œil d'une application au nitrate d'argent, remède
» employé pour l'homme en pareil cas. On fit donc coucher
» l'animal et l'opération fut pratiquée, non sans un hurlement
» de douleur de sa part, sous le coup de la brûlure. Le résul-
» tat ayant été des plus heureux, et la vue de l'œil étant en
» partie rétablie, le docteur résolut d'opérer sur l'autre le
» jour suivant. Le moment venu, on amena l'éléphant, mais
» sitôt qu'il entendit la voix du docteur, il se coucha de lui-
» même, retroussa sa trompe, retint son haleine comme une
» créature humaine à l'instant d'une opération douloureuse,
» et soupira d'aise lorsque tout fut terminé, témoignant par le
» mouvement de sa trompe et par d'autres gestes le désir qu'il
» avait d'exprimer sa reconnaissance. Voilà qui prouve que
» l'éléphant retient, comprend et rattache les faits par le rai-
» sonnement. En effet, l'animal en question se souvint du

» bien que l'application avait fait à l'un de ses yeux, et lors-
» qu'il fut amené au même endroit le lendemain, et reconnut
» la voix de l'opérateur, il en conclut qu'on allait lui rendre
» le même service pour son autre œil. »

Ainsi l'éléphant sait se soumettre avec un courage intelligent aux opérations du chirurgien. A ce point de vue, nous le
verrons plus tard, il ressemble au chien et au singe. Bingley
donne un autre exemple de courage de l'é éphant dans sa
biographie animale (vol. I, p. 155). En présence de ce fait,
l'on se sent plus disposé à accepter l'anecdote suivante qu'il
cite dans le même endroit :

« Durant la dernière guerre aux Indes, un jeune éléphant
» reçut à la tête une blessure si douloureuse qu'il en devint
» intraitable. Il n'y avait pas moyen de le panser ; il ne souf-
» frait personne près de lui, sitôt qu'on s'approchait il se sau-
» vait, tout en furie. Son gardien finit par imaginer le moyen
» suivant pour s'en rendre maître. Tant par la parole que par
» le geste, il réussit à donner à la mère de l'animal une idée
» suffisante du but qu'il se proposait ; aussitôt l'intelligente
» bête enlaça son petit de sa trompe, et tout en gémissant de
» douleur, le maintint sans broncher, pendant que le chirur-
» gien pansait la blessure. Chaque jour, jusqu'à complète
» guérison, elle s'acquitta de ses fonctions d'aide. »

A titre de confirmation, j'emprunte à l'*Histoire naturelle
de Ceylan*, de Sir E. Tennent, le passage suivant :

« Rien, dit-il, ne prouve davantage l'inclination à l'obéis-
» sance de l'éléphant, que la patience avec laquelle, sur
» l'ordre de leur gardien, ces animaux avalent les drogues
» nauséabondes des médecins indigènes ; et l'on ne saurait
» être témoin de leur courage à supporter sans fléchir les
» cruelles opérations que nécessitent les tumeurs et ulcères
» auxquels ils sont sujets, sans être frappé de leur douceur
» et de leur intelligence. Pendant son séjour à Ceylan le
» Dr Davy fut consulté au sujet d'un éléphant appartenant au
» Gouvernement, qui souffrait depuis longtemps d'une plaie
» rongeante sur le dos, juste au-dessus de l'épine dorsale.
» Comme elle avait résisté au traitement usuel, il recommanda
» l'usage du bistouri pour donner issue au pus accumulé,
» mais aucun des employés n'était capable d'entreprendre
» l'opération. Ayant reçu l'assurance, raconte-t-il, que l'ani-

« mal ne regimberait pas, je consentis à opérer moi-même.
» L'éléphant ne fut point assujetti ; il s'agenouilla simplement
» sur l'ordre de son gardien, et je lui fis l'incision nécessaire
» avec un couteau à amputer, usant de toute ma force pour
» vaincre la résistance des tissus. Un gémissement sourd et
» comme étouffé fut tout ce que fit entendre mon patient dont
» la conduite fut plutôt celle d'une créature humaine, tant il
» paraissait comprendre que l'opération était pour son bien
» et indispensable. »

Le major Skinner signale, comme preuve d'intelligence, les
mouvements d'un troupeau d'éléphants sauvages qu'il eut
l'occasion d'observer. Pendant la saison chaude, à Nenera-
Kalama, les éléphants ont de la peine à trouver de l'eau, ce
qui les contraint à se rassembler en grand nombre dans les
endroits où il y en a. Se trouvant près d'un de ces lieux fa-
vorisés, et étant informé de la présence d'un grand troupeau
d'éléphants dans le voisinage, le major résolut de surveiller
leurs mouvements. C'est pourquoi, par un beau clair de lune,
il grimpa sur un arbre à quatre cents mètres environ du bord
de l'eau. « Après avoir attendu patiemment pendant deux
» heures, sans rien voir ou entendre, il finit par distin-
» guer un énorme animal qui sortait du bois et s'avan-
» çait avec circonspection du côté du réservoir. Arrivé à
» moins de cent mètres de ce dernier, il s'arrêta et se tint
» immobile, tandis que ses compagnons se gardaient de faire
» entendre le moindre bruit. Puis il continua à approcher de
» l'eau, s'arrêtant trois fois en chemin pendant quelques mi-
» nutes ; lorsqu'il eut gagné le bord, au lieu de se désaltérer,
» il se mit à écouter, puis au bout de quelques instants, il
» s'en retourna doucement par où il était venu. Bientôt il re-
» vint avec cinq autres éléphants, qu'il posta à quelques
» mètres du bord de l'eau, après quoi il alla chercher le trou-
» peau entier, qui devait bien compter de quatre-vingts à cent
» têtes, et le conduisit d'un pas tranquille et assuré au point
» où se trouvaient les sentinelles ; là il laissa ses compagnons
» pour faire tout seul une reconnaissance au bord de l'eau,
» mais comme tout lui parut tranquille, il put enfin donner
» l'ordre d'avancer, et aussitôt toute la troupe se précipita
» vers l'eau avec une confiance si entière que venant après
» leurs précautions infinies de tout à l'heure, elle me parut

» prouver d'une manière convaincante que je venais d'assis-
» ter à un mouvement concerté d'avance, sous les ordres et
» la conduite d'un chef expérimenté. » (*Histoire naturelle de
Ceylan*, p. 118-120.)

De son côté, M. H.-L. Jenkins m'écrit :

« Le point sur lequel je désire insister tout particulière-
» ment c'est que l'on est fondé à croire que l'éléphant conçoit
» des idées abstraites. Je suis convaincu par exemple qu'ils
» acquièrent par expérience l'idée de dureté et de poids, et en
» voici la preuve, à mon avis. Après qu'un éléphant a appris
» à remplir ses devoirs habituels, c'est-à-dire trois mois en-
» viron après sa capture, on lui enseigne à ramasser des
» objets à terre et à les passer à son *mahout*, qui se tient
» assis sur les épaules de l'animal. Or, tout d'abord, on se
» borne à lui faire ramasser des objets mous, des vêtements,
» par exemple, à cause de la force dangereuse de ses mou-
» vements. Mais au bout d'un certain temps qui varie selon
» les bêtes, il semble se rendre compte de la nature des objets
» qu'il soulève, et s'il continue à lancer sans façons un pa-
» quet de linge, il passe doucement les choses lourdes, telles
» que barres de fer ou chaînes, prend un couteau aiguisé
» par le manche et le met sur sa tête, à la disposition du
» mahout. J'ai fait, à dessein, ramasser à des éléphants,
» des objets qu'ils ne pouvaient avoir vus auparavant, et la
» façon dont ils les manièrent me prouva qu'ils savaient
» si ces objets étaient durs, pesants ou tranchants. Vous
» êtes libres de faire l'usage qu'il vous plaira de ces re-
» marques. »

Comme le fait observer le Dʳ Lindley Kemp (*Signes de l'instinct*, p. 129), la part que les éléphants apprivoisés prennent
à la capture des animaux sauvages est preuve de raisonnement chez eux. M. Darwin dit, à ce sujet, qu'il est impossible
de lire le récit que fait sir E. Tennent de la conduite des
femelles que l'on emploie comme leurres, sans reconnaître
qu'elles commettent de propos délibéré leurs supercheries
(*Descent of man,* p 69).

Je choisis les plus intéressantes parmi les observations
auxquelles M. Darwin fait ici allusion, et je crois que lec-
ture faite il est impossible de ne pas se ranger à son avis.
Deux leurres apprivoisées venaient d'être introduites dans un

corral où l'on avait poussé plusieurs troupeaux d'éléphants sauvages :

« L'une des femelles était d'un âge fabuleux; employée
» d'abord par le gouvernement hollandais elle avait passé
» ensuite aux mains du gouvernement anglais et comptait plus
» d'un siècle de service. L'autre, que son gardien appelait
» Siribeddi, avait environ cinquante ans et se distinguait
» par sa douceur et sa docilité. Elle excellait comme leurre
» et goûtait énormément ses fonctions. Pénétrant sans bruit
» dans le corral, un mahout sur les épaules, et derrière lui
» l'entraveur en chef, elle s'avança lentement, la démarche
» calme, l'air tranquille et indifférent, dans la direction des
» prisonniers, avec de petites haltes çà et là pour cueillir une
» touffe d'herbe ou bien quelques feuilles. A son approche, le
» troupeau fit un mouvement comme pour l'accueillir, et le
» chef de la bande, prenant les devants, vint lui passer dou-
» cement sa trompe sur la tête, puis il se retira avec lenteur
» auprès de ses mornes compagnons. Siribeddi l'avait suivi
» pas à pas, et quand il s'arrêta, elle se trouvait juste derrière
» lui, de sorte que l'entraveur n'eût qu'à se glisser sous elle
» pour être en position de glisser un nœud coulant sur une
» des jambes de derrière de l'éléphant. Mais l'animal se
» rendit immédiatement compte du danger qu'il courait, se
» dégagea et fit volte-face pour punir l'homme de sa témé-
» rité. Heureusement pour ce dernier, Siribeddi le couvrit de
» sa trompe et repoussa l'éléphant dans les rangs de ses com-
» pagnons; toutefois, comme le vieil entraveur avait été
» blessé légèrement, on l'aida à sortir du corral, et son fils
» Ranghanie prit sa place.

» Pendant ce temps le troupeau s'était de nouveau ras-
» semblé en cercle, les têtes tournées vers le centre. On
» choisit le plus gros des mâles, et aussitôt les deux bêtes
» apprivoisées entrèrent hardiment dans les rangs, de chaque
» côté de l'animal qu'on leur indiquait et se mirent en ligne
» avec lui. Il ne fit aucune résistance, mais on voyait son
» inquiétude à sa manière de se tenir, tantôt sur un pied,
» tantôt sur l'autre. Le moment étant venu, Ranghanie se
» glissa en position, l'extrémité libre de la corde à la main
» (l'autre était attachée au collier de Siribeddi), et juste
» comme l'éléphant levait un pied de derrière, il lui glissa le

» nœud coulant sur la jambe, en le resserrant aussitôt, et
» s'enfuit vivement au dehors. Au même instant, les deux
» bêtes apprivoisées se portèrent en arrière, et Siribeddi ti-
» rant sur la corde et la maintenant tendue, entraîna son
» prisonnier tandis que son compère se plaçait entre elle et
» le troupeau pour prévenir toute intervention.

» Mais il s'agissait d'attacher l'animal sauvage à un arbre,
» et pour cela il fallut le traîner une distance de vingt à
» trente mètres, malgré sa résistance furieuse et ses mugisse-
» ments de terreur. Dans ses écarts de côté et d'autre, il
» écrasait les jeunes arbres qui pliaient comme des roseaux
» sous le poids de sa masse. Mais Siribeddi continuait à tirer
» sans s'émouvoir, et lorsqu'on arriva à un arbre convenable,
» elle en fit le tour maintenant toujours la tension de la
» corde, et évitant avec soin de s'entraver quand, au second
» tour, il lui fallut passer entre l'arbre et l'éléphant. Mais
» avec l'enroulement de la corde, elle n'était plus de force à
» tirer son prisonnier jusqu'au pied de l'arbre, chose indis-
» pensable pour bien l'assujettir; ce que voyant, son compère
» vint appliquer sa tête et son épaule contre l'animal récalci-
» trant, et le poussa à reculons jusqu'à l'arbre tandis que
» Siribeddi tirait sur la corde au fur et à mesure qu'elle se
» relâchait. Quand l'éléphant eut été attaché solidement à
» l'arbre, on lui passa un nœud coulant sur l'autre jambe de
» de derrière que l'on assujettit à l'arbre de la même ma-
» nière, après quoi on lui lia ensemble les deux jambes avec
» des cordes en fibre de kitool (espèce de palmier) qui sont
» plus flexibles que celles en fibre de noix de coco et n'oc-
» casionnent pas d'aussi cruelles excoriations. Cela fait, les
» deux leurres vinrent se ranger de chaque côté de lui comme
» auparavant, pour permettre à Ranghanie de lui nouer cette
» fois les deux pieds de devant en se glissant à l'abri de leur
» corps. Une fois les deux cordes amarrées à l'arbre par de-
» vant, la capture était achevée : éléphants et gardiens se re-
» tirèrent pour opérer sur un autre membre du troupeau.

» La seconde victime (une femelle) fut traitée comme la
» première, c'est-à-dire séparée de ses compagnons par les
» deux bêtes apprivoisées, prise au nœud coulant par une
» jambe de derrière, entraînée par Siribeddi jusqu'au groupe
» le plus proche d'arbres solides, puis attachée. Au moment

» où on lui passait la corde autour d'une jambe de devant,
» elle la saisit avec sa trompe, réussit à la porter à sa bouche,
» et l'aurait bien vite tranchée, sans l'entremise de l'un des
» éléphants apprivoisés qui, en mettant le pied sur la corde,
» la fit sortir de sa bouche..... La conduite des leurres pen-
» dant toute la durée des opérations fut réellement étonnante,
» révélant une conception parfaite de chaque mouvement,
» tant sous le rapport du but à atteindre que des moyens
» à employer, et un engouement extrême, mais sans la
» moindre malice, pour toutes les phases d'un passe-temps
» d'ailleurs fort cruel. Leur prudence égalait leur sagacité :
» point de hâte ni de confusion, point d'embrouillement avec
» les cordes, ni de rencontre avec les animaux entravés.
» Même au milieu des efforts les plus violents, alors qu'il leur
» fallait souvent enjamber les prisonniers, jamais il ne leur
» arriva de marcher sur eux ou de causer le moindre embar-
» ras. Tout au contraire, elles avaient l'intuition de toute dif-
» ficulté ou de tout danger qui se présentait, et s'appliquaient
» d'elles-mêmes à y remédier. Un des gros éléphants que l'on
» était en train d'attacher, réussit à faire une ou deux fois le
» tour de l'arbre, avant que l'on eût raccourci la corde ; la fe-
» melle apprivoisée, s'apercevant que cette manœuvre gênait
» l'entraveur, força l'éléphant à tourner en sens inverse en le
» poussant de la tête, tandis que l'on raccourcissait la corde
» et qu'on l'amarrait. Il arriva plus d'une fois que l'animal
» sur la jambe duquel on se disposait à passer un nœud cou-
» lant l'aurait intercepté avec sa trompe, si Siribeddi ne l'en
» avait empêché par un mouvement soudain de la sienne ;
» une fois même que l'on ne pouvait parvenir à passer le
» nœud sur la jambe de devant d'un éléphant qui était déjà
» lié par une jambe, mais qui prenait la précaution de mettre
» son pied à terre chaque fois qu'on essayait de l'entraver, je
» vis la femelle guetter le moment où il levait la jambe et lui
» passer la sienne de manière à lui maintenir le pied en l'air
» jusqu'à ce que le nœud coulant fut en place.

» On aurait pu croire que les leurres prenaient un malin
» plaisir à se jouer des craintes de la troupe sauvage et de
» sa résistance : poussant l'animal récalcitrant, le refoulant
» s'il s'emportait, le forçant à coups de tête et d'épaules à se
» relever s'il se couchait par terre, et s'agenouillant sur lui

» quand il fallait le maintenir, pour que l'on nouât les cordes.

» Dans leurs moments de loisir, elles s'éventaient avec un
» paquet de feuilles, que leurs trompes agitaient avec l'ai-
» sance qui en rend le mouvement si gracieux en pareille oc-
» casion. La raison en est sans doute dans le jeu à la fois cir-
» culaire et horizontal de ce membre flexible : en tous cas, il
» est impossible de ne pas être frappé de l'élégance du geste
» chez un éléphant qui s'évente. Nos bêtes n'étaient pas sans
» se payer également le luxe d'un bain de poussière, qu'elles
» répandaient avec leur trompe ; mais, par un curieux raffine-
» ment de sagacité, tant que le mahout se trouvait sur leur
» cou, elles se contentaient de jeter de la poussière sur leurs
» flancs et leur estomac, comme si elles savaient qu'en en
» jetant sur leur tête et sur leur dos elles auraient incom-
» modé leur conducteur. » (*Histoire naturelle de Ceylan*,
pages 181-194.)

Sir E. Tennent parle également de certains autres usages
pour lesquels on se sert d'éléphants apprivoisés, et ses observations valent la peine d'être reproduites. Il dit que les éléphants employés à empiler le bois font preuve d'une intelligence et d'une adresse qui étonnent les étrangers ; la besogne
restant constamment la même, les animaux continuent pendant des heures à entasser bûche sur bûche sans que leurs
gardiens aient à s'en occuper si ce n'est très rarement. « Ainsi,
» deux éléphants qui travaillaient à mettre en piles les bois
» d'ébène et de satin dans les chantiers de l'intendance mili-
» taire, à Colombo, s'étaient si bien accoutumés à leur be-
» sogne qu'ils s'en acquittaient avec autant de précision et
» plus rapidement que ne l'auraient fait les ouvriers du port.
» Quand la pile avait atteint une certaine hauteur et qu'ils ne
» pouvaient plus de leurs efforts réunis hisser un des gros
» blocs d'ébène jusqu'au sommet, ils avaient recours à un
» moyen qu'on leur avait enseigné et qui consistait à incliner
» deux pièces de bois contre la pile et à s'en servir comme
» d'un plan incliné le long duquel ils faisaient rouler les
» blocs qui leur restaient et les ajustaient ensuite comme il
» faut sur le sommet.

» On n'a pas manqué d'affirmer que dans leurs occupations
» les éléphants suivent le pli de l'habitude, que leurs mouve-
» ments ont un caractère purement machinal, que toute

» modification de leur routine les agace et qu'on ne peut la
» leur imposer sans provoquer leur ressentiment. Le résultat
» de mon observation personnelle contredit cette assertion,
» et je tiens d'officiers expérimentés que l'éléphant s'accom-
» mode aussi facilement que le cheval d'un changement
» d'heures, de condition ou d'occupation.

» Toutefois il est un point par où il pèche complètement. A
» voir l'intelligence et l'application qu'il déploie en travail-
» lant, le peu de contrôle dont il a besoin, on était fondé à
» croire qu'il continuerait sa besogne et la compléterait tout
» aussi bien sans la présence de son gardien. Mais il n'en
» est rien; quand il ne se sent plus surveillé, sa paresse
» naturelle s'affirme, et sitôt qu'il a achevé ce qu'il se trou-
» vait à faire, il s'en va tout doucement brouter ou bien
» jouir du plaisir de s'éventer et de se couvrir le dos de
» poussière.

» Quant à châtier un animal de sa puissance, la chose n'est
» pas facile. L'emploi de la force est à peu près hors de ques-
» tion; aussi les gardiens cherchent-ils à faire appel à ses
» passions et ses sentiments, en modifiant par exemple sa
» nourriture ou même en la supprimant pendant quelque
» temps En pareil cas la conduite de l'animal dénote parfois
» son humiliation aussi bien que son mécontentement. Dans
» certaines parties de l'Inde on punit les coupables en les
» privant de leur ration de cannes à sucre, ou bien en les
» empêchant de manger leur portion de fourrage et de feuilles
» jusqu'à ce que leurs compagnons aient fini la leur; on
» reconnaît toujours le coupable à son air et à son attitude
» qui respirent l'humiliation et provoquent la sympathie et la
» pitié.

» L'obéissance de l'éléphant résulte du mélange d'affection
» et de crainte que lui inspire son gardien. Le sentiment
» d'affection peut acquérir une grande intensité; on cite à
» Ceylan le cas d'un éléphant qui passa toute une nuit dehors
» sans manger, plutôt que d'abandonner son mahout qui était
» étendu ivre dans la jungle. Mais cela n'empêche pas l'ani-
» mal de se montrer tout aussi obéissant envers un nouveau
» gardien s'il se produit un changement dans le personnel. »
(*Histoire naturelle de Ceylan*, p. 181-194.)

Enfin voici mon dernier emprunt à sir E. Tennent :

« Un soir, dit-il, que je me trouvais dans le voisinage de
» Candy, me dirigeant vers le théâtre du massacre de l'expé-
» dition du major Dabies en 1803, mon cheval s'effaroucha
» d'un bruit qui venait de l'épaisse jungle, et qui faisait l'effet
» d'une sorte de grognement répété d'un ton mécontent.
» Poussant une pointe dans la forêt, j'eus la clef du mys-
» tère : je me trouvai face à face avec un éléphant apprivoisé
» qui cheminait sans son gardien. Il portait péniblement une
» énorme poutre reposant sur ses défenses, et comme le
» chemin était étroit, il était obligé de pencher la tête de
» côté pour présenter la poutre en long, procédé laborieux
» dont il se plaignait à sa manière. Nous voyant faire halte,
» il leva la tête, nous examina pendant un instant, puis, jetant
» la poutre à terre, il s'enfonça à reculons dans les brous-
» sailles, pour nous faire place. Comme mon cheval hési-
» tait, l'éléphant s'enfonça encore davantage en manifestant
» quelque impatience et répéta son grognement : (urmph !)
» pour nous encourager à passer. Mais mon cheval ne parais-
» sait point encore rassuré, et je crus l'occasion bonne d'ob-
» server l'instinct des deux bêtes sans intervenir. Quant à
» l'éléphant, il était évident que nous l'agacions ; il n'en eût
» pas moins la bonne grâce de reculer encore dans la brous-
» saille, et mon cheval finit par se décider à marcher en
» avant. Lorsque nous eûmes passé, je vis le sage animal se
» baisser, reprendre son lourd fardeau, l'ajuster sur ses dé-
» fenses et continuer son chemin, grognant comme aupara-
» vant en signe de mécontentement. »

Le D\r Erasmus Darwin, sur la foi d'un témoin qu'il dé-
clare entièrement véridique, cite le cas d'un éléphant qui
servait de bonne à l'enfant de son gardien quand celui-ci
s'absentait ainsi que sa femme. L'animal était attaché par
une chaîne, et quand l'enfant, dans ses ébats, arrivait à la
limite de sa longe, il le ramenait doucement avec sa trompe.

M. J.-J. Funiss, se trouvant un jour dans « Central Park »
par un temps très chaud, on lui fit observer la conduite d'un
éléphant que l'on avait placé dans une enceinte en plein air.
« L'intelligente bête puisait à pleine trompe dans un tas
» d'herbe nouvellement coupée et en couvrait soigneuse-
» ment son dos échauffé par le soleil. Lorsqu'il l'eut com-
» plètement abrité sous ce toit de chaume improvisé, il se

» tint tranquille comme pour jouir du résultat de son ingé-
» niosité. » (*Nature*, t. XIX, p. 385.)

Dans une lettre plus récente (vol. XX, page 21) M. Furniss
fait allusion à son premier récit et dit qu'il a reçu depuis de
plus amples renseignements de M. W.-A. Conkin, le directeur de la ménagerie du « Central Park » :

« Il m'apprend, dit M. Furniss, qu'il a souvent vu les élé-
» phants se couvrir le dos de foin ou d'herbe, lorsqu'ils sont
» dehors en plein soleil, ou parfois même lorsqu'ils sont à
» l'abri, en été, et que foisonnent les mouches qui les tour-
» mentent et les piquent souvent jusqu'au sang. Mais en
» hiver, jamais ils n'y songent. Il semble donc qu'ils agis-
» sent avec une appréciation intelligente du but qu'ils pour-
» suivent. Il y aurait intérêt à savoir si les éléphants sau-
» vages ont également l'habitude de se couvrir le dos de
» cette manière. Il est probable que dans les solitudes qu'ils
» habitent ils s'accommodent de l'ombre de la jungle, et
» que l'habitude en question s'est développée par suite du
» changement de milieu résultant de leur captivité. »

Voici un autre extrait de *Nature* (vol. XXI, page 34) ; c'est
M. G. E. Peal qui parle :

« Un soir, dit-il, peu de temps après mon arrivée dans la
» région est de l'Assam, tandis que l'on donnait à manger
» comme d'habitude aux cinq éléphants vis-à-vis de ma ba-
» raque, je vis un jeune de capture récente s'approcher de
» la palissade de bambou et arracher tout doucement un des
» piquets. Il mit le pied dessus, en cassa un morceau qu'il
» porta à sa bouche et rejeta presque aussitôt. Après avoir
» répété cette opération deux ou trois fois, il arracha un
» autre bambou et se remit à expérimenter. Comme le bam-
» bou était vieux et sec je m'enquis de la raison qui faisait
» agir ainsi l'animal. On me répondit d'attendre un peu et
» je verrais ce qu'il ferait. Ayant fini par trouver un mor-
» ceau de bois à sa convenance, il le saisit avec sa trompe,
» avança sa jambe gauche de devant et se mit à se gratter
» assez fort sous l'aisselle pour ainsi dire. Quelle ne fut pas
» ma surprise de voir tomber à terre une grosse sangsue d'é-
» léphant, longue de six pouces au moins et grosse comme
» le doigt ? Sans l'espèce de grattoir dont l'éléphant s'était
» servi, elle eût été difficile à déloger et c'était pour cela

» qu'il s'était fabriqué un instrument. Je découvris par la
» suite que le cas est fréquent, et que chaque éléphant se
» sert quotidiennement d'un grattoir de ce genre.

» Une autre fois que je voyageais à l'époque de l'année où
» les grosses mouches s'attaquent plus particulièrement aux
» éléphants, je remarquai que celui que je montais n'était
» muni de rien pour les chasser. J'ordonnai au mahout de
» ralentir le pas et de permettre à l'animal de gagner le côté
» de la route. Après avoir fureté pendant quelque temps
» parmi les bouquets de jungle du talus, il s'arrêta devant
» une touffe de jeunes pousses branchues, en choisit une, la
» dépouilla de toutes ses branches sauf une sorte de plumet à
» l'extrémité, et l'ayant frottée à plusieurs reprises de haut
» en bas pour bien la nettoyer, la cassa par le bas. Il se
» trouva ainsi muni d'un éventail parfait d'environ cinq pieds
» de long, qui lui servit à tenir les mouches en respect en
» l'agitant de chaque côté.

» Quoi qu'on en dise, voilà bien deux instruments dans
» toute l'acception du mot, c'est-à-dire fabriqués avec intelli-
» gence dans un but déterminé. »

Une dame de mes amies m'envoie l'anecdote suivante
qu'elle tient d'une connaissance à elle, le Revd M. Townsend :

« Le gardien d'un éléphant avait attaché sa bête à un arbre
» en face de la maison de M. Townsend, puis il s'était cons-
» truit à quelques pas de là un four pour y cuire ses gâteaux
» de riz qu'il avait recouverts de pierres et d'herbe avant
» de s'en aller. Après son départ, l'éléphant, à l'aide de sa
» trompe, se débarrassa de la chaîne qu'il avait au pied ; puis
» il s'approcha du four, le découvrit, et y prit les gâteaux.
» Après s'en être régalé, il remit les pierres et l'herbe comme
» il les avait trouvées et revint à son poste. Ne pouvant s'at-
» tacher la chaîne autour du pied, il l'enroula de manière à
» ce qu'elle eût l'air d'être en place. Quand le gardien re-
» vint, il trouva sa bête tournant le dos au four. Mais il eut
» bientôt constaté la disparition de ses gâteaux et, comme
» il regardait autour de lui, il surprit le regard furtif de l'é-
» léphant qui le suivait du coin de l'œil. Ce fut une révéla-
» tion, et le châtiment ne se fit pas attendre. Le tout se passa
» sous les yeux mêmes de la famille de M. Townsend qui se
» trouvait aux fenêtres. »

CHAPITRE XIV

LE CHAT

Le chat est, à n'en pas douter, un animal d'une grande intelligence, que l'on estime trop souvent au-dessous de sa valeur, par suite du contraste qu'elle présente avec celle de son rival en domesticité, le chien. Or, il faut tenir compte de la différence de tempérament. Peu sociable dans ses dispositions, vivant de proie, adonné à des mœurs vagabondes, dépourvu de cette docilité affectueuse qui distingue la race canine, le chat n'a jamais subi que très légèrement les influences psychologiques transformatrices qui, au cours d'une association intime et prolongée avec l'homme, ont, comme nous le verrons, si profondément modifié le fonctionnement intellectuel chez le chien. Il n'en est pas moins un animal très bien doué au point de vue intellectuel, et, malgré les désavantages résultant de son tempérament, il n'a pas entièrement échappé aux privilèges d'éducation qu'entraînent presque forcément des siècles de domesticité. C'est ainsi que le chat familier, dans ses rapports avec ses maîtres, se montre d'un caractère beaucoup moins incertain que la plupart des animaux sauvages du même genre que l'on apprivoise dès leur bas âge — il est bien entendu que l'humeur capricieuse que montrent dans l'apprivoisement presque tous les membres de la race féline est l'expression du conflit entre l'expérience individuelle et l'expérience héréditaire. Mais le trait par lequel le chat se distingue de toutes les autres espèces sauvages du même genre lorsqu'on les soumet à l'apprivoisement, c'est la capacité que seul il possède de s'attacher avec quelque force d'affection à l'espèce humaine. Dans certains cas et à la faveur de certaines circonstances, son affection s'élève à la hauteur de celle du chien. L'ignorance où nous sommes de la race sauvage d'où il tire son origine ne nous permet pas d'apprécier l'étendue des résultats psychologiques que l'influence de l'homme a produits ici. Mais il y a intérêt à se rappeler que l'animal qui se rapproche le plus du chat domestique, c'est-à-dire le chat sauvage, ne lui ressemble que par la taille et la structure anatomique. Comme caractère, il diffère de son congénère à ce point qu'il n'est pas, sur toute la face du globe, d'animal aussi réfractaire à l'apprivoisement.

Prises dans leur ensemble, les espèces sauvages de race féline manifestent toutes le même tempérament insociable, féroce et rapace. Hardies quand elles sont aux abois, elles ne cherchent pas à se mesurer avec des adversaires dangereux, mais bien plutôt à se mettre en sûreté par la fuite. Nous savons maintenant aussi que le courage proverbial du lion ressemble fort, la plupart du temps, à de la prudence, et que les tigres mangeurs d'hommes saisissent leurs victimes à l'improviste. Il est certain que les grands carnassiers de race féline sont doués d'un degré considérable d'intelligence ; les tours qu'on leur apprend dans les ménageries suffiraient à le prouver. Mais, par suite du conflit entre le naturel et les résultats de l'éducation, les dispositions des sujets les mieux apprivoisés sont très incertaines et constituent une source permanente de danger pour les « Rois des lions ». La seule espèce sauvage dont les services soient acquis est le guépard ; on l'utilise dans le sens de ses instincts, en lui montrant une antilope qu'il chasse à la manière de ses ancêtres.

Pour en revenir au chat domestique, on connaît comme un trait de son tempérament émotionnel la manière dont il s'attache plutôt aux endroits qu'aux personnes. C'est là une particularité indéniable de la psychologie des chats considérée en général, malgré les nombreuses exceptions qui se présentent chez les individus. Il est probable qu'elle est la transformation ultime de l'attachement instinctif de leurs ancêtres sauvages à leurs repaires.

Le seul autre trait remarquable de la vie émotionnelle du chat, c'est le traitement proverbial qu'il fait subir à la proie tombée en son pouvoir. Le sentiment qui le pousse à torturer la souris qu'il a prise, me semble justement attribué par l'opinion générale à un goût spontané pour la torture. A propos de l'homme, John Stuart Mill dit qu'il existe chez certaines créatures humaines une faculté spéciale ou un instinct de cruauté, se traduisant non pas seulement par une indifférence passive au spectacle de la souffrance physique, mais bien par le véritable plaisir qu'elles prennent à la contempler ou à la produire. Or, parmi tous les animaux, le chat et le singe sont les seuls chez lesquels j'ai trouvé trace de passion de ce genre, si toutefois il est permis d'établir une analogie entre le mobile de l'homme et celui d'un animal en matière de cruauté gratuite.

En ce qui concerne le singe, je réserve mes preuves pour le chapitre qui lui est consacré; quant au chat, le fait est tellement acquis qu'il n'y a pas lieu de s'y étendre.

Intelligence générale.

Comme caractéristique générale des facultés d'ordre supérieur, il est à remarquer que tout chat, quelque familier qu'il soit, peut, lorsque les circonstances l'exigent et souvent même de son propre mouvement, dépouiller avec la plus grande facilité tout l'attirail intellectuel résultant de l'expérience acquise dans des conditions artificielles, et retourner pour ainsi dire dans sa nudité première aux mœurs naturelles de ses ancêtres. Cette aptitude pour l'état sauvage montre le peu de profondeur de l'influence psychologique qu'un apprivoisement prolongé a exercé sur le chat, à la différence du chien. Un chien terrier perdu dans les repaires de ses ancêtres est aussi à plaindre qu'un enfant seul dans la forêt; un chat en pareille circonstance est bien vite à son aise. Il va sans dire que cette différence provient de ce que l'intelligence du chat ne s'étant jamais ni prêtée au service de l'homme, ni accoutumée à une confiance intelligente en lui, ne s'est jamais trouvée mise en demeure comme celle du chien, de se départir de plus en plus de son attitude première d'indépendance sous l'influence croissante de la direction humaine. Quand un chat se trouve séparé de ses protecteurs, il sait donc toujours parfaitement se tirer d'affaire grâce à l'expérience intacte que lui ont léguée ses ancêtres sauvages.

Ceci posé en termes généraux, je vais maintenant citer quelques exemples du degré le plus élevé d'intelligence que l'on rencontre chez le chat.

Voici d'abord qui se rapporte à la faculté d'observation. Mme Hubbard avait, m'a-t-elle dit, un chat braconnier fort amateur de jeunes lapins dont il se régalait à l'écart, dans une ancienne étable à cochon. Un jour il prit un petit lapin noir, et au lieu de le manger comme les autres, il l'apporta à la maison sans lui faire de mal et le déposa aux pieds de sa maîtresse, comme s'il voulait lui montrer le spécimen insolite qu'il avait rencontré. Ce ne fut pas du reste la seule preuve de discernement zoologique que donna ce chat; en une autre occasion il se présenta à la maison avec une hermine d'été vivante qu'il désirait également exhiber.

M. A. Percy-Smith me raconte comme quoi, voulant éprouver l'intelligence d'une chatte qu'il possède, il s'était avisé de la châtier toutes les fois que ses petits commettaient une faute. Ce traitement la décida bien vite à leur enseigner de bonnes manières en les grondant et en leur tapant sur les oreilles quand leur conduite laissait à désirer.

M. Blakman me parle d'un chat à lui qui, de son propre mouvement, se mit à mendier des morceaux à la manière d'un terrier dont il avait dû observer les heureux résultats. Mais il fallait qu'il eût faim pour se mettre dans cette attitude, qu'aucune séduction ne réussissait à lui faire prendre s'il n'y était pas disposé. « Il avait également une autre habitude. » Voulait-il sortir, il venait au salon et faisait entendre un » miaulement particulier pour attirer l'attention. Si ce moyen » restait sans effet, il vous tirait par vos vêtements avec ses » griffes, et lorsqu'il avait réussi à se faire remarquer, il se » dirigeait vers la porte d'entrée et s'arrêtait en répétant son » miaulement jusqu'à ce qu'on le laissât sortir. »

Passons maintenant aux preuves de raisonnement. M. John Martin m'écrit de Saint-Clément, Oxford, que sa gouvernante vit dernièrement sa chatte, dont le lait venait de tarir d'une façon prématurée, porter un morceau de pain à ses petits. Le rôle du raisonnement est ici évident.

M. Biddie, du « Government Museum » de Madras, communique à *Nature* (vol. XX, page 96) l'anecdote suivante :

« En 1877 je quittai Madras pour deux mois, laissant à
» mon logis trois chats, dont un tavelé de race anglaise, d'un
» caractère doux et affectionné.

» Pendant mon absence deux jeunes gens vinrent s'instal-
» ler chez moi, et se firent un plaisir de taquiner et d'effarou-
» cher les chats. Or, environ une semaine avant mon retour,
» la chatte anglaise eut des petits qu'elle cacha soigneuse-
» ment derrière une étagère, dans la bibliothèque. Le matin
» du jour de mon retour je la vis, et après l'avoir caressée
» comme d'habitude, je sortis pendant près d'une heure. A
» mon retour je trouvai la jeune famille établie dans un coin
» de mon cabinet de toilette consacré à cet usage, et comme
» je questionnais mon domestique sur la façon dont le démé-
» nagement s'était opéré, il me répondit que la chatte avait
» apporté ses petits un à un en les tenant à la bouche. Pour-
» rait-on citer une preuve plus éclatante de confiance raison-
» née et d'affection de la part d'un animal? J'avoue que j'en
» fus touché. Ma chatte paraissait s'être dit : « Maintenant
» que mon maître est de retour, mes chatons n'ont plus rien
» à craindre de la part des deux jeunes barbares qui habi-
» tent la maison ; je vais les tirer de leur cachette pour que
» mon protecteur les admire, et je les mettrai dans le coin
» où j'ai élevé en sûreté mes autres enfants. »

Le docteur Bannister m'écrit de Chicago à propos d'un
chat appartenant à feu son ami, M. Meek, le paléontologue,
pour me signaler un trait qu'il tient du défunt :

« M. Meek avait établi sur sa table un petit miroir vertical
» à l'aide duquel il dessinait sur bois, d'après nature, l'image
» retournée des objets qui l'occupaient. Se voyant dans cette
» glace, le chat chercha à plusieurs reprises à se rendre
» compte de cette apparition. Après avoir essayé en vain de
» l'atteindre, il se dit apparemment qu'il devait y avoir
» quelque chose qui le séparait de l'autre animal, et s'appro-
» chant en tapinois sans quitter l'image du regard, il lança
» un coup de patte derrière le miroir. Grande fut sa surprise
» de ne rien trouver, et ce ne fut qu'après maintes tentatives
» du même genre qu'il finit par renoncer à trouver la clef du
» mystère ; soit qu'il sentit que l'entreprise était au-dessus de
» ses forces, soit qu'il eut cessé de s'y intéresser. »

M. T.-B. Groves communique à *Nature* (vol. XX, p. 291) une observation presque identique. Un chat voyant pour la première fois son image réfléchie dans un miroir, voulut l'attaquer, et comme il rencontrait la glace, il en fit le tour. Ne trouvant point derrière ce qu'il cherchait, il revint sur le devant et les yeux fixés sur son image de manière à ne pas la quitter de vue, se mit à explorer avec sa patte le dos du miroir. Il paraît qu'après cette expérience, il ne daigna plus jamais faire attention à une glace.

L'anecdote qui suit me vient d'un correspondant qui désire absolument rester anonyme. Je suis sûr de sa bonne foi et je ne vois guère comment le fait qu'il me rapporte pourrait être l'œuvre du hasard. Après m'avoir expliqué les liens d'amitié qui unissent son chat et son perroquet, il me raconte comme quoi un soir il n'y avait personne à la cuisine :

« La cuisinière était montée en haut, laissant près du feu » une terrine pleine de pâte qu'elle voulait faire lever. Tout » d'un coup le chat s'en vient à elle d'un air tout excité, » miaulant et tâchant de lui faire signe de descendre, puis la » saisissant par le tablier comme pour le tirer. Voyant l'émoi » de l'animal, la cuisinière céda, et lorsqu'elle fut dans la » cuisine, elle trouva le perroquet qui criait, appelait, battait » des ailes et faisait de violents efforts pour se dépêtrer de » la pâte où il s'était enfoncé pour ainsi dire jusqu'au genou.

» Il est à peu près certain que si on n'était pas venu à son » secours, il se serait enfoncé complètement dans la masse » mouvante et y aurait péri asphyxié. »

Voici maintenant deux ou trois exemples qui montrent bien les artifices ingénieux qu'un chat intelligent sait adopter pour s'assurer une proie.

M. James Hutchings raconte comment un vieux matou se servit d'un jeune oiseau tombé du nid pour attirer les parents. Lorsque le petit oiseau cessa de crier et de se débattre, le chat le toucha de sa patte pour l'effrayer avec l'espoir qu'à la vue de son émoi le mâle qui voletait à l'entour aurait l'imprudence de s'approcher à portée de sa griffe : ce qui ne manqua pas d'arriver plusieurs fois, l'oiseau éludant toutes les attaques, tandis que son adversaire avait à restreindre l'ardeur d'un chaton qui voulait tuer le petit oiseau. Cette scène dura longtemps et ce fut M. Hutchings qui y mit un terme. Je ne vois donc pas comment il aurait pu commettre une erreur d'observation. (*Nature*, vol. XII, p. 330.)

Le fait suivant m'a été communiqué par M. James G. Stevens, de Saint-Stephen, dans le Nouveau-Brunswick :

« Comme je contemplais, me dit-il, le jardin qui se trouve » devant mon habitation, je vis un rouge-gorge se poser sur » un petit arbre, bientôt après parut sur la scène un chat se » dirigeant à pas furtifs du côté de l'oiseau. Arrivé non sans » peine (nous étions en plein hiver avec un pied de neige sur » la terre) à environ trois pieds de l'arbre, il s'arrêta. Le » rouge-gorge à moitié engourdi n'était guère qu'à un mètre » du sol, mais comme la neige n'avait pas de consistance, le » chat ne pouvait guère prendre son élan, ce qui lui fit son- » ger à relancer l'oiseau. Tout d'abord il ne réussit pas à » l'émouvoir, il avait beau se secouer, le rouge-gorge n'y pre- » nait pas garde ; enfin à force de se démener il obtint le ré- » sultat voulu, et eut la satisfaction de voir l'oiseau s'envoler » et aller se poser à quelque cinquante pieds de là sur un petit » buisson, au nord d'une palissade. Ayant pris note de l'en- » droit, notre chat se mit aussitôt en route par un détour » d'une centaine de pieds, les yeux fixés sur le point où s'était » réfugié le rouge-gorge et tirant parti de chaque buisson » pour masquer son approche. Une fois qu'il ne se sentit plus » en vue, il pressa le pas dans la direction de la palissade » qu'il franchit, puis après l'avoir longée pendant quelque » temps, il l'escalada de nouveau. Il avait si bien calculé ses » distances, qu'il arrivait à moins d'un pied du buisson où » se trouvait le rouge-gorge vers lequel il bondit incontinent. » Le coup n'en fut pas moins manqué, mais je fus frappé de » l'habileté avec laquelle il avait été préparé. Dans le cas où » vous jugeriez convenable de publier cet incident, vous pou- » vez vous autoriser du nom du juge Stevens, de Saint- » Stephen, dans le Nouveau-Brunswick, qui en fut témoin. »

L'exemple suivant est emprunté à une communication du docteur Frost, à *Nature*, et je le cite parce que, tout en accusant un degré presque incroyable de ruse et de pré- voyance, il ne me paraît guère prêter à une erreur d'ob- servation et se trouve d'ailleurs, en partie confirmé par le témoignage indépendant de mon ami le docteur Klein et d'un autre correspondant :

« Pendant la dernière gelée, dit M. Frost, mes gens avaient
» pris l'habitude de jeter aux oiseaux les miettes qui restent
» après le déjeuner, et je remarquai plusieurs fois que mon
» chat s'embusquait dans le voisinage dans l'espoir de se pro-
» curer du gibier parmi la gent ailée. Je ne prétends pas citer
» ce fait comme un exemple de raisonnement abstrait, mais
» voici qui est plus fort. Depuis que l'on ne jette plus dehors
» les miettes, j'ai vu mon chat répandre des miettes sur
» l'herbe avec l'intention bien évidente d'attirer les oiseaux.
» Deux membres de ma famille ont également été témoins de
» la chose. » (*Nature,* vol. XIX, p. 519.)

De son côté, le docteur Klein, F. R. S., raconte comment
il eut la preuve qu'un chat qu'il observait avait associé l'idée
des miettes que l'on répandait dans l'allée d'un jardin avec
celle des moineaux qui venaient s'en régaler. Aussitôt les
miettes répandues, le chat se cachait dans les massifs à côté
de l'allée pour y attendre l'arrivée des oiseaux. Il n'est que
juste d'ajouter que les moineaux se montraient encore plus
malins que lui ; perchés derrière les massifs sur un mur, du
haut duquel ils le voyaient s'embusquer, ils guettaient du
même coup chat et miettes et ne se risquaient à descendre
que lorsque leur ennemi se retirait en désespoir de cause.

Dans ce dernier exemple, la première partie du raisonnement du chat était tout aussi complète que dans l'exemple du
docteur Frost : « Les miettes attirent les oiseaux, donc je
guetterai l'arrivée des oiseaux quand les miettes auront été
répandues. » Mais le chat de M. Frost ajoutait : « Donc je
répandrai des miettes pour attirer des oiseaux », et sur la foi
de l'observateur, j'ai cru pouvoir citer le fait. Voici, du reste,
l'autre témoignage dont j'ai parlé : il forme une sorte d'intermédiaire entre l'observation du docteur Klein et celle du docteur Frost C'est encore un correspondant de *Nature* :

« Pendant l'hiver rigoureux que nous venons de traverser,
» dit-il, un de mes amis jetait régulièrement des miettes par
» la fenêtre de sa chambre à coucher. Voyant que cela atti-
» rait les oiseaux, le chat de la maison, bel animal à pelage
» noir, se cachait parfois derrière des arbrisseaux et quand
» le gibier venait déjeuner, notre chasseur faisait des sorties
» plus ou moins heureuses. Or, un jour que les miettes répan-
» dues comme d'habitude n'avaient point été touchées, il

» tomba pendant la nuit une couche de neige qui les recou-
» vrit. Le lendemain matin, mon ami, en regardant par sa
» fenêtre, aperçut son chat qui grattait la neige avec achar-
» nement. Désireux de savoir ce que cela signifiait, il conti-
» nua à observer et bientôt vit l'animal retirer les miettes de
» l'endroit qu'il avait déblayé et les étaler l'une après l'autre
» à la surface de la neige; après quoi il s'en alla guetter der-
» rière les arbrisseaux. Il répéta ce manège à deux reprises
» différentes. » (*Nature*, vol. XX, p. 197.)

Voilà donc trois cas qui forment une série ascendante de degrés d'intelligence, à savoir: 1° celui du chat du docteur Klein qui avait seulement remarqué que les miettes attiraient les oiseaux ; 2° celui du chat qui remit en évidence les miettes recouvertes par la neige ; 3° celui du chat du docteur Frost, qui répandit lui-même des miettes. C'est parce que ce dernier, le plus remarquable de tous, se trouve ainsi amené par les deux autres que j'ai cru devoir le mentionner. Après tout, en tant que manifestation rationnelle, l'acte de ré-pandre des miettes pour attirer les oiseaux n'implique guère d'idées ou de déductions d'un ordre plus abstrait que celles qui jouent un rôle dans certaines manifestations d'intelligence mieux avérées dont je vais maintenant m'occuper.

Le chat a l'intelligence des mécanismes particulièrement développée ; aucun animal, sauf le singe et peut-être l'élé-phant, ne saurait lui être comparé sous ce rapport. Il y a là un rapprochement entre les trois espèces qui ne doit pas être accidentel. Les mains du singe, la trompe de l'éléphant, les souples pattes du chat avec leurs griffes mobiles, sont autant d'instruments de manipulation, se distinguant comme organes de tout ce que l'on rencontre dans le règne animal, sauf chez le perroquet, dont le bec et les pieds ont également une aptitude à saisir. Il est donc probable que cette aptitude à comprendre les mécanismes que nous remarquons chez ces animaux est comme le contre-coup de l'influence de ces or-ganes de manipulation sur leur intelligence. Quoi qu'il en soit, je me tiens pour assuré qu'à la seule exception du singe et de l'éléphant, le chat l'emporte sous ce rapport sur tous les autres animaux, y compris le chien. C'est qu'en effet, au cas isolé d'un chien qui, devinant tout seul l'usage d'un lo-quet, avait appris à ouvrir une porte en sautant sur la poignée

pour appuyer sur la gâchette, cas dont un ami m'a fait part,
je puis opposer plus d'une demi-douzaine de manifestations
analogues que l'on m'a communiquées sur des chats. Le caractère marqué de ressemblance qu'elles ont me porte à
croire que le trait est assez commun chez les chats, tandis
qu'il est certainement rare chez les chiens. Je puis ajouter
que mon cocher eut autrefois un chat qui avait appris tout
seul à ouvrir de cette manière la porte de communication
entre les écuries et une cour sur laquelle donnaient certaines
fenêtres de la maison. Je me suis souvent tenu à l'une de ces
fenêtres, et j'ai vu la manière d'opérer du chat sans qu'il
devinât ma présence. Il se dirigeait vers la porte de l'air le
plus dégagé du monde, et d'un bond s'accrochait avec une
patte à la poignée en forme d'anse, puis pressant avec l'autre
patte sur la gâchette il jouait des pattes contre le montant
pour repousser la porte. Je retrouve exactement les mêmes
péripéties dans les récits de mes correspondants.

Il va sans dire qu'avant d'opérer ainsi les chats ont dû
remarquer que les personnes qui ouvrent les portes posent la
main sur la poignée, action dont ils s'inspirent dans ce que
l'on peut appeler à juste titre une imitation rationnelle. Mais
il faut remarquer que dans son ensemble l'opération comporte
bien plus qu'une simple imitation. D'abord, l'observation
seule (en tenant compte de la capacité réflective qu'il est raisonnable d'attribuer à un animal) ne permettrait guère à un
chat de distinguer que la partie essentielle du mouvement
accompli par la main de l'homme consiste non pas à saisir la
poignée, mais bien à presser sur la gâchette ; puis, à coup sûr,
l'animal n'a jamais vu personne repousser du pied le montant de la porte. Ce ne serait donc pas en découvrant par hasard que ce procédé facilite l'ouverture de la porte que le
chat l'a adopté ; on doit y voir le résultat spontané d'une intention bien arrêtée. C'est du reste le point de vue que confirme l'observation de M. Henry-A. Gaphans, lequel m'explique que la porte ouverte par son chat était si bien ajustée
qu'il n'aurait pas cru que l'animal pût l'ouvrir en poussant
d'une seule patte après avoir soulevé le loquet. Il faut donc
conclure dans tous les cas de ce genre, que les chats se font
une idée très nette du fonctionnement mécanique d'une porte ;
qu'ils savent en somme que, pour l'ouvrir, il faut la pousser

après avoir soulevé le loquet. C'est là tout autre chose que
de chercher à imiter telle ou telle manière de procéder après
l'avoir observée chez l'homme. Nous sommes en présence
d'un enchaînement psychologique d'une grande complexité.
L'animal a dû d'abord remarquer que la porte s'ouvrait en
saisissant la poignée de la main et en pressant la gâchette.
Ensuite « la logique des sentiments doit lui suggérer ce raisonnement » : ce que peut une main, une patte ne le peut-
elle pas ? Enfin, sous l'impulsion de cette idée, il fait sa
première tentative. On n'a point observé ce qui se passa
alors il est donc impossible d'affirmer si l'animal découvre
par une série d'essais que l'abaissement de la gâchette est le
point essentiel, ou s'il s'en est rendu compte grâce à ses observations premières.

Quoi qu'il en soit, il est certain que l'idée de pousser avec
ses pattes de derrière, après avoir soulevé le loquet doit
être attribuée à un raisonnement adaptatif indépendant de
toute observation; et c'est par la coopération de tous ses
membres à un mouvement complexe très peu naturel qu'il
arrive, en fin de compte, à accomplir son dessein.

J'ai également reçu communication de plusieurs cas analogues où des chats ont appris spontanément, sans autre guide
que celui de leur propre observation à tirer une sonnette ou
à faire jouer le marteau d'une porte pour se la faire ouvrir.
En quoi ils font preuve d'une faculté remarquable d'observation et de raisonnement : d'autant plus que dans certains cas
il n'est pas question d'un simple bond vers le marteau, mais
d'une opération complexe et bien calculée dans le but de le
soulever et de le laisser retomber. Voyons, en effet, ce que
raconte M. Belshane dans *Nature* (vol. XIX, page 659) :

« Le soir de mon arrivée, dit-il, tandis que j'étais assis
» dans une chambre, j'entendis un vigoureux coup de mar-
» teau à la porte d'entrée : l'on me dit de ne pas y faire
» attention et que c'était seulement un jeune chat qui voulait
» se faire ouvrir la porte. N'en croyant rien, je me mis en
» observation et bientôt je vis le chat sauter contre la porte,
» se soutenir avec une patte, passer l'autre sous le marteau
» et en donner deux coups. »

C'est le même genre d'action que pour soulever un loquet,
mais le but est évidemment ici d'appeler quelqu'un pour ou-

vrir la porte. Quant aux cas où il est question de sonnettes,
ils ont un caractère encore plus merveilleux Non seulement
les chats se rendent parfaitement compte de l'usage des sonnettes [1], mais l'on me signale deux ou trois cas où ils ont tiré

1. Quelques-uns de mes correspondants me citent des chats de salon qui ont
l'habitude de sauter sur une chaise et de regarder le bouton de sonnette quand
ils ont envie de lait, ce qui est leur manière de faire savoir qu'ils désirent que
l'on sonne pour le domestique qui apporte le lait; M. Lawson Tait a même
un chat qui va jusqu'à mettre ses pattes sur le bouton de sonnette pour mieux
indiquer la nature de ses désirs ; encore cet animal le cède-t-il au chat du docteur Creighton Browne qui tire lui-même la sonnette. Ce dernier fait confirme
l'anecdote que raconte l'archevêque Whately, à propos d'un chat appartenant
à sa mère et dont les preuves de sagacité eurent pour témoins ses sœurs ainsi
que lui-même : « C'était une habitude chez lui, dit l'archevêque, de tirer la
» sonnette du salon quand il voulait qu'on lui en ouvrît la porte. La première
» fois que cela lui arriva, il en résulta une alarme. C'était au milieu de la
» nuit, alors que tout le monde était couché ; réveillés en sursaut par un vio-
» lent coup de sonnette partant du salon, les habitants de la maison descendirent
» à la hâte croyant avoir affaire à quelque voleur ; mais quel ne fut pas leur
» étonnement de reconnaître que c'était le chat qui était l'auteur du tapage.
» Ce devint du reste une habitude chez lui lorsqu'il voulait sortir du salon. »
Je ne cite ces différents cas que comme autant de degrés conduisant à ceux
que j'ai mentionnés dans le texte et qui sont encore plus remarquables. Parmi les
chiens, il en est qui vont jusqu'à demander à leurs maîtres, par certains gestes,
de sonner. L'exemple suivant, le seul que je me propose de citer, est emprunté
à *Nature* (vol. XIX, page 459). « Un de mes amis, y dit M. Rae, a un
» petit terrier de race anglaise, qui a appris à sonner quand on a besoin de la
» bonne. Pour voir s'il se rendait bien compte de la raison pour laquelle il ti-
» rait la sonnette, on lui dit un jour de sonner quand la bonne était dans l'ap-
» partement. Sur quoi le petit animal jeta un regard plein d'intelligence d'abord
» sur son maître puis sur la bonne, et refusa d'obéir, même après que l'ordre
» eût été répété. La domestique étant sortie depuis quelques instants, le chien
» reçut de nouveau l'ordre de sonner et s'y conforma aussitôt. »
Parfois aussi, il arrive qu'un chien apprend à se servir du marteau d'une
porte ; mais le fait doit être rare. Le seul exemple que j'en connaisse à une
grande valeur comme ayant été relevé par un observateur célèbre et comme
constituant nettement la preuve d'un acte de raison Dureau de la Malle avait
un terrier qui était né dans sa maison et n'avait jamais eu l'occasion de voir un
marteau de porte. Lorsqu'il fut parvenu à l'âge adulte, son maître l'emmena à
Paris. Or, un jour, fatigué de se promener dans les rues de la capitale, il
revint tout seul au logis, et trouvant la porte fermée essaya vainement en
aboyant d'attirer l'attention des gens de la maison. Sur ces entrefaites survint
une personne qui frappa du marteau et se fit ainsi ouvrir la porte. Le chien,
tout en profitant de l'occasion pour entrer, n'avait pas manqué d'observer le
procédé dont il avait été témoin : pendant la même après-midi il sortit plusieurs fois, et à son retour, en chaque occasion, il se fit ouvrir en soulevant le
marteau au bond.
Citons enfin l'exemple communiqué à *Nature* (XX, page 428) par le D[r]
W.-H. Kesteven. Après avoir parlé d'un chat qui, comme ceux dont il a
déjà été question, se servait du marteau d'une porte, il ajoute qu'un chien qui
habitait la même maison que le chat et s'était aperçu que son compagnon savait se faire ouvrir, ne chercha jamais à l'imiter ; mais quand il voulait rentrer

à l'intérieur d'une maison dont ils voulaient sortir, le fil de fer qui relie la sonnette à l'extérieur [1].

Les personnes de qui je le tiens m'affirment qu'elles ne s'expliquent pas par quel procédé d'observation ces chats ont été amenés à conclure que l'effet de tirer le fil de communication en quelque point de sa longueur, se traduirait par un coup de sonnette ; en tout cas personne ne peut leur en avoir donné l'exemple. Mon idée est que ces animaux ont dû remarquer qu'au moment d'un coup de sonnette, le fil de fer se mettait en mouvement et qu'ensuite la porte s'ouvrait. J'estime que par induction ils ont été amenés à essayer d'obtenir le même résultat en sautant contre le fil de fer. Mais même en réduisant ainsi le phénomène à sa plus simple expression, nous sommes forcés d'admettre l'existence d'une faculté d'observation presque aussi remarquable que le raisonnement qui vient s'y adjoindre.

Voici d'ailleurs un autre exemple qui prouve combien les chats sont bien doués sous ce double rapport. Couch, dans ses *Manifestations de l'instinct,* page 196, affirme avoir connu un chat qui avait trouvé moyen d'ouvrir la porte d'une armoire, pour se procurer du lait. Il s'asseyait sur une table à côté de l'armoire, et administrait une série de tapes à l'anneau de la clef ; la serrure étant vieille et jouant facilement, la clef finissait par tourner et le chat en venait ainsi à ses fins.

Dans un mémoire à la société Linnéenne, M. Otto cite un fait qui met bien en relief le sentiment singulier qu'ont les chats de ce qui est mécanique. Après avoir parlé d'un de ces animaux qui avait coutume d'ouvrir une porte en pressant sur la gâchette, il raconte qu'un autre chat appartenant à M. Parker Bowman, de Parara, fut enfermé un jour par hasard, dans une chambre qui n'avait d'autre issue qu'une petite fenêtre à charnières, ouvrant du dedans au dehors et fermant au moyen d'une petite traverse à pivot :

« Peu de temps après, dit M. Otto, on trouva la fenêtre ou-

il se mettait en quête du chat et attendait que ce dernier fût prêt à frapper à moins qu'il n'obtînt de lui de le faire par complaisance.

1. Le consul E.-L. Layard communique à *Nature* (XX, page 339) un cas identique où il est question d'un chat qui avait pris spontanément l'habitude de faire jouer une sonnette en tirant le fil de communication.

» verte et la chambre vide. La même chose étant arrivée plu-
» sieurs fois, on finit par découvrir que le chat sautait sur
» l'appui de la croisée, s'allongeait autant qu'il pouvait en
» hauteur contre l'un des côtés pour arriver jusqu'à la tra-
» verse à laquelle il faisait prendre une position verticale à
» l'aide d'une de ses pattes de devant, puis appuyant de tout
» son poids contre la fenêtre, l'ouvrait et s'échappait. »

Enfin, comme dernier exemple de la capacité du chat en matière de raisonnement, je reproduis une anecdote communiquée
à *Nature* (vol. XXI, p. 397) par M. W. Brown de Greenock
et qui ne paraît admettre aucune erreur d'observation. Le
chat dont il s'agit se trouvait près d'une lampe à pétrole que
l'on nettoyait et reçut sur le dos quelques gouttes d'huile qui
prirent feu au contact d'un charbon allumé tombé du fourneau. L'échine toute flambante, l'animal courut à la porte qui
se trouvait être ouverte, et alla se plonger, à cent mètres de
là dans l'auge publique du village. L'eau avait de huit à neuf
pouces de profondeur et le chat avait vu les gens de la maison éteindre le feu, chaque soir avec de l'eau. Ce dernier
point est important parce qu'il révèle les données fournies à
l'animal par l'observation et sur lesquelles son raisonnement
était fondé.

CHAPITRE XV

RENARD, LOUP, CHACAL, ETC.

La psychologie de ces animaux, comme on peut bien le supposer, se rapproche beaucoup dans son ensemble de celle du chien; toutefois leurs dispositions mentales, par cela même qu'elles n'ont jamais subi l'influence de l'apprivoisement, diffèrent assez de celles du chien pour que je leur consacre un chapitre à part.

Abstraction faite de toutes les émotions qui proviennent d'une association prolongée avec le genre humain, il suffirait de renforcer chez le chien les sentiments d'indépendance, de rapacité, etc., pour avoir le caractère émotionnel que présentent actuellement le loup et le chacal, et il est curieux d'observer que cette ressemblance originelle s'étend à ce que l'on peut appeler des idiosyncrasies de détail partout où le caractère n'a pas subi l'influence de l'homme. C'est ainsi que l'étrange série d'émotions qui porte le loup à hurler au clair de la lune s'est transmise sans modification à nos chiens familiers.

L'intelligence du renard est proverbiale; mais je n'ai reçu que fort peu de communications originales à ce sujet. Je me contenterai donc de choisir quelques observations bien authentiques parmi celles qui ont été publiées jusqu'à ce jour, en commençant par une anecdote de M. Saint-John que j'emprunte à ses aventures de chasse dans la haute Écosse (Wild sports in the Highlands) :

« Pendant que j'habitais le comté de Ross, dit-il, je sortis
» un matin, en juillet, avant le point du jour, pour tâcher
» d'abattre un cerf qui avait ravagé les récoltes d'un fermier,

» mon voisin. Il faisait à peine jour que je vis un renard de
» forte taille s'avancer doucement le long de la plantation où
» je m'étais caché et regarder attentivement, par dessus le
» mur, des lièvres qui se régalaient dans le champ, de l'autre
» côté, comme si, malgré sa convoitise, il se rendait parfai-
» tement compte qu'il ne pouvait rien contre eux à la course.
» Au bout de quelques instants, qui parurent lui servir à for-
» mer un plan de campagne, il se mit à examiner différentes
» brèches dans le mur qui pouvaient offrir un passage aux
» lièvres dans leurs allées et leurs venues, en choisit une qui
» semblait être la plus fréquentée et s'étendit à terre, tout à
» côté, dans l'attitude d'un chat guettant une souris. Tout rusé
» qu'il fût, il ne se doutait guère du voisin qui, fusil en main,
» le guettait à moins de vingt mètres de distance. J'avoue que
» je m'étonnai de le voir si peu défiant, tout en me tenant
» prêt à tirer dans le cas où il m'aurait découvert et aurait
» essayé de m'échapper. En attendant, il se creusait en silence
» une petite cavité dans le sol, rejetant le sable en forme de
» remblai pour se dissimuler aux yeux des lièvres; de temps
» en temps il s'arrêtait pour écouter ou pour jeter un coup
» d'œil sur le champ. Une fois son travail terminé, il se cou-
» cha de manière à pouvoir s'élancer facilement sur sa proie,
» mais sans donner d'autre signe de vie qu'un regard furtif à
» l'occasion pour relever la position de l'ennemi. Lorsque le
» soleil commença à s'élever, les lièvres quittèrent l'un après
» l'autre le champ pour venir se mettre à l'abri de la planta-
» tion, et déjà il en était passé trois, dont l'un à moins de vingt
» mètres de l'embuscade, sans que le renard bougeât. Il s'était
» seulement aplati un peu davantage contre le sol ; mais lors-
» qu'il en vint deux se dirigeant droit sur lui, je vis au mou-
» vement involontaire de ses oreilles que, sans avoir levé les
» yeux, il était au courant de ce qui se passait. Au moment
» où les deux lièvres franchissaient la brèche, prompt comme
» un éclair, il bondit sur eux, en saisit un et le tua du coup.
» Il était temps pour moi d'intervenir ; en effet, il se retirait
» avec sa proie dans la gueule comme un chien, lorsque je lui
» logeai une balle dans le dos. Il tomba aussitôt et j'accourus
» l'achever. »

Où le renard déploie beaucoup de ruse c'est en soutirant
l'appât des pièges sans s'y faire prendre ; les exemples qui

établissent ce fait sont tellement nombreux et s'accordent si bien, quant à la qualité intellectuelle qu'ils révèlent, que le doute n'est pas permis. Il me suffira d'en citer deux ou trois pour montrer le genre d'intelligence dont il s'agit. On verra qu'elle présente une grande analogie avec celle que déploient le rat et le glouton en pareille circonstance. Dans tous les cas elle doit être considérée comme très remarquable. Les pièges n'étant point choses qui se rencontrent dans la nature, l'expérience héréditaire ne peut avoir contribué à former des instincts spéciaux destinés à mettre l'animal en garde contre ce genre de danger; d'où il résulte que les stratagèmes surprenants auxquels il doit sa sûreté ne peuvent s'attribuer qu'à l'observation associée à une méthode d'investigation empreinte de l'intelligence la plus remarquable.

Le passage suivant est tiré des *Manifestations de l'instinct* de Couch, page 175 :

« Toutes les fois qu'un chat, alléché par l'appât d'un piège
» s'y fait prendre, maître renard est là prêt à dévorer l'appât
» et la victime, et au pas assuré dont il s'approche de l'engin,
» on peut croire qu'il le sait inoffensif pour le moment. Com-
» parez à cette assurance, la prudence incroyable que déploie
» l'animal lorsqu'il est attiré par l'appât d'un piège tendu.
» Dietrich (aus dem Winkell) eut la chance d'observer, par
» une soirée d'hiver, un renard qui, depuis plusieurs jours,
» se régalait des appâts disposés tout autour d'un piège dans
» lequel on voulait l'amener à donner. Chaque fois qu'il en
» happait un, il s'asseyait tout à son aise en remuant la
» queue. Mais, plus il approchait du piège, plus il hésitait à
» saisir sa proie et multipliait ses circonvolutions autour du
» point dangereux. Quand il se trouva tout près de la trappe,
» il s'assit et après avoir contemplé l'appât pendant plus de
» dix minutes, fit deux ou trois fois le tour du piège en cou-
» rant. Puis il étendit une de ses pattes de devant vers le
» morceau convoité, mais sans le toucher, et se mit de nou-
» veau à le regarder fixement. Enfin, n'y pouvant plus tenir,
» il se jeta sur l'appât, et se fit prendre par le cou. » (*Mag. Hist. Nat.*, N. S., vol. I, page 512.)

Dans une lettre datée de Boston et adressée à *Nature* (vol. XXI, page 132), M. Crehore raconte que quelques années auparavant, pendant une expédition de chasse, au nord du

Michigan, il avait essayé, avec l'aide d'un trappeur de profession, de prendre un renard qui venait, chaque nuit, visiter un
endroit où l'on avait jeté les entrailles d'un daim.

« Nous eûmes beau user de tous les stratagèmes imagi-
» nables, rien ne réussit, et, chose singulière, nous trou-
» vions toujours le piège détendu. Mon compagnon était con-
» vaincu que l'animal creusait sous la trappe, de manière à
» pouvoir passer la patte en dessous des battants et les déga-
» ger sans risque ; mais tout, en reconnaissant que les appa-
» rences lui donnaient raison, j'hésitai à admettre son expli-
» cation. Cette année, dans une autre localité de la même
» région, un vieux trappeur des plus expérimentés m'a as-
» suré que mon ancien compagnon de chasse était dans le
» vrai. Comme preuve, il m'a raconté qu'il avait souvent pris,
» en disposant le piège sens sus-dessous, des renards qui
» avaient réussi deux ou trois fois à détendre un piège sans
» se prendre : grâce à ce nouveau dispositif, l'animal en creu-
» sant sous la trappe pour en dégager le ressort, fourrait sa
» patte juste entre les mâchoires. »

A propos de pièges, j'ai reçu de mon ami, le docteur Rae,
une communication qui fait grand honneur au raisonnement
du renard arctique. Je m'en étais déjà occupé dans la conférence que je fis, en 1879, devant l'Association Britannique et
je n'ai qu'à répéter ce que je dis alors :

« Désirant se procurer des renards arctiques, le docteur
» Rae tendit des pièges de plusieurs espèces ; mais, comme
» les renards les connaissaient par expérience, ils surent les
» éviter. Le docteur eut alors recours à un genre de trappes
» qui était nouveau dans cette région. Il établit un fusil
» chargé sur un support en le braquant sur l'appât qu'une
» ficelle mettait en communication avec la gâchette, de sorte
» qu'en saisissant sa proie le renard devait se fusiller lui-
» même. La distance de l'appât au fusil était de trente mètres
» et la ficelle était presque entièrement cachée sous la neige.
» Ce piège fit tout d'abord une victime, mais ce fut la pre-
» mière et la dernière. Les renards avaient trouvé deux
» moyens de se procurer leur proie sans se faire de mal ; l'un,
» consistait à couper la ficelle avec leurs dents, à l'endroit où
» elle était exposée, près de la gâchette, et l'autre, à se creu-
» ser un passage dans la neige, perpendiculairement à la di-

» rection du tir, de manière à être à l'abri du coup de fusil.
» Or, ces deux expédients révélaient un degré étonnant de
» capacité rationnelle (l'expression me paraît ici parfaitement
» légitime). Je me suis enquis avec soin auprès du docteur
» Rae de toutes les circonstances, et il m'assure que dans
» cette partie du monde, on ne fait point usage de ficelles
» dans les pièges, de sorte qu'il ne peut y avoir eu d'associa-
» tion particulière dans l'esprit des renards entre l'idée de
» ficelle et celle de piège. D'ailleurs la trace du second re-
» nard qui se présenta était là pour montrer que malgré
» l'attrait de l'appât, il avait fait un examen prolongé et mé-
» thodique du fusil, avant de se risquer à couper la ficelle.
» Quant au passage à couvert creusé perpendiculairement à
» la ligne du tir, le docteur Rae, qui y voyait et avec raison
» une particularité des plus remarquables, répéta l'expé-
» rience à plusieurs reprises afin de s'assurer que la direc-
» tion choisie l'était bien de propos délibéré et non par
» hasard [1]. »

1. J'ai demandé au docteur de me donner tous les détails possibles sur ses
remarquables observations, et voici ce qu'il a eu l'obligeance de m'écrire :

' Il arrive quelquefois dans la baie d'Hudson, que certains renards, que la
' vue du sort de leurs compagnons a probablement mis sur leur garde, passent
' à distance respectueuse des trappes ordinaires en acier ou en bois même les
' plus habilement tendues. En pareil cas le trappeur dispose un ou plusieurs
' fusils chargés à 15 ou 20 mètres de l'appât qu'il relie avec l'appât au moyen
' d'une ficelle. La distance est faible à dessein ; en effet, il importe d'abord
' que le renard soit tué raide, ensuite qu'il soit atteint à la tête seulement pour
' que la peau ne soit pas endommagée. Quant à la ficelle on lui donne de
' quatre à cinq pouces en plus de la longueur nécessaire pour parer au raccour-
' cissement qui se produit par un temps humide, sans quoi la gâchette pourrait
' être tirée et faire partir le fusil alors que l'appât n'a pas été touché. Enfin
' pour dissimuler autant que possible toute connexion entre l'appât et le fusil,
' on recouvre soigneusement de neige la portion de la ficelle qui touche à
' l'appât.

' Quand le renard saisit ce dernier, le coup ne part que lorsque la corde est
' raidie, c'est-à-dire lorsque l'animal a déjà soulevé sa proie à une hauteur de
' cinq pouces ; aussi a-t-on soin de braquer le fusil sur un point à huit ou
' neuf pouces au-dessus de l'appât, comme représentant la position probable de
' la cervelle du renard.

' Pour des raisons qui ne demandent guère à être expliquées, ces animaux
' rôlent généralement par couple bien avant que la neige ait disparu, non pas
' toujours côte à côte mais souvent à quelque distance l'un de l'autre, pour
' multiplier leurs chances d'une trouvaille.

' Il arrive que le trappeur qui a réussi à tuer un ou plusieurs renards, s'a-
' perçoit en visitant ses fusils que la ligne qui communique avec la gâchette a
' été coupée et que l'appât a été dévoré ; ou bien quand son fusil est établi sur
' un monceau de neige, il constate l'existence d'une tranchée de dix à douze

Le docteur Rae m'apprend aussi que les loups soutirent souvent l'appât des pièges de la même manière en coupant la corde qui communique avec le fusil [1] :

« J'ai entendu dire, ajoute-t-il, sans avoir jamais pu le
» vérifier, que les loups guettent les pêcheurs de truites du
» lac Supérieur qui font des trous dans la glace pour y glisser
» leurs lignes en eau profonde, puis lorsqu'ils sont partis,
» vont saisir le morceau de bois qui est placé en travers du
» trou et auquel la ligne est attachée, l'emportent en courant
» sur la glace jusqu'à ce que l'amorce paraisse à la surface
» et reviennent alors sur leurs pas se régaler du morceau
» aussi bien que du poisson s'il y en a un de pris. Les truites
» du lac Supérieur sont énormes, et les amorces leur sont
» proportionnées. »

M. Murray Browne, inspecteur du Local government board', m'écrit de son bureau (Whitehall) qu'il lui arriva une fois dans la gorge dite « du Diable, » comté Wicklow (Islande), de trouver un renard pris par la patte dans un piège :

> pouces de creux, au moyen de laquelle un de ces rusés animaux s'est ap-
> proché de l'appât, s'en est saisi tout en étant à couvert pendant que le coup
> partait, puis s'en est allé sain et sauf comme le prouve l'absence de taches
> de sang sur la piste.
>
> En pareil cas, le renard profite des cinq pouces de trajet libre que permet
> la longueur de la corde et tire sa proie vers lui par un mouvement d'a-
> baissement, de sorte que sa tête et son museau sont parfaitement à l'abri,
> tant à cause de la neige qui le protège que de l'élévation relative du point
> de mire.
>
> Toutes les tranchées que j'ai vues étaient à peu près perpendiculaires à la
> direction du tir, et un de mes amis qui a encore plus d'expérience que moi,
> a constaté le même fait. A priori, on pourrait croire à une bévue de la part
> de l'animal, mais en y réfléchissant on comprend bientôt qu'il devait en être
> ainsi pour que la tranchée servît d'abri. En effet, pensant, comme il le fait
> sans doute, que le danger vient du fusil ou de son côté, le renard ne ga-
> gnerait rien à creuser dans la même direction : il doit se rendre compte qu'il
> ne trouverait pas d'abri dans une tranchée ainsi conçue, sans quoi son rai-
> sonnement et son intelligence seraient en défaut.
>
> Pour moi, voici comment je m'explique la chose : un renard survient au
> moment où son camarade périt ou vient de périr, et ne voyant près de là
> qu'un objet inconnu, c'est-à-dire le fusil, lui attribue naturellement la cause
> de l'accident.
>
> Il était évident dans chaque cas que l'animal avait examiné avec soin la
> position, car sa piste sur la neige démontrait avec quelles précautions infinies
> il s'était approché de l'objet de sa convoitise pour ne pas compromettre sa
> sûreté, quel que fût celui des deux expédients indiqués qu'il eût adopté. >

1. Nous avons vu ailleurs que le glouton et certaines espèces de daim se jouent de la même manière des pièges à fusil.

« Voulant éviter de le toucher, dit-il, nous essayâmes de
» peser sur la trappe avec des bâtons, et au bout de dix
» minutes, nous réussîmes à l'ouvrir. Tout d'abord le renard
» avait fait de violents efforts pour se dégager, et son aspect
» était des plus féroces, mais à peine eûmes-nous commencé
» d'opérer sur la trappe, que son expression changea du tout
» au tout ; nous ne pouvions guère éviter de lui faire du mal
» par moments, mais il restait couché tranquillement sans
» bouger, et même après que nous l'eûmes dégagé il ne fit
» aucun mouvement pour s'en aller. Il avait l'air de nous
» considérer comme des amis, et nous eûmes quelque diffi-
» culté à le faire partir quoiqu'il fût tout à fait en état de
» marcher. N'est-ce pas là un exemple de l'ascendant que la
» raison et le sens commun peuvent prendre sur l'instinct
» naturel ? »

Dans ses *Manifestations de l'instinct* (page 178), Couch
cite en l'empruntant à Derham un récit tiré de l'ouvrage
d'Olans sur la Norwège et d'après lequel cet auteur aurait vu
un renard qui laissait pendre sa queue entre les rochers sur
le bord de la mer pour attraper des crabes, la relevant aussitôt qu'il sentait une proie s'y cramponner et dévorant sa
pêche.

Je ne saurais omettre du présent chapitre une classe intéressante d'instincts que manifestent les espèces du genre
Chien qui ont coutume de chasser en meute ; instincts qui
poussent plusieurs membres d'une même meute à combiner
leur action pour effectuer par stratagème la capture de leur
proie. Il est à croire que la clef de leur origine et de leur
persistance se trouve dans une adaptation intelligente aux
besoins de la chasse. Je les appellerai « instincts collectifs ».
Voici un passage de Sir E. Tennent qui s'y rapporte :

« Quand la nuit commence à tomber, ou lorsqu'elle est déjà
» venue les chacals font le guet. Voient-ils un lièvre ou un
» tout jeune daim se réfugier dans quelque retraite, aussitôt
» ils forment un cercle autour de cette dernière et tandis
» qu'une partie de la bande surveille le chemin par lequel
» le gibier a passé, le chef commence l'attaque en faisant
» entendre le cri particulier à sa race et qui ressemble au
» vocable « Okkan » répété rapidement et à pleine voix, sur
» quoi tous s'élancent dans la jungle et en chassent leur vic-

» time qui tombe en général dans l'embuscade établie par ses
» ennemis.

» Une personne indigène qui avait eu maintes fois l'occa-
» sion d'observer les manœuvres de ces animaux, m'apprit
» que quand un chacal a abattu et tiré sa proie, son premier
» mouvement est toujours de la cacher dans la jungle la plus
» proche d'où il ressort avec une affectation d'indifférence
» pour voir s'il y a lieu d'appréhender la rencontre de
» quelque tiers plus fort que lui qui pourrait le dépouiller de
» son gibier. Si la route est libre, il re.ourne chercher la
» carcasse qu'il avait cachée et l'emporte sous l'escorte de
» ses compagnons. Mais s'il aperçoit un homme ou quelque
» animal redoutable, il a recours à la ruse ; l'observateur
» dont j'ai parlé en a même vu en pareil cas prendre dans
» la bouche un morceau d'écorce de noix de coco ou quel-
» que chose d'analogue et s'enfuir à toutes jambes pour faire
» croire que c'était le butin qu'ils emportaient, puis revenir à
» la véritable proie en temps opportun. » (*Histoire naturelle
de Ceylan*, page 35).

Jesse, de son côté, cite l'exemple suivant où le même instinct entre en jeu et qu'il dit tenir d'un ami en qui il a toute
confiance :

« Ce terrain rocailleux s'étendait en partie sur le flanc
» d'une haute colline inaccessible au chasseur et fréquentée
» par les lièvres et les renards qui en descendaient le soir
» vers la plaine. Deux petits ravins creusés par les pluies
» conduisaient de ces rochers au terrain d'en bas, et ce fut
» près de l'un d'eux que le chasseur en question et son domes-
» tique se portèrent un soir avec l'espoir de tirer quelques
» lièvres. Quelques instants s'étaient à peine écoulés lorsqu'ils
» virent deux renards descendre le ravin l'un derrière l'autre,
» jouer ensemble pendant un moment, puis se séparer.
» Tandis que l'un allait se cacher derrière un bloc de rocher
» à l'extrémité du ravin, l'autre s'en retourna vers les rochers
» et revint bientôt chassant un lièvre devant lui. Au moment
» où ce dernier passait le bloc de rocher, le renard qui s'y
» était posté bondit vers lui, mais il s'y prit mal et manqua
» son coup. Lorsque le second renard survint et trouva que
» la proie sur laquelle il comptait avait glissé entre les mains
» de son maladroit compagnon, il se jeta sur lui ; l'autre ri-

» posta et telle fut l'animosité déployée de part et d'autre,
» que le chasseur put approcher et les tuer tous les deux. »

De même, M. E.-C. Buck (*Nature*, VIII, 303), raconte comme quoi son ami M. Elliot, B. C. S., secrétaire du gouvernement, N. W. P., ayant remarqué un groupe de deux loups, fut fort étonné quelques instants après de voir l'un d'eux aller s'étendre au fond d'un fossé tandis que l'autre gagnait la plaine où se trouvait un troupeau d'antilopes. Portant toute son attention de ce côté, M. Elliot vit le loup dépasser les antilopes, puis se replier sur elles en les chassant devant lui à la manière d'un chien de berger du côté de l'endroit où son compagnon se tenait en embuscade. Au moment où le troupeau traversait le fossé, le second loup bondit, saisit une femelle et fut aussitôt rejoint par son camarade.

M. Buck fait également mention d'un autre exemple d'instinct collectif présentant beaucoup d'analogie avec le précédent, que « l'auteur d'un livre sur la chasse aux Indes » aurait observé chez les loups du même district. Comme sa lettre se termine par un appel aux renseignements, je fus conduit à communiquer à mon tour à *Nature* certains faits que je tenais de feu le docteur Brydon, C. B. (le dernier survivant de l'expédition afghane de 1841) qui fut mon ami pendant plusieurs années et dont j'ai toujours constaté l'exactitude comme observateur des animaux. Voici ce que j'écrivis à ce sujet :

« Comme corollaire à l'intéressante lettre de M. Buch, le
» fait suivant qui se rapporte au chacal indien (animal se rap-
» prochant beaucoup du loup), mérite d'être rapporté. C'est
» un ami (aujourd'hui décédé) dont je puis garantir la véra-
» cité, qui me l'a communiqué. Une nuit qu'il était à l'affût
» dans un arbre près d'un grand lac, attendant que des
» tigres vinssent se désaltérer, il vit un cerf *Axis* de forte
» taille sortir de l'épaisse jungle qui entourait le lac et se
» rendre au bord de l'eau. Arrivé là il se retourna pour reni-
» fler du côté de la jungle, comme s'il se doutait de la pré-
» sence de quelque ennemi ; puis il parut se rassurer et se
» mit à boire. Après avoir absorbé une quantité d'eau
» incroyable, il se mit en devoir de rentrer dans la jungle
» mais juste au moment où il y arrivait il se trouva face à
» face avec un chacal qui le salua de son glapissement aigu

» et le força à rebrousser chemin. Très effarouché de cette
» rencontre le daim se mit à galoper le long du rivage, et
» parcourut ainsi une certaine distance, après quoi il essaya
» de nouveau d'entrer dans la jungle Mais cette fois encore,
» comme la première, il fut arrêté par un chacal. La nuit
» étant calme, mon ami pouvait suivre toutes ces péripéties
» grâce aux sons qui lui parvenaient, c'était du reste le même
» épisode qui se reproduisait sans cesse, jusqu'à ce qu'enfin
» par suite de l'éloignement graduel des acteurs le bruit des
» glapissements se fût perdu dans la distance. Quant à la
» manœuvre des chacals, elle résultait d'un stratagème des
» plus évidents. Profitant de l'étroite bande de rivage qui
» formait une ceinture entre le lac et la jungle, ils s'étaient
» postés tout le long de la lisière du fourré et avaient attendu
» que le daim se fût gorgé d'eau, sachant bien qu'après ses
» copieuses libations leur proie s'alourdirait, deviendrait
» courte d'haleine et qu'en la forçant à courir, c'est-à-dire en
» l'empêchant de gagner la jungle, ils en auraient facilement
» raison. Il va sans dire qu'il n'y avait pas moyen d'apprécier
» le nombre des chacals, d'autant plus qu'il pouvait fort bien
» se faire qu'après avoir fait face au daim en un point le
» même animal courût en avant se poster ailleurs.

» Un serviteur indigène qui accompagnait mon ami lui dit
» que les chacals avaient habituellement recours à ce strata-
» gème en cet endroit, et que chaque fois leur bande était
» assez nombreuse pour dévorer entièrement leur proie et
» n'en laisser que les os. Au point de vue de l'instinct col-
» lectif, leur tactique, en tant qu'elle était intimement liée à
» la nature même des lieux, doit être considérée comme une
» manifestation indépendante de l'influence de l'hérédité.

» Parmi les chiens, cet instinct s'affirme assez communé-
» ment. En voici deux exemples que je puis certifier. Le pre-
» mier est celui d'un petit terrier de Skye et d'un grand chien
» métis qui chassaient le lièvre et le lapin de compagnie et
» pour leur compte, de manière à combiner leurs dons de
» la manière la plus avantageuse. Le terrier, qui avait le nez
» fin, battait les fourrés et chassait le gibier du côté de son
» camarade qui l'attendait au dehors et qui excellait à la
» course.

» L'autre exemple est remarquable comme dénotant beau-

» coup de sagacité et de ruse. Un de mes amis, dans le comté
» de Ross, possédait un petit terrier et un Terre-neuve de
» grande taille. Un jour, un berger vint lui dire que pendant
» la nuit ses chiens avaient attaqué des moutons ; mais mon
» ami lui assura qu'il devait se tromper, puisque le Terre-neuve
» était enchaîné. Quelques jours plus tard, le berger revint
» avec la même plainte, affirmant, non sans véhémence, qu'il
» était sûr de son fait. Résolu, cette fois, de tirer l'affaire au
» clair, mon ami mit deux personnes à faire le guet, l'une
» près de la cabane du Terre-neuve, l'autre près du parc aux
» moutons. Plusieurs nuits s'écoulèrent sans la moindre dé-
» couverte ; mais enfin un matin, à la pointe du jour, les
» veilleurs virent le terrier se diriger vers l'endroit où le
» Terre-neuve se trouvait enchaîné, rejoindre son compagnon
» qui se dégagea aussitôt de son collier et partir avec lui.
» Arrivés au parc à moutons, le Terre-neuve se cacha derrière
» une haie, tandis que le terrier chassait les moutons vers
» lui, et le sort d'une de ces malheureuses bêtes fut bientôt
» tranché. Après avoir terminé leur repas, les chiens re-
» vinrent à la maison, et, passant la tête dans son collier, le
» Terre-neuve se coucha comme si de rien n'était. Je ne cher-
» cherai point à expliquer pourquoi il préférait ainsi user de
» ruse envers une proie qu'il aurait pu facilement saisir à
» la course, mais il est à supposer qu'un chien aussi entendu
» devait avoir de bonnes raisons. »

L'exemple suivant, qui met en relief la même forme d'instinct collectif, est emprunté à M. Dureau de la Malle :

« J'avais à une époque, dit-il, comme chiens de chasse, un
» beau chien d'arrêt à poil lisse, d'une grande intelligence,
» et un épagneul à poil long et épais dressé à courir dans les
» bois après le gibier comme un chien courant. Mon château
» se trouve sur un terrain plat et fait face à un taillis abon-
» dant en lièvres et en lapins. Un jour que j'étais assis à ma
» fenêtre, je vis mes deux chiens qui étaient en liberté dans
» la cour, s'approcher l'un de l'autre, échanger certains
» signes, puis s'assurant d'un coup d'œil qu'il n'y avait point
» d'opposition à craindre de mon côté, s'éloigner d'abord dou-
» cement, puis plus rapidement, et enfin à toute vitesse, lors-
» qu'ils crurent n'être plus en vue ou à portée de ma voix.
» Intrigué de cette manœuvre mystérieuse, je me mis à les

» suivre et voici le singulier spectacle qui s'offrit à mes yeux.
» Le chien d'arrêt, qui paraissait être le chef de l'expédition,
» avait donné pour mission à l'épagneul de battre les buis-
» sons en donnant de la voix à l'autre extrémité du bois.
» Quant à lui, il en faisait lentement le tour en suivant la li-
» sière et je le vis s'arrêter devant un passage très fréquenté
» des lapins et s'y mettre en arrêt. Continuant à suivre de
» loin les péripéties de l'intrigue, je finis par entendre la voix
» de l'épagneul qui avait levé un lièvre et le chassait à grand
» bruit du côté où son camarade se trouvait embusqué. Au
» moment où le lièvre sortait du passage pour gagner les
» champs, le chien d'arrêt bondit sur lui et me l'apporta en
» triomphe. J'ai vu ces deux chiens répéter cette manœuvre
» plus de cent fois, et j'en conclus qu'elle n'est pas l'effet du
» hasard, mais bien le résultat d'un plan combiné et consenti
» d'avance. »

Enfin, parmi les manuscrits de M. Darwin se trouve une
lettre de M. H. Reeks (1871) d'après laquelle les loups de
Terre-Neuve adopteraient pour capturer les daims en hiver
le même stratagème que les chasseurs. Une partie de la bande
se cache dans les sentiers à daims de la forêt qui se trouvent
sous le vent, tandis que le reste fait le tour du troupeau du
côté du vent. Les daims, en se retirant, suivent infailliblement
un de leurs sentiers, et, par suite, il est rare qu'ils ne laissent
pas aux mains des loups, soit une femelle soit un jeune mâle.
On trouvera du reste, dans l'ouvrage de Leroy sur l'intelligence animale, des faits analogues qu'il dit avoir observés
parmi les loups d'Europe.

CHAPITRE XVI

LE CHIEN

L'intelligence du chien présente. un intérêt tout particulier et même unique au point de vue de l'évolution, et cela parce que depuis un temps immémorial cet animal a été l'objet d'une domestication continue qu'encourage son intelligence naturelle. Celle-ci, tant par suite d'un contact permanent avec l'homme, que sous l'influence du dressage et de l'élevage, s'est profondément modifiée. Cette modification se révèle d'abord d'une manière générale par une docilité et un caractère familier et soumis qui contrastent singulièrement avec l'indépendance farouche de toutes les espèces sauvages du même genre ; elle se montre aussi en détails, chez les différentes races, par de nombreuses particularités qui ont un rapport évident avec les besoins de l'homme. On peut dire du chien que son caractère psychologique tout entier a été en quelque sorte pétri par l'homme, qui, s'il est jusqu'à un certain point le créateur du boule-dogue et du lévrier comme types physiques, est tout autant responsable des instincts du chien de garde et du chien d'arrêt. Cette preuve concluante de l'influence transformatrice et créatrice qu'un dressage continu et de longue haleine, joint à la sélection artificielle, ne manque pas d'avoir sur le caractère mental et les instincts d'une espèce, confirme on ne peut mieux la théorie d'après laquelle le développement psychologique en général doit être attribué à l'effet combiné de l'expérience individuelle et de la sélection naturelle. Depuis des milliers d'années l'homme, sans y songer, poursuit virtuellement ce que les évolutionistes appelleraient peut-être une expérience gigantesque sur l'œuvre de l'expérience individuelle accumulée par l'hérédité ; et voici maintenant que nous avons devant nous le résultat merveilleux de ses efforts, le résultat ultime de l'expérience, la transformation psychologique du chien.

MÉMOIRE.

Un ou deux exemples me suffiront pour faire la part de cette faculté :

« J'avais un chien, dit M. Darwin, qui se distinguait par
» son antipathie farouche pour les étrangers. Une absence de
» cinq ans et deux jours me fournit l'occasion de mettre sa
» mémoire à l'épreuve. A mon retour je me rendis à l'écurie
» qui lui servait de domicile et je l'appelai comme j'en avais
» eu l'habitude ; sans manifester aucune joie, il se mit à me
» suivre et m'obéit durant notre promenade comme s'il y
» avait à peine une heure que je l'eusse quitté. » (*Descendance de l'homme*, p. 74).

Il n'y a pas que les personnes et les localités dont les chiens se souviennent longtemps. Une année j'emmenai à la ville avec moi un chien couchant que j'avais à la campagne. Or quand je m'approchais pour lui mettre un collier portant mon nom sans lequel je ne le laissais jamais sortir, l'anneau d'attache rendait en s'agitant un petit son métallique que le chien apprit bien vite à associer à l'idée de promenade. Trois ans plus tard je l'emmenai de nouveau à la ville, et je constatai qu'il se souvenait parfaitement de tous les coins et recoins de la maison et connaissait son chemin dans les rues. Bien plus la première fois que je lui apportai son collier, ses manifestations de joie me prouvèrent surabondamment que pour ne pas l'avoir entendu pendant trois ans, il se rappelait fort bien le cliquetis et l'idée qu'il y avait associée dans le temps.

ÉMOTIONS.

Chez le chien, la vie émotionnelle est très développée, plus développée en somme que chez tout autre animal. Ses instincts sociaux, le niveau élevé de son intelligence, son association constante avec l'homme sont autant de conditions qui contribuent à fournir à l'édifice de son caractère émotionnel une base psychologique d'une consistance plus massive et plus complexe que dans le cas des singes eux-mêmes, quelque remarquables que soient ces animaux, comme nous le verrons plus loin, sous ce rapport.

Chez le chien qui est bien traité, tout annonce la fierté, la dignité et le respect de soi-même. En cela le compagnon de l'homme ressemble à son maître; ces sentiments ne prennent un développement marqué, que chez celui qui se trouve placé par le sort dans un milieu fortuné où il peut, pour ainsi dire, se raffiner sous l'influence d'une culture avancée.

Les mâtins de basse condition, et même bien des chiens possédant une position sociale relativement supérieure, n'ont jamais joui des avantages nécessaires à cette épuration morale sans laquelle un sentiment vrai du respect de soi-même et de la dignité ne saurait se produire. Un chien manant n'aimera pas qu'on le tire par la queue, pas plus qu'un enfant des rues ne trouve agréable qu'on lui tire les oreilles, mais c'est plutôt affaire de souffrance physique que d'amour-propre blessé. Chez les chiens *de qualité*, il en est tout autrement. La sensibilité froissée et la dignité offensée peuvent devenir chez eux une source de douleur bien plus poignante que les sensations purement physiques; aussi quand on les fouette l'effet produit est-il tout autre et bien plus durable que dans le cas de leurs congénères de la classe commune qui, aussitôt le dernier coup reçu, se secouent et ne songent plus à leur punition. Pour montrer quel degré de sensibilité délicate l'aristocratie parmi les chiens peut atteindre, je choisis un ou deux exemples entre tant d'autres que je pourrais citer.

J'ai possédé un terrier de Skye qu'un mot ou un regard de reproche de la part de quelqu'un qu'il aimait suffisait à rendre malheureux pour toute une journée. Je ne sais trop ce qui serait arrivé si on en était jamais venu à le frapper, car il était bien de ce siècle par sa répugnance morale a tout châtiment corporel ; en voici la preuve. Pendant une absence qu'ils firent, ses maîtres l'avaient confié à mon frère qui l'emmenait tous les jours se promener dans le parc, à sa grande joie, car ces promenades constituaient ses seules sorties. Or un jour qu'il s'amusait avec un autre chien au lieu de suivre, mon frère lui donna une tape avec son gant pour se faire obéir. Témoignant par un regard son étonnement et son indignation, le terrier tourna aussitôt sur ses talons et s'en revint à la maison. Le lendemain il sortit de nouveau avec mon frère, mais après avoir parcouru une courte distance, il le regarda avec intention, et comme la veille fit volte-face d'un air plein de dignité. Ayant ainsi protesté de son mieux contre le traitement qu'il avait reçu, il se refusa désormais à accompagner mon frère.

Du reste, ce terrier désapprouvait en général pour les autres aussi bien que pour lui toute punition corporelle. S'il voyait quelqu'un frapper un chien, il courait s'interposer en grondant et montrant les dents d'un air menaçant. Quand je l'emmenais avec moi dans mon *dog-cart*, il ne manquait jamais de saisir ma manche avec ses dents toutes les fois que je fouettais le cheval.

A propos de ce raffinement de sensibilité que développe chez les chiens l'habitude des bons traitements, je crois devoir citer le passage suivant d'une lettre que j'ai reçue de Mme E. Picton. — Il s'agit d'un terrier de Skye qui détestait qu'on le lavât :

« Avec le temps cette aversion devint telle que tous mes
» domestiques se refusèrent à entreprendre ces ablutions,
» effrayés qu'ils étaient par la férocité du chien en pareille
» occasion. Moi-même, malgré l'attachement passionné qu'il
» me témoignait, j'aurais couru grand risque à me charger
» de l'opération. Menaces, coups, privation de nourriture,
» rien n'y faisait ; son entêtement était à toute épreuve. A la
» fin, l'idée me vint de changer entièrement de tactique à son
» égard, et de lui montrer en le négligeant qu'il m'avait
» offensé. D'habitude il m'accompagnait dans mes prome-
» nades : je ne lui permis plus de venir avec moi. A mon
» retour à la maison, je ne faisais aucune attention à son
» joyeux accueil, et quand il venait solliciter mes caresses
» pendant que j'étais occupée à lire ou à coudre, je détour-
» nais la tête. Les choses continuèrent ainsi pendant huit à
» dix jours, durant lesquels le pauvre animal eut une mine
» désolée. Evidemment il se livrait en lui un combat, dont
» son apparence se ressentait d'une façon marquée. Bref, un
» matin, il vint humblement à moi, me disant aussi claire-

» ment que possible par son air « je n'y tiens plus ; voyez, je
» me soumets ! » et comme preuve de sa soumission, il se
» laissa laver tranquillement et sans impatience, quoique
» l'ablution que réclamait son état inculte fût des plus rudes.
» Lorsqu'elle fut terminée, il bondit vers moi en aboyant
» joyeusement et en remuant la queue, pour me montrer qu'il
» savait que nous avions fait la paix. Quand je sortis pour me
» promener il prit place à côté de moi comme de juste, et
» conserva dès lors son expression habituelle de plaisir et de
» contentement. Pourtant la première fois qu'il fut de nou-
» veau question de lui faire prendre son bain, son esprit
» de rébellion sembla se réveiller ; mais je n'eus qu'à me
» détourner pour le voir se soumettre sans murmure. Ne
» faut-il pas qu'un animal possède la faculté de raisonner
» ou du moins quelque chose qui s'en rapproche pour pou-
» voir ainsi lutter pendant dix jours dans un conflit de ce
» genre ? »

L'impression produite sur le terrier par l'attitude froide et
le mutisme de sa maîtresse montre que la perte de son affection lui causait plus de souffrance que les coups, la privation
de nourriture et même le bain qu'il détestait ; et comme il ne
manque pas d'exemples analogues que je pourrais citer, je
n'ai point hésité à prendre l'anecdote de Mme Picton comme
type des manifestations qui dénotent le besoin qu'ont les
chiens sensibles de marques d'affection.

Je dois aussi faire remarquer le curieux changement qui
s'est produit dans le chien familier, et que l'on constate en
comparant sa faculté de résistance à la douleur avec celle
du chien sauvage. Le loup et le renard supportent en silence
la douleur la plus terrible, tandis que le chien crie si on lui
marche par hasard sur la patte. Il y a là un contraste d'une
analogie frappante avec celui qu'on relève entre le sauvage
et l'homme civilisé ; l'Indien de l'Amérique du Nord, et même
l'Hindou, supportent sans se plaindre des souffrances, ou du
moins des blessures, qui arracheraient des cris de douleur à
un Européen. Probablement, l'explication est la même dans
les deux cas, c'est-à-dire que le raffinement des mœurs
amène le raffinement de l'organisation nerveuse, lequel rend
les lésions des nerfs plus insupportables.

Le chien a l'idée de caste ; je pourrais le prouver par de

nombreux exemples, mais je me contenterai de citer comme
type celui que rapporte Saint-John dans ses « Aventures de
» chasse dans la Haute-Ecosse ». Son chien (un *retriever*)
avait fait la connaissance d'un chasseur de rats et de son
mâtin, et prenait plaisir à coopérer avec eux dans l'exercice
de leur métier. « Mais sitôt qu'il m'aperçut, dit l'auteur, il
» lâcha ses humbles compagnons, et de la manière la plus
» comique du monde, affecta de ne pas les connaître [1]. »

Les sentiments de jalousie et d'émulation sont également
très marqués chez le chien. J'avais à une époque un terrier
qui prit un plaisir tout paternel à faire de son petit un adepte
de la chasse au lapin. Mais lorsqu'avec le temps le fils, ayant
crû en force et en agilité, en vint à prendre les devants dans
leurs expéditions, le père, qui malgré des efforts désespérés,
ne pouvait aller le même train, changea complètement de
manière de voir. Chaque fois qu'il se voyait au moment d'être
dépassé par le jeune animal, il le saisissait par la queue, —
liberté dont le fils ne se fâchait du reste jamais, même lorsqu'il touchait presque le lapin du nez.

J'ai toute une liasse de correspondance où l'on me communique diverses manifestations de jalousie par des chiens, mais
je me restreindrai au récit suivant que je tiens de M. A. Ol-
dham :

« Notre vieux chien Charlie, atteint d'une affection des
» jambes, qui lui rendait la marche très pénible, était
» tombé dans un état d'impotence à peu près complète,
» lorsque nous adjoignîmes à notre établissement un terrier
» d'Ecosse. L'arrivée de ce rival, qui ne tarda pas à acquérir
» nos bonnes grâces, rendit au vétéran toute sa vigueur sous
» le cruel aiguillon de la jalousie. Depuis lors sa vie se passe
» à suivre, surveiller et imiter l'intrus. Il lui faut absolu-
» ment faire tout ce que fait Jack. Il avait renoncé aux pro-
» menades, mais maintenant il ne peut rester à la maison s'il
» voit Jack sortir. — Il lui est arrivé plusieurs fois de se
» mettre en route avec nous croyant que Jack était de la

---

1. Les gros chiens, et surtout les terre-neuve, ont la réputation de se débarrasser à l'occasion d'un roquet insolent en le jetant à l'eau, quitte à le re-
pêcher ensuite s'il court danger de se noyer. C'est une manifestation d'émotion
bien humaine. Mais les exemples abondent à ce point que le doute n'est guère
permis.

» partie ; mais lorsqu'il s'apercevait de son erreur il revenait
» sur ses pas. De même, au lieu de s'en tenir exclusivement à
» la viande comme par le passé, il s'accommode de tout ce que
» l'on donne à Jack, et si l'on caresse ce dernier, il le regarde
» pendant quelque temps d'un œil jaloux, et puis se met à
» gémir et à aboyer. J'ai vu un cacatoès manifester la même
» humeur parce que sa maîtresse portait au poignet et cares-
» sait un petit perroquet vert. Ce genre de jalousie me paraît
» indiquer une émotion d'un ordre très élevé, bien au-dessus
» du sentiment qu'inspire à un animal la crainte que ses rivaux
» n'accaparent certains avantages matériels qu'il convoite
» lui-même ; ici, ce qui le trouble c'est de voir les personnes
» qu'il aime s'occuper d'autres que lui et leur témoigner de
» l'affection. Les entreprises auxquelles Charlie s'efforce de
» participer — longues promenades, courses à la nage dans
» l'eau froide après un bâton, etc..... — lui sont en réalité
» fort désagréables et il ne s'y résout que pour partager la
» faveur dont jouit Jack. »

A la jalousie se rattache l'idée de justice. Qu'un maître se
montre partial dans ses rapports avec ses chiens, ceux-ci
manquent rarement de se rendre compte de son injustice et
d'en concevoir du ressentiment. L'observation célèbre d'Arago
peut être prise comme type de ce genre de manifestation. Se
trouvant forcé par un orage de s'arrêter à une auberge de
campagne, il était à se chauffer au feu de la cuisine lorsque
son hôte vint mettre à la broche un poulet qu'il avait com-
mandé pour son dîner. Cela fait, l'aubergiste voulut empoigner un basset qui se trouvait dans la salle, pour lui faire
tourner la broche, mais l'animal se refusa à entrer dans la
roue, et se réfugia sous la table en montrant les dents.
Comme Arago s'étonnait de la conduite du chien, on lui expli-
qua qu'il n'était pas tout à fait dans son tort vu que ce n'était
pas son tour de tourner la broche. Aussi envoya-t-on chercher l'autre basset, qui se mit à l'œuvre sans sourciller.
Quand le poulet fut à moitié rôti, Arago jugea qu'il était
temps de relever le tourne-broche, et cette fois, ne se sentant
plus sous le coup d'une injustice, le chien qui s'était montré
si rébarbatif, ne fit aucune difficulté et acheva l'opération.

L'hypocrisie est également un trait du caractère de la race
canine dont il existe des exemples sans nombre ; j'en citerai

un ou deux. Un de mes correspondants après m'avoir raconté plusieurs supercheries de son épagneul *King Charles*, ajoute : « Il nous a joué encore d'autres tours et de propos
» tout aussi délibéré. Jugez plutôt. Ayant remarqué qu'à
» la suite d'une blessure qu'il s'était faite à la patte, on lui
» avait témoigné une sympathie toute particulière tant qu'il
» était demeuré boiteux, il n'imagina rien de mieux pen-
» dant plusieurs mois que de se mettre à boîter péniblement
» chaque fois qu'on le grondait. Mais quand il vit que cette
» supercherie ne trompait plus personne, il n'y persista pas. »

L'exemple suivant que je dois à ma propre observation, me semble plus remarquable encore. Le voici dans les termes où je l'ai communiqué à *Nature* (vol. XII, page 66) :

« Ce terrier aimait beaucoup à attraper les mouches contre
» les vitres des fenêtres, mais cela l'agaçait qu'on se moquât
» de lui quand il manquait son coup. Un jour, pour voir ce
» qu'il ferait, je fis exprès de rire d'une façon exagérée à
» chaque insuccès et, mon hilarité aidant, il se montra parti-
» culièrement maladroit. A la fin, son chagrin devint tel qu'en
» désespoir de cause il se mit à simuler une capture par des
» mouvements appropriés de sa langue et de ses lèvres et
» en frottant son cou contre le sol comme pour écraser sa
» victime, — après quoi il me regarda d'un air de triomphe.
» Il avait si bien joué sa petite comédie qu'il m'en aurait
» certainement fait accroire si je ne m'étais aperçu que la
» mouche était toujours sur la fenêtre. J'attirai son attention
» sur ce fait, ainsi que sur l'absence de tout cadavre à terre,
» et lorsqu'il vit que son hypocrisie était dévoilée, il se retira
» tout honteux sous un meuble. »

Cette allusion à l'effet très réel du ridicule sur un chien, m'amène à parler d'un sentiment qui, j'en suis sûr, entre dans le caractère de certains chiens : le sentiment de la plaisanterie.

Le même terrier dont il vient d'être question avait l'habitude de témoigner sa bonne humeur en s'acquittant de certains tours qu'il avait appris tout seul et dont le but était évidemment de faire rire. Il y en avait un par exemple, qui consistait à se coucher sur le côté en faisant force grimaces, et à se mettre la patte dans la bouche. En pareil cas rien ne lui faisait plus de plaisir que de voir sa plaisanterie appréciée;

mais si elle passait inaperçue, il boudait. Par contre rien
ne le vexait plus qu'un rire intempestif. « Le chien, dit
» M. Darwin, fait preuve de ce que l'on peut véritablement
» appeler un esprit de plaisanterie, esprit bien distinct de
» celui d'enjouement ; qu'on lui jette quelque objet, un bâton
» par exemple, il l'emporte à quelques pas de distance, le
» dépose à terre et se couche juste en face, puis, quand son
» maître approche pour le prendre, il le saisit de nouveau et
» l'emporte en triomphe, pour recommencer un peu plus loin
» le même manège, qui constitue à ses yeux une excellente
» plaisanterie. » (*Descendance de l'homme*, p. 71.)

Intelligence générale.

Les faits dont j'ai connaissance prouvent nettement que les
chiens ont la faculté de communiquer, soit par geste, soit en
aboyant sur un certain ton, des idées simples de la nature
d'un suivez-moi, mais il faut pour cela qu'ils soient d'une intelligence au-dessus de la moyenne. Le geste dont il est question est toujours le même ; c'est un rapprochement de têtes
avec contact moitié par frottement, moitié par petits chocs,
qui diffère entièrement de toute expression d'enjouement et
qui a toujours pour résultat un plan d'action déterminé,
quoique l'idée qu'il implique ne soit jamais complexe. Certains auteurs prétendent, il est vrai, que les chiens peuvent
se demander et s'indiquer le chemin, mais je n'en connais pas
de preuve et le fait me paraît inadmissible. Quant à la faculté
dont j'ai parlé, un seul exemple suffira pour la mettre en
relief. J'avais un terrier de Skye (pas tout à fait pur sang) dont
le fils, d'humeur pacifique quand il était seul, devenait très
batailleur en compagnie de son père. Un jour que ce dernier
était à sommeiller dans l'appartement où je me trouvais, et
et que son fils reposait sur le haut du mur qui sépare ma pelouse de la grand'route, un gros chien métis vint à passer.
Un instant après, mon terrier se réveilla et descendit encore
tout engourdi dans le jardin. A peine avait-il paru sur le
seuil de la porte, que l'autre courut à lui et lui fit le signe
dont j'ai parlé. Aussitôt son expression changea complètement et devint très animée, puis, franchissant le mur en compagnie de son fils, il se mit à courir avec lui le long de la

route, comme le peut seul le terrier qui poursuit un ennemi.
Je les suivis des yeux pendant un mille et demi, distance
qu'ils parcoururent sans ralentir, bien que l'objet de leur
poursuite ne fût point en vue même au départ.

Il est presque superflu de recourir aux preuves pour montrer que les chiens savent faire part de leurs idées et leurs
désirs à l'homme ; le fait est notoire. Cependant, vu le rôle
important que joue la communication par signes, comme
nous le verrons plus loin, dans la théorie de la communication parlée, je crois devoir en citer quelques exemples de
chien à homme, moins ils seront extraordinaires, mieux ils
seront adaptés au but que je me propose.

Le lieutenant-général, Sir John H. Lefroy, C. B., K. C. M.
G., F. R. S., me fait part de l'anecdote suivante. Il paraît que
son terrier « Button » a l'habitude de déjeuner avec le lait
d'une chèvre, que la bonne de Mme Lefroy va traire chaque
matin après avoir réveillé sa maîtresse. Or, un jour qu'elle
était plus matinale que d'ordinaire, cette fille prit son ouvrage, au lieu d'aller droit à la chèvre, et se mit à travailler.
Cela ne faisait pas l'affaire du chien, qui, après avoir essayé
de tous les moyens pour attirer son attention et l'engager à
sortir, finit par tirer le rideau d'un cabinet où se trouvait la
tasse dont elle se servait pour traire la chèvre, la prit entre
ses dents et vint la déposer à ses pieds, et cela sans qu'on
lui eût jamais appris à porter la moindre des choses. Mon
correspondant ajoute qu'il s'enquit avec soin de tous les détails
sur les lieux mêmes, et se fit montrer l'endroit où le chien
prit la tasse.

Parmi les nombreux cas que je pourrais citer, en voici un
que je choisis à cause de sa grande analogie avec celui qui
précède. C'est à M. A. H. Baines que j'en suis redevable.
« Dans la salle que j'occupe d'habitude, dit-il, se trouve une
» écuelle à l'usage de mon chien. Si par hasard elle se trouve
» vide quand il vient pour y boire, il la gratte impérieuse-
» ment avec ses pattes de devant pour faire connaître son
» besoin et réussit généralement ainsi à attirer l'attention.
» Un autre Poméranien de la même famille avait l'habitude,
» alors qu'il était encore tout jeune, de tremper les biscuits
» durs dans l'eau pour les amollir. Il les prenait dans sa
» bouche, et allait les déposer dans l'auge ; puis au bout de

» quelques minutes il revenait et les repêchait avec sa patte. »

Troisième et dernier exemple qui a plus d'un pendant dans les annales de l'intelligence canine. Le docteur Beattie raconte qu'un chasseur, en traversant la rivière Dee sur la glace à quelque distance d'Aberdeen, était tombé dans l'eau à moitié chemin — grâce à son fusil, qu'il mit en travers du trou, il avait trouvé moyen de se soutenir, mais n'en courait pas moins un grand danger. Son chien fit d'abord tous ses efforts pour l'aider à se dégager, mais comme il n'y réussissait pas, il courut à un village voisin et ayant rencontré un homme, il le tira par l'habit et se démena tant et si bien, qu'il le décida à venir à l'endroit où il avait laissé son maître, juste à temps pour le sauver.

Les exemples de ce genre abondent et dénotent un degré élevé d'intelligence. Bien que l'idée de sauvetage en implique déjà beaucoup ; mais dans des cas comme celui que nous venons de voir, il y a en plus l'idée d'aller en quête de secours, de faire part de l'accident et de conduire à l'endroit où il a eu lieu.

Ayant ainsi considéré aussi succinctement que possible les facultés émotionnelles du chien et celles de ses facultés intellectuelles qui ne sortent pas de l'ordinaire, je passe maintenant aux manifestations d'une sagacité supérieure et exceptionnelle.

Si le but du présent ouvrage était d'accumuler les anecdotes en matière d'intelligence animale, ce serait le moment d'inonder le lecteur d'une masse de faits, tous bien avérés et qui attestent le niveau élevé de l'intelligence canine. Mais je cherche plutôt à réduire le nombre des anecdotes au strict nécessaire pour prouver l'existence chez les animaux de certaines facultés psychologiques que j'attribue aux différentes classes ; je ne me départirai donc pas du plan que j'ai suivi ailleurs, c'est-à-dire que je me contenterai de bien établir par des exemples le plus haut degré d'intelligence que l'animal en question ait positivement atteint. Mais pour ne pas désappointer ceux de nos lecteurs qui parcourront ces pages, en quête d'anecdotes inédites, je puiserai principalement à la source de ma correspondance privée, ne faisant allusion à des faits déjà connus qu'à titre de complément. Aussi bien mes nombreux correspondants voudront-ils bien comprendre

que ce qui m'a guidé dans le choix des exemples qui suivent,
ce n'est pas tant l'idée de présenter des faits à sensation que
le désir soit d'éviter de donner prise à l'incrédulité, soit de
confirmer l'un par l'autre des témoignages qui se ressemblent
plus ou moins.

Voyons donc maintenant à quelle hauteur peut s'élever
l'intelligence générale du chien. et commençons notre étude
par le *Collie* (chien de berger écossais). Il n'est pas rare
que des chiens de cette race sachent rassembler et conduire
un troupeau, sans qu'on ait à les surveiller. Le fait est bien
connu. et comme preuve il suffit de citer les célèbres anecdotes que le poète Hogg raconte sur le compte de son chien
Sirrah, dans son *Almanach du berger*.

Williams, dans son livre sur *les chiens et leurs habitudes*
(page 124), dit qu'un de ses amis n'avait qu'à dire « roule,
roule » pour que son collie courût aussitôt voir si quelque
mouton avait roulé sur son dos, afin de l'aider à se relever.
Il parle également (page 102) d'un autre chien qui, en l'absence de son maître, faisait de lui-même une tournée dans les
champs et pâturages pour remettre sur leurs pieds les moutons qu'il trouvait sur leur dos [1].

Un de mes correspondants, M. Laurie Gentles, me parle
d'un chien de berger appartenant à un de ses amis, M. Mitchell, du comté d'Inverness. Cet animal s'était égaré et avait
élu domicile chez un fermier du voisinage. La seconde nuit,
après son arrivée, le fermier l'emmena avec lui à la prairie
pour voir si le bétail était en sûreté. et trouvant la palissade
qui séparait son pré de celui de son voisin abattue et les deux
troupeaux mêlés ensemble, il requit les services de son compagnon pour l'aider à renvoyer chez elle les bêtes d'à côté,
avant de réparer la brèche d'une façon temporaire. La nuit
suivante, à l'heure de sa tournée, le chien étant absent, le
fermier partit sans lui, mais quel ne fut pas son étonnement
en arrivant au pré, de constater que l'intelligent animal l'a-
vait précédé. Son étonnement se changea du reste bien vite
en joyeuse approbation lorsqu'il le vit posté sur la brèche
entre les deux prés et tenant en respect le bétail des deux

---

1. Pour ce qui est de la sagacité du chien de berger, voir les nombreuses
anecdotes de Watson (*Faculté du raisonnement chez les Animaux*).

côtés. Dans l'intervalle entre les deux tournées, les bêtes avaient de nouveau abattu la palissade et les deux troupeaux s'étaient mêlés comme avant. Sur ces entrefaites, le chien était venu tout doucement inspecter les lieux pour son compte et, trouvant les choses dans le même état que la veille, avait réussi tout seul à expulser les intrus, après quoi il s'était mis à monter la garde sur la brèche.

Le colonel Hamilton Smith loue la sagacité des chiens de berger de Cuba et de Terra Firma, dont il décrit la manière de procéder qui diffère de celle de leurs congénères d'Europe :

« Quand un navire arrive, dit-il, dans un port des Antilles
» avec une cargaison de bétail, ces chiens, dont quelques-uns
» ont la taille d'un mâtin, sont d'un grand secours dans l'opé-
» ration du déchargement. On soulève les bœufs au moyen
» d'une élingue passée à la naissance des cornes, puis on les
» dépose dans l'eau pour qu'ils nagent à terre. Parfois chaque
» animal a une escorte de deux hommes qui nagent à ses
» côtés et le dirigent, mais souvent ce sont des chiens qui se
» chargent de cette besogne. Ils saisissent le bœuf chacun par
» une oreille, le forcent à se diriger vers le débarcadère et
» lâchent prise sitôt qu'il touche terre, sachant bien qu'il
» saura sortir de l'eau tout seul. » (*Bibliothèque du naturaliste*, vol. X, p. 154, cité par Watson.)

Cette sagacité, du reste, n'est pas forcément affaire d'édu-
cation, à en juger par l'exemple suivant, où nous voyons une manifestation presque analogue se produire spontanément. C'est un de mes correspondants, M. A. H. Browning, qui m'en fait part. Il paraît qu'un jour, en sortant d'une étable où il avait été visiter une portée de jeunes cochons, il avait oublié d'en fermer la porte et toute la bande s'était échappée dans le jardin : « Mon chien, dit-il, était dans un état d'excitation
» extraordinaire ; il n'aboyait pas (il aboie rarement), mais il
» gémissait, tout en exécutant force gambades, qui me fai-
» saient l'effet de gesticulations. Cependant les pâtres et moi
» nous étions retournés à l'étable pour y enfermer un cochon
» que nous étions parvenus à attraper ; mais le chien ne se
» fut pas plutôt rendu compte de ce que nous faisions, que,
» courant après les cochons, il nous les ramena tous l'un
» après l'autre en les tenant par l'oreille. »

Dans les *Dialogues sur l'instinct* de Lord Brougham (III)

se trouve une anecdocte racontée à l'auteur par Lord Truro.
Il s'agit d'un chien qui avait l'habitude de maltraiter les moutons la nuit. Il se laissait tranquillement attacher quand venait
le soir, mais une fois tout le monde endormi, il se débarrassait
de son collier, s'en allait aux moutons et revenait avant l'au-
rore, ayant soin de passer son collier à son cou pour ne pas
éveiller de soupçons. Si je fais allusion à cet exemple remarquable de sagacité, c'est que je suis à même de le corroborer
par d'autres faits de même nature. Un de mes amis, feu
M. Sutherland Murray, avait un chien que l'on attachait
toujours la nuit. Néanmoins, les fermiers du voisinage affir-
maient l'avoir reconnu alors qu'ils faisaient le guet pour découvrir le maraudeur qui leur tuait chaque nuit des moutons;
pour en avoir le cœur net, mon ami le fit surveiller et acquit
la certitude que lorsque tout était tranquille, son chien se
dégageait de son collier et venait le reprendre après une
absence de quelques heures.

On se rappellera un exemple absolument identique cité
quelques pages plus haut ; deux de mes correspondants
MM. Goodbehere, de Birmingham, et Richard Williams, de
Buffalo, m'en communiquent également d'autres. « Permet-
» tez moi, me dit M. R. Williams à ce propos, de vous faire
» observer la sagacité et l'astuce de ces tueurs de moutons.
» Ils ne font jamais de victime dans la ferme qu'ils habitent,
» ni dans celles qui en sont très rapprochées ; c'est toujours à
» quelque distance, souvent même à plusieurs milles qu'ils
» commettent leurs forfaits. De plus, ils ont toujours soin de
» revenir avant le jour, et de se laver dans quelque ruisseau
» pour enlever les taches de sang. »

J'ai connu en Allemagne un gros chien qui était passionné
pour le raisin et se débarrassait la nuit de son collier pour
satisfaire sa gourmandise. Mais comme il revenait toujours
avant le jour et qu'on le trouvait toujours enchaîné à sa
cabane, il put longtemps éluder les soupçons.

M. Duncan, dans son livre sur l'instinct, décrit à peu près
les mêmes agissements de la part d'un chien appartenant au
Révérend M. Taylor, de Colton. Seulement, dans ce cas, le
collier était remplacé par une muselière.

A propos d'astuce, je puis aussi bien citer l'anecdote suivante que je tiens d'un correspondant. Tout en faisant droit à

son désir de rester anonyme, je puis dire qu'il est un des hauts dignitaires de l'Église, et que le chien dont il s'agit (un retriever) lui appartenait.

« Un soir, dit-il, que la cuisinière avait mis une dinde à
» rôtir devant le feu, elle eut à sortir pour quelques instants.
» Aussitôt le chien, qui était couché devant le fourneau,
» s'empara du rôti, courut le cacher tout près de la maison,
» dans une fente d'arbre que dissimulait une touffe de lau-
» riers, et revint s'étendre dans la cuisine, le tout si promp-
» tement, qu'il put devancer le retour de la cuisinière, et
» l'attendre avec l'expression de la plus parfaite innocence.
» Malheureusement pour lui, un homme qui avait l'habitude
» de l'emmener à la chasse, l'avait vu s'esquiver avec la dinde
» et avait suivi ses mouvements, de sorte que, quand il vint
» à la cuisine, il ne fut pas dupe de l'air endormi du chien.
» La conduite de maître Diver lui était inspirée par son désir
» de cacher son larcin ; de la part d'un homme, elle m'aurait
» paru indiquer l'intention de se ménager un alibi. »

M. W. H. Bodley me raconte qu'avant de lui appartenir, son *retriever* faisait partie d'un établissement où il avait pour compagnon un chien de la même taille avec lequel il se battait à l'occasion. Mais comme la première fois que cela leur était arrivé, on les avait châtiés, ils avaient pris l'habitude en pareille occasion de traverser à la nage une rivière d'une certaine largeur, afin de se battre à leur aise sur la rive opposée. « Ce qui me paraît surtout remarquable dans
» ce procédé, dit M. Bodley, c'est la contrainte que s'impo-
» saient ces animaux alors qu'ils étaient sous l'empire de
» la passion, et leur commun accord à attendre, pour se
» battre, qu'ils pussent le faire sans être dérangés, comme
» deux duellistes traversant la Manche afin de se battre en
» France. »

Il est notoire que l'on peut facilement enseigner aux chiens l'usage de pièces de monnaie pour se procurer des gâteaux, etc. ; mais dans le « Naturaliste Ecossais » d'avril 1881, M. Japp affirme qu'un collie de sa connaissance avait l'habitude d'acheter des gâteaux avec des sous sans qu'on lui eût jamais appris à faire cet échange. Avant d'admettre qu'un chien puisse ainsi deviner spontanément l'usage de l'argent, on aimerait à en avoir plus de preuves, mais il est positif que beaucoup de ces animaux ont comme l'instinct de la propitiation par offrande, et peut-être n'y a-t-il pas loin de là à l'idée d'échange. Voici du reste deux exemples qui suffiront à confirmer mon assertion. M. Badcock m'écrit que le chien d'un de ses amis s'étant pris de querelle avec un compagnon, s'en était séparé en mauvaise intelligence. « Le lendemain » l'autre chien se présenta avec un biscuit et l'offrit à son » adversaire de la veille comme gage de paix. » Pareillement M. Thomas D. Smeaton m'apprend que son chien a la singulière d'habitude, quand il s'est fait pardonner quelque peccadile, de ramasser aussitôt tout ce qui se trouve à sa portée, pierre, bâton ou morceau de papier et de l'apporter avec « le » désir bien évident de se rendre agréable et de témoigner » de ses bonnes intentions ; c'est une manière de poignée de » main pour fêter l'enterrement du passé ».

L'anecdote suivante, qui peut être prise comme type en son genre, m'est communiquée par M. Goodbehere, de Birmingham : « Mon ami (M. James Canning, de Birmingham) » connaissait un petit chien métis qui sitôt qu'on lui donnait » un penny ou un demi-penny le prenait dans sa bouche, » courait à une boulangerie, et sautait sur le haut de la moitié » inférieure de la porte qui barrait l'entrée de la boutique, » agitait la sonnette du dedans jusqu'à ce que le boulanger » vint lui donner une brioche ou un biscuit en échange de sa » pièce. Quand il n'avait qu'un demi-penny il se contentait » d'un biscuit, mais pour un penny il lui fallait une brioche. » Un jour le boulanger, agacé par la fréquence de ses visites, » prit son penny sans rien lui donner en échange ; mais » le chien ne s'y laissa pas reprendre, posant sa pièce par » terre, il ne permit plus au boulanger d'y toucher avant de » lui en avoir remis la valeur. »

Passons maintenant à la faculté qu'ont assurément certains chiens de reconnaître dans un portrait l'image d'une personne et peut-être bien de le prendre pour une personne. Je commencerai par une observation de M. R. O. Backhouse qui en tant qu'elle se rapporte à une faculté du même genre quoique moins remarquable, servira d'introduction aux exemples que je me propose de citer :

« Mon chien, dit-il, est de cette espèce à poil rude qui sert à » courir le lapin ; il est très intelligent. Un jour que je me

» rendais à une exposition de tableaux et de curiosité, je
» l'emmenai avec moi. L'entreprise était purement locale,
» et comme il y avait des bijoux parmi les objets exposés,
» et qu'il était nécessaire que quelqu'un passât la nuit sur
» les lieux pour veiller à leur sécurité, je m'offris comme
» gardien. Et tandis que nous étions assis contre une jardi-
» nière et occupés à regarder de côté et d'autre, mon chien se
» mit tout-à-coup à aboyer comme s'il avait découvert quel-
» qu'un qui se cachait. Je m'approchai pour voir et je re-
» connus que c'était un buste de Walter Scott qu'on avait
» placé parmi les fleurs et qui avait aux yeux de l'animal
» assez de ressemblance avec une personne, pour qu'il trouva
» suspecte sa présence en cet endroit et à cette heure. »

M. Crehore, dans une lettre à *Nature* (vol. XXI, p. 132),
raconte qu'un terrier Dandie-Dinmont dont la maîtresse était
morte était à jouer avec des enfants dans une chambre,
lorsqu'on apporta de la défunte une photographie agrandie
qu'il n'avait jamais vue. « Bientôt les regards de l'animal
» rencontrèrent le portrait que l'on avait déposé à terre en
» l'appuyant contre le mur. A cette vue, il fut pris d'un
» tremblement de tout le corps, puis se traînant sur le plan-
» cher, il alla s'asseoir devant la photographie et se mit
» à aboyer fortement comme pour reprocher à sa maîtresse
» de ne pas lui parler. On essaya plusieurs fois de changer le
» portrait de place, mais chaque fois le chien s'établit en face
» de lui et recommença à aboyer. »

M. Charles W. Peach communique également à *Nature*
(vol. XX, page 196) un fait du même genre. Il raconte comment,
un jour qu'on lui avait apporté son portrait, son vieux chien
qui se trouvait présent au moment où il en enlevait la couver-
ture se mit à le regarder fixement sans qu'on lui eût dit un mot
pour éveiller son attention. « Bientôt il devint fort excité,
» gémissant, cherchant à lécher et à gratter, bref témoignant
» une telle émotion que nous-mêmes qui connaissions son in-
» telligence nous en étions tous émerveillés; nous avions
» peine à croire qu'il eût reconnu mon image, mais une fois
» que le portrait eut été mis en place dans le salon il fallut
» bien nous rendre à l'évidence. Profitant de ce que l'on avait
» laissé la porte ouverte sans songer à lui, l'animal eut bien-
» tôt fait de se rendre compte de la position du tableau

» et reprit aussitôt ses manœuvres ; si bien qu'attirés par
» le bruit qu'il faisait nous vînmes voir ce qui se passait et
» le trouvâmes juché sur une chaise au moyen de laquelle
» il s'efforçait d'atteindre le portrait, la salle étant basse.
» Redoutant des dégâts je fixai le tableau à une plus grande
» hauteur. Mais mon chien n'en continua pas moins à lui
» prodiguer ses attentions, car chaque fois que je m'absentais.
» fût-ce pour longtemps ou non, il passait la plus grande par-
» tie de son temps à le contempler, et comme il semblait
» y trouver quelque satisfaction, on lui faisait la faveur
» de laisser la porte ouverte. Quand mon absence se prolon-
» geait, il accompagnait sa contemplation de faibles gémisse-
» ments en manière de protestation. Il continua de se com-
» porter ainsi jusqu'à sa mort. »

D'après ce récit, la première fois que le chien prit garde au
portrait, celui-ci reposait à terre et se trouvait par suite à la
hauteur de ses yeux ; considérée d'un bout à l'autre, sa conduite fut telle qu'on ne saurait s'y méprendre.

Un autre correspondant de *Nature* (vol. XX, page 220) fait
allusion à l'anecdote qui précède :

« J'ai lu, dit-il, la lettre dans laquelle M. Peach, à pro-
» pos de la question de l'intelligence chez les animaux,
» cite l'exemple de son chien, et me suis laissé persua-
» der par mes amis de vous envoyer le récit d'un fait de
» même nature que j'ai communiqué à plusieurs personnes.
» Il y a de cela quelques années mon mari fit faire son
» portrait par F. Phillips, R. A., mais comme il était appelé
» aux Indes, il le laissa à Londres pour qu'on achevât de le
» monter et de l'encadrer. Environ deux ans après on me
» l'apporta, et en attendant de le faire poser, je le mis sur le
» parquet en l'appuyant contre le canapé du salon. Nous
» avions à cette époque un magnifique chien couchant (*Gor-
» don Setter*) noir et fauve dont nous faisions grand cas ;
» sitôt qu'il entra dans le salon, il reconnut le portrait de son
» maître qu'il n'avait pas vu depuis deux ans, et vint lui
» lécher la figure. Quand la chose fut racontée à Philipps,
» le peintre déclara que c'était le plus beau compliment qu'il
» eût encore reçu. »

C'est encore de la même revue (vol. XX, page 220) que j'extrais le fait suivant communiqué par M. Henry Clark :

« Dans le catalogue d'une exposition des beaux-arts qui eut
» lieu à Derby il y a quelques années, le portrait d'un peintre
» de cette ville (Wright) était signalé à l'attention par la note
» suivante : Ce portrait se trouvait avec plusieurs autres
» tableaux sur le plancher de l'atelier, lorsqu'il fut reconnu
» par le chien de l'artiste qui vint le lécher. »

D'autre part, le docteur Samuel Wilks, F. R S., m'apprend
qu'une dame de ses amies, — je l'appellerai Mme E., — possède
un terrier qui reconnut son portrait. « Ce portrait est mainte-
» nant exposé à l'Académie royale (1881). Lorsqu'on l'apporta
» à Mme E., le chien se mit à aboyer selon son habitude devant
» un étranger; mais un ou deux jours plus tard, comme sa
» maîtresse ouvrait la porte de l'appartement où se trouvait
» le tableau afin de le montrer à des amis, il alla droit au por-
» trait et en lécha la main. Il faut dire que Mme E. y est prise
» aux trois quarts avec sa main vers le bas du tableau. »

Enfin, voici une observation de ma sœur dont je puis certifier la scrupuleuse exactitude. C'est sur ma demande et peu
de temps après avoir constaté le fait dont il s'agit, qu'elle
rédigea le récit suivant :

« J'ai un petit terrier qui, à l'âge de huit mois, n'avait en-
» core jamais vu un tableau. Un jour, pendant qu'il était sorti,
» on apporta dans ma chambre trois portraits de grandeur
» presque naturelle, mais comme il manquait une tringle, on
» ne posa que deux des tableaux; le troisième fut laissé pour
» le moment adossé au mur. Lorsque mon chien rentra dans
» l'appartement, il parut tout alarmé à la vue des portraits,
» et se mit à aboyer sur un ton d'effroi de l'un à l'autre.
» J'entends par là qu'au lieu de les attaquer franchement, la
» queue en l'air, comme il l'aurait fait, s'il s'était trouvé en
» face d'étrangers, il aboyait de loin avec violence et sans
» s'arrêter, la queue basse et le corps allongé; parfois même,
» dans sa frayeur, il se réfugiait sous les chaises ou sous le ca-
» napé, tout en continuant d'aboyer. Pensant que c'était peut-
» être seulement la présence d'objets insolites qui l'excitait,
» je couvris d'une toile les deux portraits qui étaient en
» place, et tournai l'autre la face au mur. Bientôt le chien
» sortit de sa cachette, et après avoir regardé fixement les
» deux portraits voilés et examiné le cadre du troisième, il
» recouvra son calme et sa sérénité. Je m'amusai alors à les

» découvrir tour à tour à plusieurs reprises, et chaque fois il
» courut à celui qui se trouvait exposé en aboyant avec une
» fureur croissante. Ce n'était que quand les trois portraits
» étaient découverts à la fois, et qu'il rencontrait les regards
» de l'un ou de l'autre de quelque côté qu'il se tournât, qu'il
» devenait fou de terreur. Au bout d'une heure d'épreuves, il
» finit par cesser d'aboyer; mais la tension de ses nerfs n'a-
» vait pas encore entièrement disparu, et la moindre des
» choses le faisait tressaillir. A dater de ce jour, il ne fit plus
» la moindre attention aux portraits. Trois mois plus tard, je
» fis une absence qui dura sept mois et j'emmenai mon ter-
» rier avec moi. Lorsque je revins, j'entrai avec lui dans la
» chambre où se trouvaient les tableaux. Tout d'abord leur
» vue parut le troubler encore, car il s'élança vers l'un d'eux
» en aboyant comme au début ; mais, après deux ou trois
» éclats, il retourna auprès de moi avec l'air de confusion
» qu'il prend quand, par erreur, il a aboyé après une vieille
» connaissance. »

On remarquera un trait commun à tous les cas que je viens
de citer : c'est que les portraits pris tout d'abord pour des
personnes, se trouvaient à terre, c'est-à-dire à la hauteur
habituelle du point de vue du chien. Il y a probablement
là une condition importante. Elle l'était certainement pour le
terrier de ma sœur et nous en eûmes une preuve éclatante
par la suite, dans un magasin de tableaux où se trouvaient
plusieurs portraits tous accrochés aux murs, excepté celui
de Carlyle qui reposait à terre. Le chien qui était entré
avec sa maîtresse s'en prit à ce dernier et se mit à aboyer
sans faire la moindre attention aux autres. Ce qui donne
encore plus d'intérêt à l'incident, c'est qu'il y avait à ce moment dans le magasin un certain nombre de clients, étrangers
naturellement à l'animal ; mais leur présence lui semblait in-
différente, malgré l'émotion que lui causait le portrait. Cela
montre que l'illusion n'était pas assez complète pour lui faire
regarder le portrait comme un être réel ; il en ressentait seulement une sorte de stupéfaction, ne sachant que penser de
l'apparence de vie et de mort à la fois que présentait l'image
dans son immobilité.

Si, malgré cet ensemble d'exemples se corroborant les
uns les autres, on persiste à trouver incroyable que des

chiens puissent se rendre compte du sujet représenté par un tableau, on fera bien de se rappeler que ce degré d'évolution mentale se présente de bonne heure dans le développement psychologique de l'enfant. Il n'est pas difficile de réunir une foule de preuves convaincantes tendant à montrer que les enfants d'un an et même au-dessous, savent distinguer les objets représentés dans des images, et les indiquent du doigt quand on le leur demande.

Pour ce qui est de manifestations nettement rationnelles dans l'acception réelle du mot, elles abondent dans la vie ordinaire des chiens. Ainsi, Livingstone raconte dans ses *Voyages en mission*, chap. I, qu'un chien qui, tout en suivant la piste de son maître, était arrivé à l'embranchement de trois routes, en flaira d'abord deux et n'y trouvant pas trace de piste, partit au galop le long de la troisième sans avoir recours à son nez. Là nous voyons un véritable acte d'induction : si la piste n'est ni en A ni en B, il faut qu'elle soit en C, puisqu'il n'y a pas d'alternative.

Il arrive souvent du reste à un chien intelligent qui craint d'être laissé à la maison, de prendre une forte avance le long de la route qu'il suppose être la bonne, et de ne se montrer que lorsqu'il se sent assuré que la distance empêchera son maître de revenir l'enfermer. Pour mon compte j'ai connu plusieurs terriers qui agissaient ainsi, et je reproduis ici un exemple que j'ai déjà communiqué à *Nature*, parce qu'il me paraît dénoter l'existence de calculs d'une prévoyance et d'une complexité remarquable :

« Le terrier en question, disais-je en écrivant à *Nature*,
» avait parcouru une seule fois les dix milles qui séparaient
» ma maison de campagne d'une ville des environs, en suivant
» une voiture le long de la route. Cinq mois plus tard j'en fis
» cadeau à des amis qui habitaient cette ville et je l'expédiai
» par le chemin de fer. Peu de temps après je vins rendre
» visite à ses nouveaux maîtres dans une voiture différente
» de celle qu'il avait suivie lors de son premier voyage, mais
» qu'il savait peut-être appartenir au même propriétaire.
» Après avoir remisé mes chevaux, je passai la matinée avec
» mes amis, et dans l'après-midi nous retournâmes à l'hôtel-
» lerie où j'avais laissé ma voiture, et qui se trouvait être
» la même où j'étais descendu plusieurs mois auparavant. Le

» terrier qui nous avait suivis tout le temps, s'en souvenait
» évidemment, et raisonnant par analogie, il conclut que
» je me préparais à m'en retourner. Toujours est-il qu'il
» disparut, à quel moment je ne saurais trop préciser, mais
» ce fut certainement après notre arrivée à l'hôtellerie, car
» nous nous rappelâmes plus tard qu'il était entré avec nous
» dans la salle à manger. Et non seulement il lui suffit d'un
» précédent pour inférer que je m'en retournais, mais une
» fois son parti pris de m'accompagner, il poursuivit son rai-
» sonnement en ces termes : — Comme mon ancien maître
» m'a envoyé dernièrement à la ville, il ne désire probable-
» ment pas que je retourne à la campagne ; si donc je veux
» profiter de cette occasion de reprendre ma vie de bracon-
» nier, il faut que je prenne les devants à son insu. Encore
» cela ne suffira-t-il pas, car il pourrait me rattraper et me
» rendre à mes maîtres actuels ; il faut que je ne le rejoigne
» qu'à une bonne distance, si loin qu'il ne voudra pas revenir
» sur ses pas pour me ramener. »

Quelque compliqué que soit ce raisonnement, je n'en vois
pas de plus simple qui puisse m'expliquer la présence du terrier au delà de la troisième borne milliaire ; planté au milieu
de la route, et faisant face à la ville, il m'attendait au passage. Il est à remarquer qu'après le premier mille, la route
est rectiligne, de sorte que j'aurais facilement aperçu le chien
s'il n'avait fait que courir à quelque distance en avant. Mais
pourquoi n'avait-il jamais tenté de retourner tout seul à son
ancienne demeure ? C'est ce que je ne saurais trop dire, mais
je crois bien que ce qui l'avait retenu c'était un excès de prudence qui lui était particulier en certaines choses. Quoi qu'il
en soit, il est certain qu'il ne tenta jamais l'aventure tout
en ne manquant jamais de revenir avec ses anciens amis à
chaque visite qu'ils faisaient à la ville, et cela malgré toutes
les précautions que l'on prenait pour l'enfermer.

Le Rev. J. C. Atkinson, dans *The Zoologist* (vol. VII, page
2338), cite l'exemple de son terrier qui, ayant contraint un rat
d'eau de sortir des joncs et d'affronter le courant, n'eut garde
de plonger à sa suite, sachant bien que le rat le battrait à la
nage. Au lieu de cela, il courut aussitôt se porter à quatre ou
cinq mètres plus bas le long de la rive pour y attendre que
le rat, emporté par le courant durant son plongeon, repa-

rut à la surface, et grâce à ce stratagème réussit à le saisir.

Je pourrais multiplier à l'infini les exemples de ce genre ; ils dénotent l'existence d'une faculté réelle de raisonnement ou de déduction. Voici ce que raconte le professeur W. W. Bailey (Brown University) à la page 607 du vol. XXII de *Nature* :

« Un naturaliste de mes amis, homme très consciencieux » et digne de toute créance, affirme avoir été témoin ocu- » laire du fait suivant. Un jour que son grand-père, vieillard » encore vert malgré son grand âge, était occupé dans un » champ de sa ferme, son cheval qui trainait un chariot prit » peur et partit au galop se dirigeant vers un remblai étroit » et périlleux qui formait une sorte de route de communica- » tion entre la maison et les champs. Il y avait fort à parier » que cheval et chariot couraient au devant d'une destruction » certaine, lorsqu'un magnifique terre-neuve appartenant au » grand-père de mon ami parut tout d'un coup se rendre » compte de la situation, partit à toute vitesse, rattrapa le » cheval, et saisissant les rênes avec ses dents, le maintint » jusqu'à ce que l'on pût venir à son secours. Mon ami raconte » plusieurs autres traits de ce bel animal, qui, selon lui, avait » assurément la perception du plaisant. Mais je le répète » encore, l'anecdote qui précède est marquée au coin de » l'authenticité, et je pourrais, au besoin, obtenir la per- » mission de nommer et l'endroit et les personnes. »

Le passage suivant, que j'emprunte à Couch, vaut la peine d'être cité parce qu'il montre l'intelligence que peut déployer un chien en attaquant une proie insolite. « Quand un terrier » se trouve en présence d'un crabe, il se jette dessus et se fait » aussitôt pincer le nez. Mais un paisible terre-neuve de ma » connaissance a bien garde de commettre pareille folie. Il » commence par arrêter le crabe en mettant la patte dessus, » le renverse sur le dos, puis, retroussant ses lèvres, il le » saisit avec les dents et le jette en l'air. En retombant sur » les pierres, la carapace se fend et le chien peut désormais » se régaler à loisir. » (*Manifestations de l'Instinct,* p. 179.)

J'ai connu pour mon compte, en Allemagne, un gros chien qui tuait les serpents en les jetant habilement en l'air un grand nombre de fois et si rapidement qu'il leur était impossible de le mordre. Une fois le serpent complètement étourdi, le chien le mettait en pièces. Il ne pouvait guère connaître par expérience le venin d'une morsure de serpent ; mais il semblait se douter instinctivement que les dents du reptile pourraient faire une blessure plus dangereuse que celle des autres animaux, car lui qui ne reculait jamais devant une bataille avec des chiens, et les coups de dent qui lui revenaient en partage, il avait grand soin de ne commencer à déchirer un serpent qu'après l'avoir étourdi par une série de sauts périlleux.

Le raisonnement des chiens n'est peut-être pas toujours d'un ordre bien élevé, mais pour être insignifiants, certains incidents, en se reproduisant constamment dans toute la race, en acquièrent d'autant plus d'importance qu'ils montrent que la faculté est générale. Voici, du reste, quelques exemples du genre de raisonnement que l'on retrouve sans cesse.

M. Stone, de Norbury Park, me raconte dans une lettre que ses deux chiens se trouvaient ensemble dans la même chambre, le plus gros, muni d'un os qu'ambitionnait fort l'autre, une chienne de petite taille. « Voyant que son com-
» pagnon avait lâché sa proie, la chienne chercha à s'en
» approcher, mais rebutée par les grondements que pro-
» voquait sa démarche, elle se retira dans un coin. Bientôt
» après, le gros chien sortit de l'appartement, sa compagne
» n'eut pas l'air de s'en apercevoir ; toujours est-il qu'elle ne
» bougea pas ; mais ayant entendu aboyer au dehors quelques
» minutes plus tard, elle se leva incontinent et s'empara de
» l'os sans plus de façons. Il me paraît évident qu'elle avait
» dû se dire : « Le voilà qui aboie dehors, donc il n'est pas
» dans l'appartement, et par suite, je puis sans danger
» prendre son os. » L'action, par sa rapidité même, s'affir-
» mait nettement comme conséquence de l'aboiement de
» l'autre chien. »

D'autre part, M. John Le Conte, de l'Université de Californie, me cite l'exemple d'un chien qui avait l'habitude de chasser le lapin dans de vastes pâturages où se trouvait un arbre dont le tronc creux servait souvent de refuge au gibier aux abois : « Un jour, qu'un lapin avait été lancé, tous les chiens
» partirent à sa poursuite, excepté *Bonus*. Tranquillement,
» sans se laisser aller aux ardeurs de la chasse, nous le
» vîmes, à notre grand étonnement, se diriger par le chemin

» le plus court vers un tronc de chêne creux, se coucher
» au pied de l'arbre et y attendre patiemment l'arrivée du
» lapin. Le gibier n'en était pas toujours réduit à chercher
» ce refuge, mais cette fois *Bonus* ne fut pas désappointé ;
» serré de près par les chiens, le lapin s'en vint après un
» long détour, du côté de l'arbre et juste au moment où
» il se préparait à disparaître dans le creux du tronc, il fut
» appréhendé par un ennemi, sur lequel il n'avait pas
» compté. »

Autre communication du même genre, que je reçois du docteur Andrew Wilson, F. R. S. E. :

« Près de la maison se trouve une plantation d'arbrisseaux
» qui s'étend en forme de fer à cheval sur une longueur de
» 200 à 300 mètres. Chaque matin, ou peu s'en faut, un petit
» terrier avait l'habitude de lancer un lapin de l'extrémité la
» plus rapprochée de la maison jusqu'à l'autre bout de la
» plantation où se trouvait un ancien égout dans lequel le
» rongeur disparaissait. L'idée lui vint apparemment que la
» corde est plus courte que l'arc, car un beau jour, au lieu
» de suivre le lapin à travers la plantation, il se dirigea tout
» droit vers l'égout, prit position pour être prêt à recevoir sa
» proie et s'en empara. »

M. William Cairns de Argyll House, N. B., me fait part d'une observation qui a quelque rapport avec la précédente :

« Je m'amusais à suivre les mouvements d'un petit terrier
» de Skye se démenant sur une meule de blé que l'on était
» en train de battre, lorsqu'un gros rat sortit juste sous son
» nez et courut se jeter dans une mare à une douzaine de
» mètres de là, espérant y trouver son salut. Le chien plon-
» gea aussitôt après lui, mais s'apercevant bientôt qu'il ne
» pouvait gagner sur le rat à la nage, il revint à terre, courut
» de l'autre côté de la mare et saisit le rat juste au moment
» où il abordait. Je n'ai jamais vu rien de plus remarquable.
» L'acte, s'il n'était pas rationnel, n'aurait pu, à mon avis, en
» présenter plus complètement l'apparence. »

Le docteur Bannister, directeur du *Journal des maladies nerveuses et mentales*), qui m'écrit de Chicago, me dit que pendant l'hiver qu'il passa dans la province d'Alaska, il fut à même d'étudier l'intelligence animale chez les chiens esquimaux, et il affirme que lorsqu'ils tirent des traîneaux sur la glace le long de la côte, il leur arrive constamment de quitter le sentier battu pour raccourcir leur chemin en allant droit d'un promontoire à un autre. Souvent, même en pareil cas le chien qui est en tête ne peut voir tous les détours du sentier; mais il semble conclure que la route doit suivre les sinuosités de la côte, et par suite qu'il y a avantage à traverser d'une pointe à l'autre.

A propos de ces chiens, Ch. Darwin, dans sa *Descendance de l'homme*, cite un curieux passage du docteur Hayes, dans son ouvrage sur *la Mer polaire libre*. Hayes remarque à plusieurs reprises « qu'en arrivant à un endroit » où la glace est mince, les chiens esquimaux au lieu de » tirer leurs traîneaux en troupe compacte, s'éparpillent, » de manière à distribuer leur poids plus également sur une » plus grande étendue de surface. C'est même souvent le » premier avis que reçoivent les voyageurs du peu d'épais- » seur de la glace et du danger qu'ils courent. » M. Darwin fait observer que « cet instinct peut s'être développé depuis » l'époque reculée où les indigènes commencèrent à se servir » de chiens pour tirer leurs traîneaux; ou bien les loups » arctiques, souche d'où provient le chien esquimau, ont pu » acquérir l'instinct de ne pas attaquer leur proie en troupe » serrée sur la glace mince ».

J'extrais le passage suivant d'une lettre de Mme Horn :

« Un matin, l'heure à laquelle mon frère avait l'habitude » de sortir étant passée, le chien se mit à aller et venir d'une » manière inquiète comme s'il craignait d'avoir été laissé » derrière. Après avoir jeté un coup d'œil dans la chambre » où nous avions déjeuné, pour voir si son maître y était, il » alla écouter sur l'escalier, puis il redescendit et à mon » grand étonnement, se dirigea vers le porte-chapeau dans » l'antichambre. Se dressant sur ses pattes de derrière, il se » mit à flairer les pardessus qui s'y trouvaient pendus avec » l'intention évidente de tâcher de découvrir si celui de mon » frère se trouvait du nombre. »

Un autre correspondant, M. Westlecombe, me raconte comme quoi, sa chatte ayant eu des petits, il en avait conservé deux que sa chienne tolérait sans leur témoigner d'ailleurs la moindre amitié. « Au bout de quelques semaines, » dit-il, comme je n'avais trouvé d'amateur que pour l'un

» des chatons, je résolus de tuer l'autre, ce que je fis d'un
» coup de pistolet derrière la tête. La chienne qui avait
» assisté à l'exécution dans le jardin, se présenta à moi
» quelques minutes après avec l'autre chat à la bouche ; elle
» l'avait tué. Si ce n'est pas là une preuve de raisonnement,
» je m'y perds. »

Certain terre-neuve, à ce que m'écrit M. W -F. Hooper,
avait l'habitude d'accompagner la bonne qui portait l'enfant
de sa maîtresse. Un jour qu'il soufflait un vent très vif, cette
fille, voulant protéger le bébé, le recouvrit de son châle,
mais « à peine eut-elle fait quelques pas dans la direction de
» la maison pour s'en retourner que le chien se mit en travers
» du chemin. Chaque fois qu'elle essayait de passer outre, il
» grondait d'une manière si menaçante, qu'elle en devint
» tout effrayée. Les caresses restaient sans effet, et déjà une
» demi-heure s'était écoulée en vains efforts de propitiation.
» Qu'avait le chien? Allait-il la maintenir en arrêt toute la
» journée? Lui sauterait-il à la gorge? Etait-il pris d'hydro-
» phobie ? Questions embarrassantes, qui se succédaient dans
» l'esprit de la bonne. A la fin, l'intensité même de son dé-
» sespoir lui suggéra comme dernière ressource d'essayer de
» remettre le chien en bonne humeur en lui montrant le bébé,
» et obéissant à l'inspiration du moment elle le débarrassa du
» châle et le présenta à bras tendu à l'animal. Le résultat fut
» pour ainsi dire magique, dépassant de beaucoup toutes ses
» espérances ; car, non seulement le chien cessa de gronder,
» mais il devint subitement caressant, témoigna sa joie par
» mille gambades et ne s'opposa plus au retour qui s'effectua
» rapidement. La clef du mystère la voici : lorsque la bonne
» crut avoir été assez loin et voulut s'en revenir, le chien ne
» voyant plus le bébé, crut qu'elle l'avait perdu et résolut
» dès lors de couper court au retour jusqu'à ce que l'enfant
» eût été retrouvé. Cette résolution, il la mit en pratique en
» sentinelle fidèle et ce fut seulement à la vue du bébé sain et
» sauf dans les bras de la bonne, qu'il quitta son poste J'ai
» cru cette manifestation d'intelligence digne de vous être
» communiquée. »

L'exemple suivant, auquel allusion est faite en passant
dans la *Descendance de l'homme*, est emprunté à l'*Éducation des chiens* du colonel Hutchinson. C'est M. Colquhoun,

qui le cite comme preuve de la sagacité d'un chien à lui :

« J'avais lâché, dit-il, deux coups de fusil sur des canards
» sauvages dont me séparait un cours d'eau d'une certaine
» largeur et j'en avais abattu deux, mais ils n'étaient que bles-
» sés. J'envoyai mon chien les chercher. Il essaya d'abord de
» les rapporter tous les deux, mais ne pouvant réussir à main-
» tenir à la fois dans sa bouche qu'un de ses prisonniers ré-
» calcitrants, il déposa l'autre et se prépara à traverser avec
» celui qu'il avait. Mais sitôt qu'il se mit en route, l'oiseau
» qu'il avait laissé sur la berge voltigea jusqu'à l'eau, et il
» lui fallut aussitôt revenir, déposer son fardeau et rat-
» traper le fuyard. Pendant ce temps l'autre s'était égale-
» ment éloigné, mais il fut bientôt rejoint, et montant la
» garde sur les deux captifs, le chien parut réfléchir un ins-
» tant ; puis, ayant pris son parti (parti fort contraire à ses
» habitudes, car il respecte le gibier au point de ne pas en
» déranger une plume), il acheva l'un des blessés, et revint le
» chercher après m'avoir apporté l'autre. »

Je puis confirmer ce récit par un autre de même nature que
je tiens de M. Blood. Étant un jour à la chasse avec un ami,
il fit feu en même temps que lui sur des canards sauvages —
trois bêtes tombèrent dans l'eau, l'une morte, les autres avec
l'aile cassée. M. Blood ordonna à son épagneul de les rapporter, mais « naturellement quand les oiseaux blessés virent
» la chienne approcher, ils s'éloignèrent à la nage, de sorte
» qu'elle atteignit d'abord le canard tué. S'y arrêtant à
» peine, elle se dirigea vers le plus proche des deux autres,
» le ratrapa et après un moment d'hésitation et de réflexion
» apparente, lui donna un coup de dent qui le fit se tenir
» tranquille pour le moment. Libre alors de s'occuper du
» troisième, elle l'eut bientôt rejoint et l'apporta à terre ;
» cela fait, elle revint au canard tué, mais s'apercevant que
» celui qu'elle avait mordu se démenait de nouveau, elle alla
» le saisir, le déposa sur la berge et put enfin ramener le
» mort. Cette chienne excellait à rapporter ; c'est dire que
» jamais elle ne tuait un oiseau. »

A la page 496 du XIXᵉ volume de la *Nature*, se trouve
une anecdote communiquée par M. Arthur Nicols :

« Conçoit-on, dit-il, de la part d'une créature humaine un
» raisonnement plus judicieux que celui d'un chien dans les

» circonstances suivantes. Vers la fin d'une longue journée
» de chasse sur les landes de Dartmoor, nous descendions la
» rive du Dart, lorsque mon chien, un *retriever*, fit lever une
» sarcelle. Je lui lâchai un coup de fusil, et lui cassai l'aile.
» Elle tomba dans l'eau et aussitôt fit un plongeon. Au lieu
» de plonger de suite après elle, mon chien, sans que je lui
» dise un mot, courut le long de la berge en descendant le
» courant, franchit une cinquantaine de mètres, et, se jetant
» à l'eau, se mit à remonter bruyamment, en poussant des
» pointes d'une rive à l'autre, soit sur une largeur de vingt à
» trente pieds, jusqu'à l'endroit où nous nous trouvions. Il
» sortit alors de l'eau, et après s'être secoué, commença à
» fouiller consciencieusement la rive sur une longueur consi-
» dérable dans le sens du courant ; puis il passa de l'autre
» côté pour l'explorer à son tour. Deux ou trois minutes
» s'étaient déjà écoulées depuis qu'il avait traversé la rivière,
» et mes compagnons commençaient à trouver qu'il était
» temps de continuer notre chemin, lorsque je leur fis remar-
» quer le changement qui s'était produit soudainement dans
» l'allure du chien. La queue était maintenant en l'air, re-
» muant de droite à gauche avec vivacité de la manière qui
» indique au chasseur l'existence d'une piste toute récente ;
» et je savais dès lors que je pouvais compter sur l'oiseau
» comme s'il était dans ma carnassière. Un instant après, à
» une vingtaine de mètres environ de la berge, la bruyère
» s'agita bruyamment ; nous vîmes la sarcelle s'élever, et au
» même moment le chien bondir en l'air et la saisir. S'é-
» lançant alors vers la rivière, il la traversa à toute vitesse
» et vint me remettre la pièce. Que si sa manière d'agir a
» besoin d'une explication, je puis dire que sa longue expé-
» rience en Australie et dans les étroites cañadas de la Plata
» lui avait appris qu'un canard blessé descend toujours le
» courant ; en se déployant dans l'eau, l'aile cassée l'empêche
» de remonter, de sorte qu'il ne manque jamais d'atterrir et
» de chercher à se cacher à quelque distance de la berge.
» Mais lorsqu'il est poursuivi à la nage par un chien, il con-
» tinue à suivre le courant indéfiniment, ne s'élevant que
» pour reprendre haleine au grand embarras de son ennemi.
» Mon chien s'était rendu compte de ce fait depuis longtemps,
» et avait eu mille occasions de mettre sa science à l'é-

» preuve ; je puis même dire que c'est en le voyant faire que
» j'appris le secret de l'art de rapporter le canard. Fort de
» mon observation en maintes circonstances, je n'hésite pas
» à dire que son but en se mettant à l'eau en aval, était de
» forcer l'oiseau à prendre terre. Puis, sachant par expé-
» rience qu'il devait avoir réussi, il avait fouillé les deux
» rives pour y trouver la trace du fugitif. »

Comme exemple d'un degré plus élevé et par suite plus
rare de raisonnement, je citerai un passage de ma conférence
devant l'*Association britannique ;* le voici :

« Mon ami, le docteur Rae, célèbre voyageur et naturaliste,
» connaissait à Orkney un chien qui avait l'habitude d'accom-
» pagner son maître à l'église le dimanche, tous les quinze
» jours. Il lui fallait en chemin traverser à la nage un canal
» large d'un mille, et avant de se mettre à l'eau il courait à
» environ un mille vers le nord ou le midi, suivant que la
» marée montait ou descendait, calculant presque toujours
» ses distances de manière à atterrir au point le plus proche
» de l'église. Ce qui me passe, ajoute le Dr Rae dans sa lettre,
» c'est que le chien ait pu se rendre compte des variations
» dans la force du courant aux grandes marées et en morte
» eau et s'arranger de manière à toujours biaiser suivant
» l'angle voulu. »

J'ai reçu de M. Percival Fothergill une lettre où il me donne
sur le compte de sa chienne *retriever* des renseignements qui
confirment le récit du docteur Rae :

« À l'endroit où se trouvait le vaisseau, dit-il, le courant de
» marée a plus de cinq nœuds de vitesse. Ma chienne, quand
» elle se trouvait à terre et voulait revenir à bord, se ren-
» dait invariablement à un petit débarcadère par le travers
» du navire, cherchait des yeux quelque brin de bois ou de
» paille qui lui indiquât la direction du courant, et une fois
» fixée sur ce point, allait se mettre à l'eau en amont ou en
» aval selon le cas. La sentinelle du gaillard d'avant, qui
» surveillait la traversée, lui jetait une corde munie d'un
» nœud de bouline et on la hissait ainsi à bord.

» Un jour on remarqua qu'elle restait sur le débarcadère
» plus longtemps que d'habitude ; elle cherchait en vain un
» indice de l'état de la marée, et n'en découvrant pas, elle
» finit par s'étendre sur la plate-forme, mouilla une patte

» dans l'eau et ayant reconnu au toucher la direction du
» courant, elle remonta la berge pour se jeter à l'eau. »

Le chien d'arrêt de M. George Cook, un matin que la pelouse attenante à la maison était couverte de gelée blanche, y porta le paillasson de sa cabane distante de près de 100 mètres, pour s'y étendre à l'abri du froid. M. Cook m'affirme dans sa lettre que depuis, il a souvent vu son chien tirer son paillasson de sa cabane, le porter au soleil et le changer de place à mesure que l'ombre le gagnait.

L'anecdote suivante m'est communiquée par le Rév. F. J. Penky. Il me donne le nom du chanoine, son ami, dont il y est question, mais comme il ne m'autorise pas à le publier, je le laisserai en blanc :

« Voici, dit-il, un exemple de sagacité, on peut même dire
» de raison, de la part d'un caniche français appartenant au
» colonel Pearson (non pas le héros d'Ekowe, mais un homo-
» nyme qui habitait Lichfield il y a quelques années) ; je le
» tiens de mon ami, le chanoine ***, recteur de ***, qui eut
» sa part dans l'incident, mais je ne sais s'il consentirait à
» ce que son nom fût publié. Étant un jour à déjeuner
» avec le propriétaire du caniche, il avait gratifié l'animal
» de quelques morceaux de bœuf. Mais apparemment la
» portion laissait à désirer, car, lorsque l'on eut quitté la
» table, le chien se dressa sur ses pattes de derrière et met-
» tant une patte sur le bras du chanoine (cérémonie qu'on
» lui avait appris à pratiquer avec les dames pour les con-
» duire à la salle à manger), le conduisit vers la porte. Cu-
» rieux de voir ce qui allait suivre, mon ami se laissa faire.
» Mais au lieu de se diriger vers la salle à manger, l'in-
» telligente bête le conduisit à travers un passage, lui fit
» descendre un escalier, etc..., et l'amena enfin au garde-
» manger, à proximité du rayon sur lequel se trouvait la
» pièce de bœuf. Pour récompenser sa sagacité, le chanoine
» lui donna un petit morceau de viande et s'en revint au
» salon. Le chien n'était pas encore satisfait ; il essaya bien
» encore du moyen qui lui avait si bien réussi, mais voyant
» que mon ami ne voulait plus s'y prêter, il courut à l'anti-
» chambre, prit sur la table le chapeau du chanoine, et s'en
» alla se cacher sous le rayon où se trouvait l'objet de sa
» convoitise. C'est là qu'on le trouva, chapeau à la bouche,

» attendant que mon ami vînt le chercher, et comptant sur
» un morceau de viande par la même occasion. »

L'habileté avec laquelle certains chiens poursuivent un iti-
néraire par chemin de fer est attestée par de nombreuses
observations; j'en citerai trois qui ont le double mérite d'être
fort remarquables et de se corroborer mutuellement.

La première est de M. Horsfall, dont on trouvera le récit
à la page 505 du XXe volume de *Nature :*

« L'année dernière, dit-il, nous allâmes passer les vacances
» à Llan Bedr, comté de Merioneth. Nous avions pour hôte le
» propriétaire d'un chien de Norwège, animal très intelligent
» répondant au nom de Néron et qui a l'habitude de circuler
» librement entre les deux établissements de son maître,
» c'est-à-dire celui du village, et un autre à Harlech, petite
» ville distante de trois milles. Quelquefois il fait le trajet à
» pied, mais le plus souvent il se rend à la station du chemin
» de fer à Llan Bedr, monte dans le train et le quitte à Har-
» lech. Un jour qu'il n'avait pu trouver moyen de sortir du
» wagon, et qu'il avait dû voyager au-delà de Harlech, jus-
» qu'à Salsernau, il attendit sur la plate-forme l'arrivée du
» train de retour pour revenir à Harlech. Si maître Néron ne
» fit pas en cette occasion acte de *raisonnement abstrait,* je
» ne vois guère à quoi sert l'expression. »

Passons maintenant à miss M. C. Young :

« Peut-être, m'écrit-elle, trouverez-vous l'anecdocte sui-
» vante digne de remarque en tant qu'elle montre que l'*ins-*
» *tinct* peut se trouver relativement en défaut chez l'animal
» qui commence à *raisonner.* Une de mes amies possède un
» terrier métis, d'une intelligence remarquable, mais non
» développée par l'éducation, qui s'est toujours plu à accom-
» pagner les différents membres de la famille en chemin de
» fer, à tel point qu'il a souvent fallu le tirer de force hors
» du train. Un matin, en 1877, le groom vint annoncer avec
» une figure désolée que *Spot* l'avait suivi à la station,
» qu'elle était montée dans le train avec une bonne qui allait
» voir sa famille, et qu'elle était sûre d'être volée. La ligne
» qui dessert cette localité est une ligne simple de peu
» d'étendue, que parcourent six trains par jour: trois pour
» l'aller, trois pour le retour. Mon amie, qui est bien connue
» de tous les employés, donna l'ordre que l'on allât au train

» suivant s'enquérir du chien et apprit alors par l'entremise
» du conducteur que l'animal ne trouvant pas de connais-
» sance dans le train, l'avait quitté à une petite station à
» cinq milles de là. Peu de chiens se seraient trouvés embar-
» rassés de revenir même par une route inconnue ; mais
» *Spot* ne rentra que le soir, fort tard, après dix heures d'ab-
» sence, et rompue de fatigue. De renseignements fournis
» il résulta que le conducteur ne l'avait aperçue ni à 9 heures,
» ni à midi, ni à 1 heure, ni à 4 heures ; mais en arrivant à la
» petite station à 5 heures 30, lors de son voyage de retour, il
» la vit qui allait et venait sur la plateforme comme une per-
» sonne. Elle sauta dans son compartiment et en sortit toute
» seule à la station de l'endroit où se trouvait sa demeure.
   » Il était évident qu'elle avait passé son temps dans l'inter-
» valle à essayer de s'orienter à pied, et que n'y réussissant
» pas, elle s'était décidée à retourner de la même manière
» qu'elle était venue. »

Je termine par une anecdote des plus intéressantes dont
je suis redevable à mon amie Mme A. S. H. Richardson :

« Le Révérend M. Towsend, recteur de Lucan, était à une
» époque ingénieur de la Compagnie du chemin de fer de
» Dundalk. Il possédait alors un *Retriever* écossais très in-
» telligent qui avait eu l'habitude de voyager avec lui dans
» le même compartiment ; mais depuis un an il y avait
» renoncé, lorsque se trouvant un jour avec son maître sur
» la plateforme de Dundalk, il profita du moment où ce-
» lui-ci passait au guichet prendre le billet d'une dame,
» pour sauter dans un wagon. Le train se mit en route, et le
» chien fut emporté jusqu'à Clones. Là il sauta sur la plate-
» forme, mais, se trouvant seul, il se rendit au bureau du
» chef de gare, puis à celui du préposé aux billets ; de là il
» courut à la ville de Clones, à un mille de la station, et se
» rendit chez l'ingénieur résident, mais ne trouvant nulle part
» son maître, il revint à la station, passa du côté du départ et
» attendit l'arrivée du train. Mais le conducteur était intrai-
» table, et le chien fut forcé de se rabattre sur un train de
» ballast qui se dirigeait sur un embranchement en voie de
» construction sur Carand. Monté sur la locomotive, il se
» laissa conduire jusqu'au point d'arrêt du train, puis sautant
» à terre franchit les cinq milles qui le séparaient de Caran

» où habitait la sœur de M. Towsend. Son maître n'était
» pas là non plus ; il revint donc à la station et attendit le
» départ du train pour Clones. Le chef de gare lui donna à
» manger, et il passa la nuit dans la gare. Le lendemain
» matin à quatre heures il s'embarqua sur un train de mar-
» chandises à destination de Dundalk, où il retrouva enfin
» M. Towsend. »

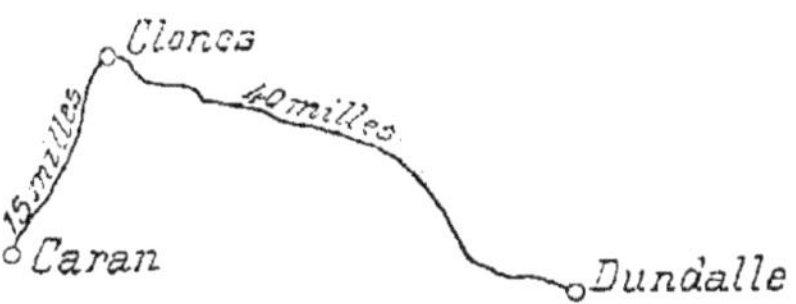

Il serait facile de multiplier les exemples d'intelligence
canine ; mais je crois en avoir dit assez pour donner une idée
suivie des différentes facultés psychologiques dont les chiens
sont doués, et du degré respectif de développement qu'elles
atteignent. Je le répète encore, entre tous les exemples que
j'aurais pu citer, j'ai choisi ceux qui remplissaient l'une ou
l'autre des conditions que je me suis partout imposées en
matière d'évidence, c'est-à-dire ceux qui avaient trait à des
faits d'observation commune et par cela même croyable, ou
qui avaient été relevés par des personnes dont la compétence
m'était connue, ou qui ne prêtaient à aucune erreur d'interprétation, ou enfin qui trouvaient leur confirmation dans le
témoignage d'observateurs indépendants. J'estime donc avoir
fait de la psychologie du chien une esquisse aussi fidèle que
le permet la nature des matériaux. Seuls, à mon avis, les amis
du chien seraient peut-être fondés à me reprocher d'avoir
négligé beaucoup de faits bien autrement remarquables qui
ont été publiés avec attestations de plus ou moins de valeur.
A cela je répondrais qu'il vaut mieux pécher par trop de prudence, et que si les preuves que j'ai fournies ont suffisamment
établi l'existence des différentes facultés psychologiques qu'il
est permis d'attribuer au chien, peu importe mon silence sur
certains épisodes qui n'échappent pas entièrement au doute
et qui ne serviraient qu'à montrer que par ci par là telle ou
telle faculté atteint un développement supérieur à celui qui
lui est assigné dans les exemples que j'ai cités.

CHAPITRE XVII

LES SINGES

Nous voici arrivés au dernier groupe d'animaux dont nous ayons à nous occuper, et en même temps au plus intéressant de tous au point de vue de l'évolution. Malheureusement la psychologie des singes est encore très loin d'avoir fourni matière à autant d'observations que celle des autres mammifères de la classe intelligente. Ne jouant aucun rôle, dans le domaine de l'utilité pratique ou de l'art, enclins à la malfaisance, et constituant une source continuelle d'ennuis à l'état apprivoisé, ces animaux n'ont jamais bénéficié de l'influence de la domestication héréditaire, et n'ont point été recherchés comme sujets d'observation en captivité. Ce qu'il y a de plus fâcheux encore, c'est que cela est vrai surtout des espèces qui se rapprochent le plus de l'espèce humaine; la psychologie des singes anthropoïdes nous est moins connue que celle de tout autre animal. Mais malgré cette disette de renseignements, je crois que j'aurai toujours de quoi montrer que la vie intellectuelle du singe est d'un type bien différent de ceux que nous avons passés en revue jusqu'ici, et que, dans sa psychologie, comme dans son anatomie, c'est de l'*Homo sapiens* qu'il se rapproche le plus.

ÉMOTIONS.

L'affection et la sympathie sont fortement accentuées; la sympathie l'est même davantage que dans n'importe quel animal, sans en excepter le chien. Prenons quelques exemples dans le nombre de ceux que l'on pourrait citer.

« Rengger, dit M. Darwin, a vu un singe américain (un
» *Cebus*) chasser avec soin les mouches qui ennuyaient son
» enfant, et Duvancel, une femelle de Gibbon laver dans un
» ruisseau la figure à ses petits. La perte de leurs enfants
» cause aux singes femelles un chagrin si intense, que cer-
» taines d'entre elles gardées par Brehm en cage dans l'A-
» frique du nord, ne manquaient jamais d'en mourir. Les
» orphelins étaient toujours adoptés par les autres singes,
» mâles ou femelles, et devenaient l'objet de leurs soins at-
» tentionnés. » (*Descendance de l'homme,* page 70.)

De même, Jobson rapporte que si, pendant un trajet en bateau, il lui arrivait de tuer un orang-outang, le cadavre était toujours emporté par les compagnons du défunt avant que ses gens pussent gagner la rive.

James Forbes, dans ses *Mémoires d'Orient*, raconte un trait remarquable de sollicitude et d'attachement pour un compagnon décédé de la part d'un singe :

« L'un des chasseurs postés sous un figuier des Indes tua
» un singe femelle et l'emporta dans sa tente qui fut bientôt
» entourée par une quarantaine de membres de la tribu,
» criant et menaçant leur agresseur ; il s'en débarrassa en les
» mettant en joue avec son fusil, de l'effet meurtrier duquel
» ils avaient pu juger et paraissaient se rendre parfaitement
» compte. Mais le chef de la bande tint bon tout en continuant
» de jaser avec fureur, et le chasseur, qui éprouvait peut-être
» quelque remords de l'exécution qu'il avait déjà faite, ne se
» sentait pas le cœur de tirer sur lui. Le singe finit par venir
» jusqu'à l'entrée de la tente, et voyant que ses menaces
» ne lui servaient de rien, il se mit à gémir d'une façon
» lamentable et à faire mine, au moyen de gestes expressifs,
» de demander le cadavre. Sa prière fut exaucée, et prenant
» la défunte dans ses bras, il l'emporta vers ses compagnons
» qui l'attendaient. Les témoins de cette scène extraordinaire
» firent vœu de ne plus jamais tirer sur une de ces créatures. »

Naturellement, il ne faudrait pas conclure de cet exemple que la plupart des singes, sinon tous, ont souci de leurs morts. Les gibbons (*Hylobates agilis*) par exemple, au dire d'un correspondant de *Nature* (vol. IX, page 243) qui les a

observés, ne font aucune attention à leurs camarades morts,
mais se montrent pleins de sympathie envers ceux qui sont
blessés : sympathie dont il donne l'exemple suivant :

« J'ai dans mon jardin, raconte-t-il, un certain nombre
» de gibbons (*Hylobates agilis*), qui vivent en liberté dans
» les arbres et viennent à l'appel recevoir leur nourriture.
» L'un d'eux, un jeune mâle, se démit un jour le poignet
» en tombant du haut d'un arbre et fut traité avec les plus
» grands égards par les autres, surtout par une vieille fe-
» melle qui n'avait avec lui aucun lien de parenté. Chaque
» jour elle mettait à part les premières bananes qu'on lui don-
» nait, et, avant de commencer à manger, elle les donnait au
» blessé qui habitait sous le bout du toit d'une maison en bois.
» J'ai du reste souvent observé qu'un cri de terreur, de dou-
» leur ou d'angoisse amenait à l'instant, aux côtés de celui
» qui le poussait, tous ses compagnons qui lui prodiguaient
» leurs condoléances et l'entouraient de leurs bras. »

Le capitaine Hugh Crow, dans son *Récit de ma vie,* donne
des détails intéressants sur la manière de se comporter de
certains singes à bord de son navire :

« Nous avions, dit-il, à bord, plusieurs singes d'espèces et
» de tailles différentes, entre autres une charmante petite
» bête, dont le corps avait à peine un pied de long et la cir-
» conférence d'un verre de table. Cet intéressant animal qui
» m'avait fort amusé par ses ébats innocents lorsque le gou-
» verneur de l'île de Saint-Thomas m'en fit cadeau, n'échappa
» point à la maladie qui malheureusement sévissait sur le
» navire. Les autres singes l'avaient toujours traité en favori,
» ou pour mieux dire en Benjamin, lui accordant force privi-
» lèges qu'ils ne se passaient que rarement les uns aux
» autres; du reste il se montrait très docile et très doux, et
» n'abusait jamais de la partialité qu'on lui témoignait. Du
» moment qu'il tomba malade, ses compagnons redoublèrent
» de prévenances et d'égards envers lui, et c'était vraiment
» touchant de voir avec quelle sollicitude et quelle tendresse
» ils soignaient la petite créature, c'était à qui serait le
» premier à lui témoigner telle ou telle marque d'affection ;
» ils se dérobaient mutuellement des friandises, pour les lui
» porter intactes quelque appétissantes qu'elles fussent. D'au-
» trefois ils le prenaient dans leurs bras, le serraient contre

» leur sein, en pleurant comme une mère qui voit souffrir
» son enfant. Le petit animal paraissait très sensible à leurs
» bons offices, mais la maladie l'abattait d'une façon désolante.
» Quelquefois il venait à moi et me regardait d'un air qui
» faisait pitié, pleurant et gémissant comme un jeune enfant
» et me suppliant, en apparence, de le soulager. Nous essayâ-
» mes de tous les moyens imaginables pour le rétablir; mais
» malgré nos soins et ceux de ses congénères, il ne vécut pas
» longtemps. »

Le fait suivant, dont j'avais été témoin au jardin zoologique, fut communiqué par moi au *Quarterly journal of
science*, et je ne fais ici que reproduire mon récit :

« Il y a un an ou deux, disais-je, un babouin d'Arabie et
» un babouin *Anubis* se trouvaient occuper la même cage,
» à côté de celle d'un Cynocéphale. Un jour que j'étais à
» les observer, je vis l'Anubis passer la main à travers la
» grille de séparation pour dérober une noix que son gros
» voisin avait laissée à sa portée — non sans intention, je
» crois. Il savait bien du reste à quel danger il s'exposait,
» car il avait choisi le moment où l'autre lui tournait le dos
» et paraissait ne plus songer à la noix. Mais le Cynocéphale
» le suivait en réalité du coin de l'œil, ne lui donnant que
» le temps d'introduire le bras dans sa cage, il se retourna
» avec une rapidité extraordinaire, et saisit entre ses dents
» la main que l'autre n'avait pu retirer assez vite. Les cris
» de l'Anubis amenèrent promptement le gardien qui par-
» vint à faire lâcher prise au gros babouin, non sans l'aide
» de certains arguments physiques. La victime recula alors
» jusqu'au milieu de sa cage, gémissant d'une façon lamen-
» table, en pressant la main blessée contre sa poitrine et la
» frottant avec l'autre. Aussitôt le babouin d'Arabie des-
» cendit des régions supérieures où il se trouvait, en faisant
» entendre une sorte de murmure de consolation et prit son
» camarade souffrant dans ses bras; on aurait dit la mère
» et l'enfant. Ajoutons que ce témoignage de sympathie eut
» le don de calmer l'Anubis, dont les gémissements devinrent
» beaucoup moins navrants sitôt qu'il se sentit enlacé dans
» des bras amis; la manière dont il appuya sa tête contre
» le sein de son camarade témoignait au plus haut degré
» d'une réelle appréciation de ses soins affectueux. Ce spec-

» tacle touchant dura assez longtemps et tandis que je l'ob-
» servais, je me dis qu'à défaut d'autres preuves il y avait là
» de quoi identifier dans leur essence, certaines émotions
» des animaux à celles qui comptent parmi les plus nobles de
» l'homme. »

Comme déploiement de sympathie, il serait difficile de
trouver mieux que le fait suivant dont fut témoin mon ami
sir James Malcolm, observateur très exact. A bord d'un
vapeur sur lequel il s'était embarqué, vivaient deux singes de
l'espèce commune des Indes, qui n'avaient aucun lien de
parenté. Un jour, le plus jeune, qui se trouvait vers le milieu
du navire, tomba à la mer. A cette vue, son compagnon se
mit à s'agiter avec frénésie; courant vers l'arrière, il s'accro-
cha d'une main au flanc du vaisseau et tendit de l'autre à son
petit camarade le bout de la corde qui servait à l'attacher et
qui était nouée autour de son corps. Grand fut l'étonnement
de tout le monde à bord; mais pour que l'incident fût roma-
nesque jusqu'au bout, il aurait fallu que le petit singe pût
attraper la corde; malheureusement elle était trop courte.
Ce fut un matelot qui opéra le sauvetage, en jetant au nageur
une corde plus longue qu'il eut l'intelligence de saisir.

Voici un exemple, fourni par le capitaine Johnson, qui
semble indiquer l'existence d'une catégorie d'émotions analogues à celles que l'on entend par « sentiments de reproche » :

« Je faisais partie, dit l'observateur, d'une troupe en expé-
» dition dans le district de Bahar; nous avions dressé nos
» tentes dans un grand verger de manguiers et attaché nos
» chevaux à des piquets un peu plus loin. Pendant que nous
» dinions, un Syer vint se plaindre d'une bande de singes
» (*Macacus orhesus*) logée dans les arbres, qui effrayait les
» chevaux et en avait fait s'échapper plusieurs. Le dîner fini,
» je sortis avec mon fusil pour chasser ces quadrumanes, et
» tirai à plomb sur l'un d'eux. L'animal descendit aussitôt
» sur la branche la plus basse de l'arbre comme s'il voulait
» se jeter sur moi, puis s'arrêtant soudainement, porta d'un
» air calme la main à sa blessure et l'étendit vers moi pour
» me montrer qu'elle était couverte de sang. Le geste me
» toucha si vivement que jamais depuis je n'ai tiré sur un
» singe. A peine avais-je rejoint mes compagnons auxquels

» je faisais le récit de mon aventure, qu'un Syer vint nous
» informer de la mort de la pauvre bête. Nous lui dîmes de
» nous l'apporter, mais les autres singes l'avaient prévenu,
» avaient enlevé le cadavre et disparu. »

Ce récit se trouve confirmé d'une manière frappante par
un passage des *Recueils* de Jesse (vol. III, pages 86-87), où
l'auteur fait allusion aux mémoires de Sir W. Hoste. Il paraît
qu'un des officiers de ce dernier, rentrant un soir après une
longue journée de chasse, avait abattu d'un coup de fusil un
singe femelle qui courait sur des rochers avec son petit dans
les bras. « Lorsqu'il arriva auprès d'elle elle serra son petit
» contre elle d'une main, et de l'autre indiqua la blessure que
» la balle lui avait faite au dessus du sein. Trempant son
» doigt dans son sang et le montrant au chasseur, elle sem-
» blait lui reprocher d'être la cause de sa mort et par suite
» de celle de son enfant sur lequel elle appelait fréquemment
» son attention. Jamais, dit sir William, je ne me suis senti
» aussi ému qu'en écoutant ce récit, et je jurai de ne jamais
» plus de ma vie tirer sur un de ces animaux. »

M. Darwin dit que la plupart des personnes qui ont observé
des singes, leur ont vu manifester le sentiment du comique.
J'ai été moi-même témoin d'un fait de ce genre, et j'en emprunte le récit à mon article dans le *Quarterly journal of
Science :*

« Il y a quelques années, écrivais-je, j'avais l'habitude
» d'observer la jeune femelle orang-outang au Jardin zoolo-
» gique, et j'ai la conviction que je reconnus en elle le sen-
» timent du comique. Entre autres preuves à l'appui de cette
» assertion, je l'ai vue en diverses occasions se coiffer de sa
» gamelle qui était d'une forme quelque peu singulière et qui
» présentait sur sa tête l'apparence d'un chapeau ; et comme
» du même coup elle gratifiait généralement les spectateurs
» d'un rire grimacé, elle ne manquait jamais d'avoir un
» succès d'hilarité qui flattait évidemment son orgueil. »

Mais ce qui prouve peut-être de la manière la plus convaincante que les singes se rendent compte de ce qui est risible,
c'est (comme nous l'avons vu dans le cas de certains chiens)
qu'ils s'offensent du ridicule. J'en donnerai plus loin de nombreux exemples.

Que les singes aiment à jouer, c'est ce que l'on ne saurait

nier après avoir passé une heure ou deux dans la maison des
singes au Jardin zoologique. D'après Savage, les chimpanzés
se rassemblent souvent uniquement pour jouer et s'amusent
à frapper avec des bâtons sur des morceaux de bois sonores.
(*Journal d'histoire naturelle de Boston,* iv, page 324.)

La curiosité est plus développée chez les singes que chez
les autres animaux. Qui ne connaît l'intéressante expérience
au moyen de laquelle Ch. Darwin vérifia le fait rapporté par
Brehm, à savoir que malgré la terreur instinctive que les serpents inspirent aux singes, ces derniers ne pouvaient résister
au désir de satisfaire de temps en temps leur curiosité en soulevant le couvercle d'une boîte à reptiles placée près d'eux.
M. Darwin se présenta avec un serpent empaillé à la maison
des singes du Jardin zoologique, et « l'émoi qui s'ensuivit, dit-
» il, fut chose curieuse à voir... Je mis ensuite un serpent
» vivant dans un sac de papier et l'introduisis dans un grand
» compartiment. Aussitôt, l'un des singes qui l'occupaient
» s'approcha, ouvrit le sac avec précaution, jeta un coup
» d'œil dans l'intérieur et recula précipitamment. Alors
» j'assistai au spectacle que Brehm a décrit ; cédant à leur
» curiosité, les singes s'en vinrent l'un après l'autre, la tête
» haute et tournée de côté, regarder dans le sac l'objet ter-
» rible qui en occupait tranquillement le fond. » (*Descendance de l'homme,* page 72.)

A la curiosité, et par suite aux émotions, se rattache ce que
M. Darwin appelle « la tendance à l'imitation ». Il est notoire
que les singes en poussent l'application jusqu'au ridicule, et
ce sont les seuls animaux qui imitent uniquement pour le
plaisir d'imiter, comme le fait remarquer Desor, à l'exception
des oiseaux jaseurs. La psychologie de l'imitation est d'une
analyse difficile, mais il est un fait curieux en même temps
que significatif ; c'est qu'elle ne se manifeste parmi les animaux, que chez les singes et certains oiseaux, et parmi les
hommes, que chez ceux d'un niveau inférieur d'intelligence.
Ainsi que le dit M. Darwin : « La tendance à l'imitation est
» vivace chez l'homme, surtout chez les sauvages comme j'ai
» pu l'observer moi-même. Dans certains états morbides du
» cerveau, cette disposition s'exagère d'une façon singulière ;
» les hémiplégiques et autres malades, au début d'un ramol-
» lissement inflammatoire du cerveau, imitent sans en avoir

» conscience chaque parole qu'ils entendent, soit dans leur
» langue soit dans une langue étrangère, et tous les faits et
» gestes de leur entourage. »

Pareille disposition se remarque souvent chez les enfants en
bas âge ; on peut donc y voir la caractéristique assez fréquente d'un certain degré d'évolution mentale, surtout chez
les individus de l'ordre des Primates. Mais il est d'autres
animaux qui s'imitent entre eux jusqu'à un certain point.

En ce qui concerne les émotions violentes, la fureur peut
dominer un singe au point de le faire se jeter contre les barreaux de sa cage, et l'on a vu un babouin se mordre lui-même
jusqu'au sang. (*Descendance de l'homme*, page 74, trad.
française.) La jalousie est également très accentuée, et quant
à l'esprit de représaille et de vengeance, on le trouve chez
toutes les races supérieures de singes, comme l'on peut s'en
assurer en offensant un babouin. En voici d'ailleurs un
exemple, qui a l'avantage de montrer ce que l'on peut appeler l'incubation du ressentiment conduisant à un plan de
vengeance prémédité ; c'est à Ch. Darwin que je l'emprunte.
« Sir Andrew Smith, dit-il, zoologiste d'une exactitude re-
» connue, m'a raconté qu'il vit un dimanche, au cap de
» Bonne-Espérance, un babouin éclabousser un officier qui
» se rendait à la parade. C'était un ennemi du singe qui
» avait eu souvent à souffrir de ses taquineries, et qui, en
» le voyant approcher ce jour-là, s'était dépêché de verser
» de l'eau dans un trou et d'y mélanger une boue épaisse
» dont il se servit habilement, à la grande joie des specta-
» teurs. Pendant longtemps après cette niche, la vue de sa
» victime était pour lui un signal de réjouissance. » (*Descendance de l'homme*, page 72, trad. française.)

INTELLIGENCE GÉNÉRALE.

Nous voici arrivés aux facultés supérieures, et, à ce sujet,
je citerai quelques exemples pour montrer que chez le singe
le fonctionnement rationnel trouve une carrière plus libre
que chez tous les autres animaux. Voici d'abord ce que
m'écrit le professeur Croom Robertson :

« Il y a plusieurs années, au Jardin des Plantes, je fus
» témoin d'un incident qui me frappa vivement et que j'ai

» raconté depuis en mainte occasion. Un grand singe (un
» anthropoïde, autant que je m'en souvienne, mais je ne sau-
» rais préciser l'espèce), se trouvait dans une grande cage en
» fer avec plusieurs autres plus petits que lui, qu'il traitait en
» seigneur et maître tout en se livrant à des gambades exagé-
» rées au grand amusement d'une foule de curieux. Déjà
» force friandises avaient passé les barreaux pour tomber
» inévitablement entre ses mains, lorsque quelqu'un imagina
» de lui jeter un petit miroir à cadre de bois très solide. Il
» s'en saisit aussitôt, et se mit à le brandir comme un mar-
» teau. Soudain, il s'arrêta d'un air intrigué : il venait d'aper-
» cevoir son image réfléchie. Le moment d'après, il passait
» rapidement la tête derrière le miroir pour découvrir le
» sosie qu'il y croyait caché. Étonné de ne rien voir, il en
» conclut apparemment qu'il n'avait pas été assez prompt, et
» fit une nouvelle tentative, mais en ayant soin cette fois
» de rapprocher le miroir lentement jusqu'à proximité de
» sa figure, puis, prompt comme l'éclair, de passer sa tête par
» derrière. Ne trouvant rien encore, il répéta l'expérience
» une troisième fois, et alors passant de l'étonnement à la
» colère, il se mit à heurter avec violence le cadre du miroir
» contre le plancher de la cage. La glace fut bientôt brisée, et
» plusieurs fragments s'en détachèrent. Cependant il n'en
» continuait pas moins son œuvre de destruction, lorsque son
» attention fut de nouveau attirée par son image que réflé-
» chissait un débris resté dans le cadre. Cette vue parut
» le décider à faire un dernier essai où il se surpassa en cir-
» conspection comme en rapidité d'action. Mais quand il vit
» que c'était peine perdue, sa fureur n'eut plus de bornes, et
» brisant le miroir tantôt sur le plancher, tantôt entre ses
» dents il finit par le réduire en mille morceaux. »

Dans la *Descendance de l'homme* de Ch. Darwin (page 80,
trad. française) se trouve le passage suivant :

« Un observateur très consciencieux, Rengger, raconte
» que la première fois qu'il donna des œufs à ses singes
» au Paraguay, ils les cassèrent et de cette façon perdirent
» une grande partie du contenu ; mais ils eurent bientôt
» appris à en briser la coquille par un bout et à l'éplucher
» morceau par morceau avec leurs doigts. Il leur suffisait de
» se couper une fois avec un outil pour n'avoir plus envie d'y

» toucher sinon avec les plus grandes précautions. Souvent
» Rengger leur donnait des morceaux de sucre enveloppés
» dans du papier, et quelquefois il mettait dans le paquet une
» guêpe qui ne manquait pas de les piquer s'ils dépliaient
» le papier trop à la hâte ; mais après avoir été victimes une
» seule fois de leur empressement, ils n'y cédaient jamais
» sans avoir préalablement mis le paquet à leur oreille pour
» découvrir si quelque chose y remuait. »

La faculté d'observation et l'aptitude à former de nouvelles
associations que révèlent les faits qui précèdent, indiquent un
degré élevé d'intelligence générale. M. Darwin fait en outre
remarquer que « la description que fait M. Belt des faits
» et gestes d'un *Cebus* apprivoisé, montre clairement que cet
» animal était doué de raisonnement. » Voici d'ailleurs le
récit auquel M. Darwin fait allusion, et je le cite *in extenso* parce que, comme on le verra un peu plus loin, je me
suis trouvé à même de vérifier la plupart des observations
qui s'y trouvent relatées, au moyen d'un singe de la même
espèce.

« Il lui arrivait de temps à autre, dit M. Belt, en parlant de
» cet animal, de s'empêtrer dans sa chaîne en tournant au-
» tour de la perche à laquelle il était attaché, et de se dé-
» brouiller ensuite avec une grande habileté. La longueur de
» sa longe lui permettant de descendre plus bas que la
» véranda, mais non d'atteindre jusqu'à terre, s'il voyait
» s'approcher une couvée de jeunes canards, il usait parfois
» d'artifice ; d'une main il tendait un morceau de pain, et
» quand il avait réussi à attirer un caneton, il le saisissait et
» le tuait d'un coup de dent à la poitrine. Ce procédé causait
» un tel tumulte parmi les volatiles que nous en étions bien-
» tôt avertis, et courions à la rescousse, armés d'une verge
» pour châtier maître Mickey (nom que nous donnions au
» singe) ; grâce à cette discipline il finit par se guérir de son
» goût meurtrier. Un jour que je le fouettais et qu'à chaque
» coup de verge je lui disais de prendre le caneton mort que
» je lui tenais devant les yeux, quel ne fut pas mon étonne-
» ment de le voir à la fin m'obéir et prendre sa victime d'une
» main tremblante. Quand il ne pouvait pas atteindre quelque
» objet, il cherchait à s'aider d'un bâton ou quelquefois d'une
» balançoire que j'avais fait établir pour les enfants et dont

» il se servait lui-même à l'occasion. C'est ainsi qu'un jour il
» réussit à faire tomber à portée de ses mains des peaux d'oi-
» seaux que je croyais avoir mises à sécher, hors de son
» atteinte ; l'ingénieux animal lança la balançoire vers la
» chaise sur laquelle j'avais posé les peaux, et réussit à les
» décrocher au retour. Il se procura également par le même
» moyen une gelée que l'on avait mise à refroidir. Il y avait
» quelque chose de très humain dans ses façons. Lorsqu'on
» s'approchait de lui pour le caresser, il ne manquait jamais
» d'en profiter pour vous vider vos poches. S'il y trouvait des
» lettres, il avait bientôt fait de les retirer de leurs enve-
» loppes. » (*Naturalist in Nicaragua*, p. 119.)

Passons maintenant à des faits qui montrent le degré élevé d'intelligence qu'atteignent différentes espèces de singe.

L'orang de Cuvier avait l'habitude de traîner une chaise d'un bout d'une chambre à l'autre, pour monter dessus et arriver ainsi à un loquet qu'il voulait ouvrir ; il y a là une preuve d'adaptation rationnelle qui n'a point de parallèle parmi les chiens, quoique l'action de celui dont j'ai cité la manière de traîner son paillasson, s'en rapproche beaucoup. Un autre singe, dont parle Rengger, n'ayant pas la force de soulever le couvercle d'un coffre, se servit d'un bâton comme d'un levier. L'usage du levier comme moyen mécanique est un exploit dont on ne connaît pas d'exemple en dehors du singe parmi tous les animaux ; et on verra plus loin que ma propre expé-rience s'accorde entièrement avec celle de Rengger. J'aurai même l'occasion de raconter comment le singe qui fut l'objet de mes observations personnelles, parvint sans assistance, en poursuivant méthodiquement ses investigations, à se rendre compte du principe mécanique de la vis. D'autre part, il a été communément reconnu que les singes savent se ser-vir de pierres en guise de marteaux ; depuis que Dampier et Wafer décrirent pour la première fois la manière dont ces animaux brisent les écailles d'huîtres. Gernelli Carreri va plus loin et dit avoir vu des singes insérer des pierres entre les écailles d'huîtres qui bâillaient pour s'éviter la peine de les briser ; mais son observation demande à être confirmée. M. Haden, de Dundee, me cite de la part d'un singe dont il ne précise pas l'espèce, un trait qui témoigne d'une apprécia-tion remarquable des principes de mécanique, et qui dépasse

certainement la capacité intellectuelle de tout autre animal.
« Un grand singe, me dit-il, seul occupant d'une vaste cage,
» avait pour chambre à coucher une sorte de cabane au mi-
» lieu de sa prison. Près de la cabane s'élevait un arbre,
» peut-être artificiel, dont la branche principale s'étendait par
» dessus le toit vers le devant de la cage. L'animal pouvait-
» il du toit de sa cabane atteindre cette branche ? c'est à quoi
» je ne pris garde ; ce que je remarquai, ce fut sa manière de
» gagner le prolongement de la branche vers le devant. Le
» tour était facile en servant de la porte de la cabane, qui se
» lorsqu'elle était ouverte, se trouvait juste au-dessous de
» de cette partie de la branche ; mais, soit par hasard ou par
» un effet de sa construction, chaque fois que le singe l'ou-
» vrait dans ce but, elle se refermait d'elle-même. Après
» avoir vainement essayé une ou deux fois de monter quand
» même sur l'arête supérieure, l'animal prit une épaisse cou-
» verture qu'il avait dans sa cage, la jeta par dessus la porte
» de manière à empêcher celle-ci de se refermer, pendant
» qu'il s'en servait pour grimper sur la branche. »
Voici encore qui dénote une intelligence de haut degré (*Nature,* vol. XXIII, p. 533) :
« Un des grands singes du palais Alexandra souffrait depuis
» quelque temps de la carie d'une canine, d'où était résulté
» un abcès formant une grosse bosse sur la mâchoire. On
» finit par appeler un dentiste, et comme le pauvre animal
» devenait furieux par moments, il fut décidé que si la dent
» devait être arrachée, on se servirait d'un anesthésique
» pour parer aux dangers de l'opération. « On fit donc les
» préparatifs nécessaires, mais au grand étonnement de tout
» le monde, la conduite du singe les rendit inutiles. Tout
» d'abord, il se montra très rébarbatif ; on eut beaucoup de
» peine à le tirer de sa cage et à le mettre dans un sac muni
» d'un seul trou pour sa tête. Il réussit à sortir une main et
» fit un tel tapage, criant, se démenant et cherchant tout le
» temps à mordre, que l'on s'attendait à avoir du fil à
» retordre. Mais aussitôt que M. Lewin Moseley, l'opérateur,
» eut réussi à mettre la main sur l'abcès et à soulager le pa-
» tient, tout changea. Le singe baissa tranquillement la tête
» pour se la laisser examiner, et supporta sans broncher
» l'extraction d'un chicot. »

D'après d'Osbonville, certains singes qu'il put observer à l'état sauvage auraient l'habitude d'administrer des punitions corporelles à leurs petits. Après leur avoir donné le sein et les avoir nettoyés, les mères s'asseyaient pour les regarder jouer. Les jeunes singes luttaient, gambadaient et se poursuivaient les uns les autres, etc...; mais s'il y en avait qui fissent preuve de méchanceté, leur mère se levait aussitôt, et d'une main saisissant le coupable par la queue, lui infligeait de l'autre une volée d'importance.

Nous avons vu d'ailleurs, que les chiens et les chats ont l'idée de discipline en ce qui concerne leur progéniture.

D'après Houzeau, le singe sacré de l'Inde (*Semnopithecus entellus*) déploie une grande sagacité dans sa manière d'attraper les serpents et, quand il a affaire à une espèce venimeuse, il leur casse les crochets contre les pierres. (*Loc. cit.*, I, 305).

Quant à l'idée de coopération, on pourrait citer force exemples pour montrer qu'elle est mise en pratique chez les singes ; je me contenterai du fait suivant, que j'emprunte aux mémoires du lieutenant Shipp : « Un babouin du Cap ayant, » dit-il, volé des effets dans la caserne, je me mis à sa pour- » suite avec une escouade de vingt hommes. Nous fîmes un » détour pour couper aux singes la retraite vers certaines » cavernes, dans lesquelles ils ne manquaient jamais de se » réfugier. Mais ils avaient observé nos mouvements, et » envoyèrent une cinquantaine des leurs garder l'entrée des » cavernes, tandis que les autres, restant dans leurs positions, » ramassaient de grosses pierres et autres projectiles sous » les ordres d'un vieux à tête grise dont nous avions souvent » reçu la visite à la caserne. Ce fut lui dont le cri donna le » signal aussitôt que nous commençâmes l'attaque, et sous » l'avalanche de pierres énormes qui nous accueillit, nous » fûmes obligés de nous retirer. »

JOURNAL *relatif à un Capucin brun du Brésil* (*Cebus fatuellus Linné*), 1880.

J'en ai fini maintenant avec la littérature de la psychologie simienne. Mais, croyant qu'il y aurait intérêt, vu le but du présent ouvrage, à ce qu'un singe intelligent fut l'objet d'observations suivies pendant un certain temps, je demandai à M. Sclater de m'en laisser choisir un dans la collection de la Société zoologique. Il fut assez aimable pour accéder à ma prière, et mon choix tomba sur un spécimen de *Cebus fatuellus* (Capucin brun du Brésil), qui me parut se distinguer entre tous par son intelligence.

N'ayant point où installer l'animal dans ma maison, je le confiai à ma sœur qui demeure tout près de moi, en lui demandant d'avoir soin de prendre note de tout ce qui lui paraîtrait intéressant comme manifestation intellectuelle de la part de l'animal. En conséquence, dès le moment de son arrivée jusqu'à celui de son départ, elle consigna jour par jour tout ce qu'elle eut occasion d'observer quand j'étais absent. Je m'étais d'abord proposé de faire un résumé de ce journal, mais plus tard en le relisant dans cette intention, je crus préférable de le citer en entier et de lui conserver le caractère spontané de notes jetées sur le papier. D'ailleurs, la psychologie du singe a été si peu étudiée, qu'il y a intérêt, à mon avis, à donner en détail une série complète d'observations. Je dois ajouter que j'eus en général l'occasion de vérifier moi-même, après coup, l'exactitude de chaque note ; mais je puis aussi bien dire que je n'attache pas plus d'importance à cette vérification que si elle avait trait à mes propres observations, ayant autant de confiance dans celles de ma sœur que dans les miennes. Il me reste à expliquer que l'état de santé de ma mère l'oblige à garder la chambre, et que le singe y passa les six premières semaines de son séjour dans la maison ; nous l'avions, de cette manière, constamment sous les yeux, et il servait en même temps à distraire ma mère. Voici maintenant le journal de ma sœur, *in extenso,* et sans modification aucune :

18 décembre. — Est arrivé dans une boîte, escorté de son gardien, semblait effarouché et cria pas mal lorsqu'on le fit passer dans une boîte plus grande.

19 déc. — Je l'ai retiré de la boîte où il a passé la nuit, et j'ai attaché une chaîne à son collier. Il s'est montré doux et résigné, se cachant la tête entre mes genoux.

20 déc. — Il est devenu beaucoup plus remuant et se montre quelque peu agressif, surtout envers les domestiques. Il

s'est pris d'affection pour ma mère et joue doucement avec elle sur son lit, mais se démène furieusement à l'approche d'une bonne. J'ai remarqué aujourd'hui qu'il casse des noix en les frappant du fond de l'écuelle qui lui sert à boire (ses dents ne sont pas assez fortes pour briser les coquilles). Il déploie une activité incessante toute la journée ; la nuit venue il s'enroule adroitement dans ses chaudes couvertures et dort profondément jusqu'à environ huit heures.

21 déc. — Je vois qu'il aime beaucoup à faire des espiègleries. S'étant emparé aujourd'hui d'un verre à bordeaux et d'un coquetier, il commença par jeter le verre à terre de toute sa force et naturellement le brisa ; mais comme le coquetier résistait à ce traitement, il chercha des yeux quelque substance dure qui en eut raison. La colonne en cuivre du lit lui parut convenable, et il se mit à frapper dessus à bras raccourci avec le coquetier qu'il ne tarda pas à briser complètement à son entière satisfaction. Pour casser un bâton, il le passe entre le mur et quelque objet pesant et se suspend à l'extrémité pour faire levier. Souvent lorsqu'il en veut à quelque effet de toilette, il commence par le découdre en cassant les fils avant de le déchirer avec ses dents. S'il lui tombe sous la main quelque objet auquel nous n'ayons pas l'air de tenir, il le lâche bien vite ; dans le cas contraire, ne serait-ce qu'un morceau de papier, il ne s'en dessaisira à aucun prix ; les friandises perdent leur effet, et si on le gronde, il se fâche et garde sa proie jusqu'à ce qu'il l'ait complètement détruite. Je lui ai donné aujourd'hui un marteau pour casser ses noix ; il a parfaitement su s'en servir.

22 déc. — Une personne étrangère (une couturière) étant venue dans la chambre, je voulais qu'elle vît le singe casser une noix avec son marteau. Mais la noix que je lui donnai était mauvaise, et il fit une grimace de désappointement qui fit rire la couturière. Cela le mit en colère, et il lui jeta tout ce qui se trouva à sa portée : d'abord la noix, puis le marteau, puis la cafetière qu'il prit dans la cheminée, et enfin toutes ses couvertures. Il jette avec force et précision, le projectile dans les deux mains, les bras tendus en arrière au dessus de sa tête, le corps droit.

23 déc. — Il est toujours en guerre avec Sharp (petit terrier), mais les deux adversaires semblent se respecter mu-

tuellement jusqu'à un certain point. Le chien se jette sur les noix, etc., et les emporte là où le singe ne peut les atteindre; le singe met la main sur le chien mais a peur de le tenir ou de lui faire mal. Il se dédommage en lui jetant des noix, des morceaux de carotte et en jacassant à son intention. Quelquefois il lui tend la main comme pour faire la paix, mais le chien s'en méfie et se tient à l'écart. Son inimitié à l'égard des domestiques augmente; il y a surtout une bonne qui ne peut lui donner une noix sans qu'il ne cherche à lui empoigner rudement la main; souvent aussi il lui jette quelque projectile. Par contre, ma mère fait de lui ce qu'elle veut.

24 déc. — Il me mordit plusieurs fois aujourd'hui quand je l'enlevai du lit de ma mère après sa récréation habituelle du matin. Je n'y fis aucune attention; mais il eut ensuite honte de sa conduite, et resta assis pendant quelque temps la figure dans ses mains[1]. En raison de son espièglerie il aime beaucoup à renverser tout ce qu'il peut, mais il a toujours soin de se garer. Ainsi il s'amusera à attirer vers lui une chaise jusqu'à ce qu'elle perde l'équilibre, mais sans quitter des yeux le haut du dossier, et quand il le voit s'incliner de son côté, il se retire vivement et prend un plaisir infini à la chute du meuble. Il agit de même avec des objets plus pesants. Il y a par exemple une toilette avec dessus en marbre, qu'il a déjà réussi à renverser plusieurs fois au prix de maints efforts et toujours sans se faire le moindre mal[2].

25 déc. — J'ai remarqué aujourd'hui que s'il convoite un objet que sa longe ne lui permette pas d'atteindre, il cherche à l'amener vers lui à l'aide d'un bâton; s'il n'y réussit pas, il prend un châle par les deux coins, le rejette d'abord en arrière au-dessus de sa tête, de manière à ce qu'il lui pende dans le dos; puis le lançant vivement et en avant, il en recouvre l'objet de sa convoitise et l'amène à lui en tirant sur le

1. J'ai eu l'occasion depuis (14 janvier 1881) de reconnaître que cette apparence de tranquillité n'est pas preuve de remords; car, même lorsqu'il n'a pas réussi à mordre, il se produit toujours chez lui après un accès de colère, une sorte d'affaissement que j'attribue à la fatigue. Il m'a souvent mordue depuis le 24 décembre, et somme toute paraît y prendre plaisir.

2. Quand il a affaire à des objets pesants, il les manipule avec une grande prudence, et ce n'est qu'après les avoir soigneusement examinés quelque temps et les avoir étudiés qu'il se décide à les renverser.

châle. Lorsque sa chaîne à force de s'entortiller autour des barreaux du séchoir qui lui sert d'appareil gymnastique, se raccourcit par trop, il l'examine attentivement, la tire d'un côté, puis de l'autre avec ses doigts pour se rendre compte du sens, et une fois renseigné sur ce point, fait le tour des barreaux avec les changements de direction voulus jusqu'à débrouillement complet. Souvent il se sert de sa queue pour soulever sa chaîne au-dessus de sa tête, de peur de s'entraver. Quand je le détache le matin pour l'emmener au lit de ma mère, il manifeste toujours une certaine agitation, sautant et tirant sur sa chaîne. Mais si quelque anicroche me fait tarder à le dégager, il s'assied tranquillement auprès de moi et se met à manier la chaîne comme pour m'aider; résultat auquel, à vrai dire, il ne parvient jamais.

26 déc. — Il paraît aimer beaucoup à inspirer un mouvement de rotation aux objets qui s'y prêtent. Si on lui donne une pomme ou une orange entière, il commence toujours par la faire tourner comme une toupie avant d'y mordre. Pour manger une orange, il s'y prend de la manière suivante : Il commence par enlever avec ses dents un petit morceau de l'écorce, et à l'endroit ainsi mis à nu il enfonce profondément son doigt long et mince; puis il met le fruit sous un morceau de grillage en fil de fer qui se trouve à sa portée et, collant ses lèvres au trou fait par son doigt, il suce le jus qu'il exprime en pressant le grillage contre l'orange. Lorsque le jus devient abondant, il le laisse couler dans sa bouche en tenant l'orange au-dessus de sa tête.

27 déc. — Il s'était emparé aujourd'hui d'un document d'une certaine importance, et, comme d'habitude, j'essayai en vain de le lui faire rendre. Insensible aux friandises que je lui offrais, il ne faisait que jacasser en réponse à mes câlineries, et quand à la fin perdant patience, je le menaçai avec une canne, il devint furieux et s'élança vers moi en grinçant des dents. Ma mère intervint alors et prit un siège à côté de lui, aussitôt il sauta sur ses genoux et lui permit tranquillement de prendre le document. Malheureusement en recevant le papier des mains de ma mère, je me permis de rire, ce qui ranima sa colère, et il se mit de nouveau à crier et à grincer des dents. Je m'aperçois qu'en thèse générale, le rire l'agace. Pendant qu'il joue avec ma mère sur son lit, il est toujours

de la meilleure humeur du monde, et tant que je reste tranquillement assise sur le lit, tout va bien ; mais si je ris, de
ses regards affectueux par exemple, il s'élance vers moi
comme pour me chasser, et revient témoigner plus d'affection
que jamais à ma mère, faisant la culbute ou se couchant sur
le dos, avec force grimaces comiques et une sorte de bruit
ressemblant à un rire léger.

28 déc. — Sa chaîne est attachée au dessus en marbre
d'une toilette, reposant sur le plancher le long du mur. La
plaque de marbre, avec ses rebords, forme une masse assez
lourde que l'animal ne pourrait déplacer en donnant du collier sans se faire du mal ; aussi quand la longueur de sa chaîne
ne lui permet pas d'accomplir quelque espièglerie, il s'en va
droit au dessus de toilette, passe un bras entre le mur et lui,
l'écarte de manière à pouvoir le repousser de ses quatre
extrémités en s'arcboutant contre le mur, et raidit alors ses
longues jambes jusqu'à leur dernière limite. Toutefois il ne
se décide à pareil effort que sous l'inspiration du génie du
mal ; qu'on lui mette sa nourriture là où il ne peut l'atteindre,
il ne se donnera pas tant de peine. Aujourd'hui, c'était à la
doublure en cuir d'une malle placée près de lui qu'il en voulait. J'éloignai la malle ; mais il eut bien vite fait de s'en
rapprocher en poussant la plaque de marbre pour suppléer à
la longueur de sa chaîne.

29 déc. — Ce qui me frappe c'est qu'il ne s'emporte jamais
contre la personne qui le tient par sa chaîne. Il devient furieux
si on lui enlève la moindre des choses, mais si on l'en éloigne
en le tirant, il ne manifeste aucun ressentiment. S'il cherche
à mordre quelqu'un et qu'on arrête son élan en le maintenant
par derrière au moyen de sa chaîne, il se soumet sans se
retourner pour essayer de mordre la personne qui lui a fait
manquer son coup, comme le ferait un chien en pareille circonstance. On dirait qu'il considère son enchaînement comme
une loi naturelle à laquelle il est inutile de chercher à résister.
Par contre, il paraît se rendre parfaitement compte du point
d'attache de sa chaîne, et ne point ignorer que s'il était assez
malin pour la défaire, il serait libre. Après que nous l'eûmes
vu remuer la plaque de marbre de la manière que j'ai décrite,
nous fîmes établir un boulon à boucle dans le plancher et
aussitôt que l'on y eût attaché sa chaîne, il commença à étu-

dier le nouveau système [1] et poursuivit ses recherches pendant des heures, passant et repassant rapidement la chaîne dans l'anneau. Quand il eut reconnu que cela n'y faisait rien, il se mit à marteler la chaîne et l'anneau de toutes ses forces et persista dans cette occupation tout le reste de la journée.

30 déc. — Il est toujours occupé à travailler la chaîne à son point d'attache. A force de la passer et de la repasser, il avait fini à un moment par bloquer complètement l'anneau, et réduire sa longe de plus de moitié. Il me fallut pour le dégager au moins un quart d'heure, durant lequel il resta tranquillement assis auprès de moi, suivant mes mouvements avec le plus grand intérêt, écartant mes doigts par moment pour mieux voir, et d'autre fois me lançant un regard plein d'intelligence comme pour me demander comment je m'y prenais. Lorsque j'eus remis tout en ordre, il reprit son travail et s'y entêta pendant plusieurs heures, mais il eut soin de ne pas engager la chaîne dans l'anneau une seconde fois.

31 déc. — Cette journée a été marquée par un accident. Il s'est pris un doigt de pied dans une charnière du séchoir. Malgré la douleur qu'il devait ressentir, il ne fit point de bruit et ne chercha pas à retirer son doigt, ce qui n'aurait servi qu'à lui faire plus de mal, au lieu de cela, il resta sans bouger, se contentant de pousser de petits cris plaintifs jusqu'à ce qu'il eût attiré mon attention. Pendant que je dégageais son pied, non sans lui faire quelque mal, il se tint parfaitement tranquille et ses regards exprimaient la reconnaissance.

1er janvier 1881. — A l'heure qu'il est, il a complètement renoncé à l'idée de détacher sa chaîne tout seul, la multiplicité et l'insuccès de ses efforts lui ont sans doute ôté tout espoir de ce côté. Il se fâche maintenant quand on l'attache. Quand je le détache, il est tout à la joie ; quand j'assujettis de nouveau sa chaîne à l'anneau du boulon, il ne se rend pas compte tout de suite de ce que je fais ; mais sitôt qu'il se sent à l'attache, il se jette sur moi et me mord.

10 janv. — Étant toujours attaché au même endroit, il n'a pas l'occasion de montrer son intelligence sous un aspect

---

1. 14 janvier 1881. — La plaque de marbre ne fut point enlevée après la pose du boulon ; mais il n'a jamais cherché à la remuer depuis que la chaîne n'y est plus attachée.

nouveau. Son affection pour ma mère a augmenté. Lorsqu'elle sort, il cesse de suite ses jeux et ses espiègleries et se met à courir en rond d'une manière fébrile, avec un petit cri d'appel d'un ton très doux (qu'il ne fait jamais attendre quand elle est dans l'appartement) et des temps d'arrêt pour mieux écouter. Tant qu'elle est absente, il ne prend aucun repos, néglige tous ses amusements et ne se fâche que rarement ; mais sitôt qu'elle est de retour il reprend toutes ses habitudes, et se montre généralement plus méchant que jamais avec le monde.

Il arrive souvent à ma mère de lui retirer des objets des mains, sans qu'il lui en veuille, mais il se dédommage en gratifiant quelqu'un d'autre de ses tracasseries. Je crus d'abord qu'il y avait erreur de sa part, qu'il ne pouvait se résoudre à croire que sa meilleure amie l'avait dépouillé, et pensait par conséquent que ce devait être quelque autre personne. Mais à force de le voir se comporter toujours de la même manière, j'ai acquis la conviction qu'il sait très bien à qui s'en prendre. On dirait qu'il trouve de bonne politique de maintenir de bonnes relations avec une personne entre toutes, et de décharger sur une autre avec qui il s'est déjà pris de querelle, la colère qu'il éprouve en se voyant dépouillé. — Il se fâche toujours davantage quand ma mère me remet ce qu'elle lui a pris, que quand elle le garde (voir 26 décembre) et c'est peut-être en partie pour cela qu'il m'en veut ; il croit que c'est un triomphe pour moi d'obtenir possession de ce qu'il convoite. De même ma mère peut rire autant qu'elle veut, mais si je me permets la moindre hilarité, je m'attire généralement quelque projectile. Lorsque ma mère rappelle une bonne qui vient de quitter la chambre, il se met en colère contre cette dernière et la salue à son retour d'une grêle de projectiles. Quelquefois ma mère fait semblant de gronder et de battre les domestiques, et, en pareil cas, il prend fait et cause pour elle avec une extrême vigueur ; mais quand je cherche à briguer sa sympathie par les mêmes procédés, il reste à peu près indifférent. Ma mère revient-elle après une absence, il pousse des cris de joie en entendant sa voix sur l'escalier, mais la reçoit assez tranquillement lorsqu'elle entre dans la chambre. Pendant qu'elle est dehors, il se montre aussi doux avec moi qu'avec elle. Peut-être est-il trop triste

pour se mettre en colère, ou bien est-il aimable par prudence
en l'absence de sa meilleure amie. Sitôt qu'elle est de retour,
il reprend goût à ses jouets et redevient plus désagréable que
jamais.

11 janv. — Quand il vous lance un projectile, il a maintenant l'habitude de grimper sur les barreaux du séchoir: il
semble qu'il ait compris que l'on ne s'inquiète guère de ce qui
tombe à vos pieds, et, n'étant pas assez fort pour vous jeter à
la tête des objets pesants comme un tisonnier ou un marteau,
il commence par grimper à la hauteur de la tête de son
ennemi, ce qui lui permet de lancer son projectile plus haut
et plus loin.

14 janv. — Ayant réussi aujourd'hui à s'emparer d'un balai
de cheminée, il eut bientôt fait d'en dévisser le manche ; il
se mit de suite à chercher la manière de le remettre en place
et finit par y arriver à force de persévérance. Tout d'abord,
il se trompa de bout, et fit tourner le manche pendant quelque
temps dans le trou du balai et dans le sens du pas de vis.
Mais voyant qu'il n'obtenait aucun résultat, il changea de
bout, l'ajusta à l'entrée du trou et recommença à le faire tourner. L'opération était naturellement assez difficile, car il lui
fallait ses deux mains pour maintenir le manche en position
et le faire pivoter sur lui-même, tandis que la longueur des
crins du balai le rendait instable. Il tâchait de l'affermir avec
un de ses pieds de derrière, mais malgré cela ce ne fut pas
sans peine qu'il réussit à faire mordre la vis ; enfin, à force
de constance, il en vint à bout, et eut dès lors bientôt fait de
visser le manche à fond. Ce qui me parut particulièrement
remarquable, c'est qu'en dépit de ses nombreux échecs au
début, il n'essaya pas une seule fois de tourner le manche
dans le sens contraire au pas de vis. L'opération accomplie,
il la répéta jusqu'à ce qu'il se fut familiarisé avec l'art de visser et de dévisser, après quoi il se mit en quête de quelque
autre amusement. Il est curieux qu'il tienne tant à obtenir un
résultat qui ne lui rapporte aucun avantage matériel. On
dirait que le seul désir d'accomplir une tâche qu'il s'est
imposée suffit pour l'encourager aux plus grands efforts. C'est
là en apparence un sentiment très humain, qui ne se retrouve
chez aucun autre animal que je sache. Ce n'est pas pour
se faire applaudir qu'il travaille, car il ne s'occupe pas de

voir si on le regarde ; c'est tout simplement dans le but d'arriver à son but, et tant qu'il n'y est pas arrivé, il s'y acharne sans se permettre la moindre distraction.

16 janv. — Lorsqu'il est en colère, s'il n'a pour projectiles que des objets auxquels il tient, il fait force gestes comme pour vous les jeter à la tête, mais ne s'en dessaisit point ; au contraire, s'il a sous la main quelque vieux jouet dont il est fatigué, il n'hésite pas à vous le lancer. Il frappe le monde avec une longue canne qu'il a ; lorsqu'on est hors de portée, il en frappe le plancher de toute sa force pour montrer ses intentions. Rien de plus drôle que de le voir grimper rageusement sur le séchoir, avec son bâton qui l'embarrasse mais avec lequel il espère pouvoir frapper un bon coup une fois parvenu en haut. Le chien est trop gâté pour avoir peur du bâton s'il le voit entre nos mains ; mais quand c'est le singe qui le tient, il se montre très craintif. Le singe ne peut pas souffrir que le chien s'installe dans le fauteuil où il prend lui-même place quelquefois avec ma mère, et comme ce siège est hors du rayon de sa longe, il se sert du bâton pour faire déguerpir son rival en lui donnant des coups de pointe.

18 janv. — Il s'est mis dans une grande colère contre la bonne qui balayait l'emplacement qui lui est affecté, et à chaque coup de balai il en saisissait le manche. Ma mère est venue remplacer la bonne, et aussitôt il a retrouvé sa bonne humeur, et s'est mis à l'aider en rassemblant les débris dans les coins en petits tas qu'il pousse ensuite devant le balai.

20 janv. — Ayant cassé sa chaîne, il s'élançait furieusement sur la bonne, lorsqu'il aperçut ma mère et sauta aussitôt sur ses genoux. Pendant qu'on préparait une nouvelle chaîne, il se rendit à la boîte qui contient ses noisettes ; on y range aussi différents objets, mais cela n'empêche pas qu'il la considère comme lui appartenant tout spécialement, et rien ne l'exaspère comme de voir quelqu'un l'ouvrir pour y prendre quelque chose, alors même qu'il a plus de noisettes qu'il n'en peut manger. Voyant qu'il cherchait à manipuler la serrure de cette boîte, je lui en donnai la clef et pendant deux bonnes heures il s'efforça de trouver le moyen de s'en servir. La serrure est en assez mauvais état, et pour la faire jouer il faut appuyer sur le couvercle, ce qui revient à dire qu'il n'y avait guère de chance que l'animal pût ouvrir la boîte ; mais il

finit par trouver la manière d'introduire la clef et de la tourner de droite et de gauche, essayant à chaque fois de soulever le couvercle pour voir s'il avait réussi. En cela il ne faisait évidemment qu'imiter ce qu'il avait vu faire ; ce qui le prouve c'est qu'il retirait la clef de la serrure à chaque tour, et la promenait en tâtonnant tout autour du trou, comme il arrive souvent à ma mère de le faire par suite de sa mauvaise vue quand elle cherche à introduire la clef dans la serrure. Le singe pense évidemment que ce tâtonnement est en quelque sorte essentiel à la réussite de l'opération, et n'a garde de l'omettre quoiqu'il puisse parfaitement faire entrer la clef du premier coup.

21 janv. — Je lui ai donné une cuiller en fer pour voir s'il saurait s'en faire un levier pour ouvrir une boite dont le couvercle était cloué. Ma mère a en partie compromis l'expérience, en introduisant la cuiller sous le couvercle à un endroit où il y avait une ouverture. Je ne saurais donc affirmer s'il aurait ou non franchi à la longue ce premier pas. Toujours est-il qu'une fois le manche de la cuiller engagé, il sut parfaitement s'en servir et se mit à peser de toute sa force sur l'extrémité libre, de manière à déclouer le couvercle.

22 janv. — Ma mère l'avait pris sur ses genoux pour lui laver les mains avec une petite éponge, opération qu'il adore ; mais lorsqu'elle voulut lui laver la figure, ce fut une autre affaire. — A chaque coup d'éponge, son expression témoignait d'un mécontentement croissant, si bien qu'à la fin il sauta à terre et se jeta avec fureur sur une bonne qui d'habitude jouit de ses bonnes grâces et qui ne faisait rien qui pût le vexer. Du reste, le trait est caractéristique ; il cherche toujours à se venger sur autrui lorsqu'il en veut à ma mère. Pendant ou bien après un accès de colère, il mange toujours avec voracité, et lorsque l'accès a duré quelque temps, il s'étend sur le côté ; il est probable qu'il se sent épuisé, et à le voir on le dirait mort.

30 janv. — Il se rend fort bien compte de la portée d'une poignée de main, et tend toujours la sienne quand il veut faire preuve d'amitié, surtout quand un de ses amis entre ou sort. Tandis qu'il s'amusait aujourd'hui avec ses jouets sans paraître se préoccuper de son entourage, ma mère se souvint soudain que c'était mon jour de naissance et accompagna ses fé-

licitations d'une poignée de main. Le singe en conçut aussitôt un vif ressentiment contre moi, et se mit à me lancer toutes sortes de projectiles en criant et jacassant de colère jalouse.

1er février. — Le voilà maintenant installé dans la salle à manger, entre la cheminée et la croisée. Ce déménagement l'attriste, car il ne voit plus autant ma mère.

4 fév. — Sa mélancolie persiste et pourrait bien le rendre malade. Il refuse de jouer, et ne fait que languir et grelotter dans un coin. Voyant qu'il avait l'air froid et malheureux, je lui frottai les mains pour les réchauffer; il se laissa faire avec douceur, et je crois qu'il commence à m'aimer.

8 fév. — Depuis qu'il s'est pris d'affection pour moi, il a retrouvé sa bonne humeur. Il a l'air de m'aimer maintenant autant qu'il aimait ma mère; du moins, il accepte mes soins, souffre ma présence dans les limites de son domaine, et me permet même de lui retirer ce qu'il a entre les mains. Mais quand ma mère vient le voir, il se montre indifférent à mon égard, quoique jamais hostile comme par le passé ; quant aux domestiques, il leur témoigne toujours la même aversion devant ma mère.

10 fév. — Nous lui avons donné ce matin une poignée de morceaux de bois qu'il s'est amusé toute la journée à fourrer dans le feu pour les en retirer fumants et jouir de l'odeur du bout calciné. Il aime aussi à prendre des morceaux de braise au foyer et à se les promener sur la tête et la poitrine, pour se procurer une sensation de chaleur; jamais il ne se brûle. Il se couvre également la tête de cendres chaudes. Voulant allumer un morceau de papier que je lui avais donné, mais ne pouvant pas tout à fait y arriver à cause de sa chaîne, il en fit un rouleau, de manière à pouvoir atteindre le feu, et sitôt qu'il le vit enflammé, il le retira et le regarda brûler dans le garde-cendres avec la plus grande satisfaction. Je lui donnai ensuite un journal entier qu'il convertit en bandes, puis en rouleaux auxquels il mit le feu l'un après l'autre sans jamais se brûler.

13 fév. — Il n'est pas embarrassé pour ouvrir ou fermer les volets, et semble s'en amuser. Il a également dévissé tous les boutons du garde-cendres, et démonté la poignée de la sonnette à côté de la cheminée que maintiennent quatre vis.

15 fév. — Il m'a prise en telle amitié qu'il veut constam-

ment me faire partager ses friandises. Cette générosité n'est pas sans avoir quelques inconvénients, comme j'en eus la preuve aujourd'hui lorsqu'il mit dans ma main, pendant que j'avais les yeux tournés d'un autre côté, une quantité de pain trempé dans du lait.

17 fév. — Étant à manger un morceau de pain grillé, il en offrit une portion au chien qui l'accepta. Je crois bien qu'il avait quelque idée de pincer le chien avec l'autre main — peut-être ma présence l'en empêcha-t-elle, car il sait que le chien et moi sommes bons amis ; en tout cas ses yeux avaient une expression de malice que je n'y vois point quand il me fait une offrande.

19 fév. — Pendant que j'étais à le brosser, il me prit la brosse et se montra fort peu disposé à me la rendre. Je tenais d'autant plus à une restitution, que nous avons soin maintenant de ne lui rien laisser entre les mains, de peur qu'il ne brise les carreaux des fenêtres. J'essayai de le séduire par d'autres objets, mais tout en courant après eux il ne lâchait pas la brosse. Je finis par m'asseoir, en l'appelant doucement à moi ; il vint alors tranquillement sur mes genoux et mit la brosse dans mes mains, avec l'intention bien évidente d'y renoncer plutôt que de mécontenter sa seule amie.

22 fév. — Il a une manière curieuse de manifester son humeur ; c'est pour ainsi dire l'antithèse en action. Est-il en colère, il s'élance en avant des quatre mains, la queue en l'air, le poil hérissé, de manière à se grossir en apparence. Veut-il, au contraire, témoigner de son affection, il s'approche lentement, le corps en forme de cercle, la tête touchant à terre, la figure en dedans, le poil lisse. Il marche sur trois mains et tend la quatrième (une de celles de devant) en avant de son corps. Il compte sur une poignée de main amicale, et lorsqu'il l'a reçue il reprend son attitude ordinaire. Ce mode de progression, en tant que la position de sa bouche tournée vers sa poitrine ne saurait lui permettre de mordre, témoigne d'une façon incontestable de ses dispositions amicales. — 28 février 1881.

Ce compte-rendu peut être admis en confiance. J'ai eu maintes et maintes fois l'occasion de vérifier la plupart des observations qui y sont consignées ; mais je désire le complé-

ter au moyen de certains faits que j'avais observés moi-même
en premier lieu, et qui ont été omis à dessein.

M'étant procuré dans un magasin de jouets un singe assez
bien réussi, je me présentai devant le véritable singe avec
mon emplette en faisant mine de lui prodiguer mes caresses.
Trompé par les apparences, l'animal manifesta une extrême
curiosité qui tournait quelque peu à l'alarme toutes les fois
que je lui tendais le jouet ; et même après qu'il m'eut vu
le déposer sur la table, il eut peur d'en approcher. D'où il
semble résulter que c'était plutôt à ses yeux qu'à son odorat
qu'il se fiait pour reconnaître un congénère.

Une autre fois que j'avais mis un miroir sur le plancher, le
singe prit son image pour un autre animal. L'alarme qu'il
parut ressentir tout d'abord se calma bientôt, et il s'approcha
pour toucher ce nouveau compagnon. Voyant qu'il ne pouvait
y parvenir, il fit plusieurs fois le tour du miroir, mais sans
se fâcher comme le singe du professeur Brown Robertson.
Chose curieuse, il se méprit sur le sexe de sa propre image,
et se mit à lui faire la cour d'une façon absolument risible. Il
commença par appuyer ses lèvres contre la glace, puis se
dressant de toute sa hauteur sur ses jambes de derrière, il
s'éloigna lentement, le dos tourné au miroir, regardant par
dessus son épaule, après quoi il se mit à se promener de long
en large en se dandinant d'un air avantageux. Je remarquai
par la suite les mêmes velléités de conquête chaque fois que
je mettais le miroir sur le plancher.

Dès la première fois qu'il me vit, ce singe se prit pour moi
d'une affection aussi vive que pour ma mère. Mais sa manière
de me souhaiter la bienvenue était toute différente. Quand ma
mère rentrait dans l'appartement après une absence, il la re-
cevait avec une joie contenue ; mais, à ma vue, ses démonstrations faisaient positivement peine à voir. Debout sur ses
jambes de derrière et tirant sur sa longe, les mains tendues
vers moi, il poussait des cris avec une vigueur et sur un ton
que je ne remarquai en aucune autre occasion. Il faisait, en
somme, un tel vacarme qu'il était impossible de converser
même en criant ; mais sitôt que je le prenais dans mes bras,
il se calmait et me prodiguait les témoignages d'affection. Le
son même de ma voix, au bas de l'escalier, était le signal de
bruyantes démonstrations de sa part, si bien que lorsque je

venais voir ma mère, j'avais soin de monter l'escalier en silence, à moins que je n'eusse l'intention de commencer par
une visite à monsieur le singe.

Il est reconnu que les singes se montrent très capricieux
dans leurs amitiés comme dans leurs aversions ; mais je n'aurais jamais cru qu'un animal pût être aussi fantasque, sous
ce rapport, que le singe en question. Envers ma mère et moi,
son empressement à témoigner son affection était positivement touchant ; en dehors de nous, il se montrait ou indifférent ou hostile. Ma sœur, à laquelle les animaux s'attachent, d'ordinaire, beaucoup plus qu'à moi, déployait à son
égard une patience et une bonté inépuisables, prenant en
bonne part ses morsures, etc...; et, de plus, c'était elle qui
lui donnait à manger et lui fournissait la plupart de ses
jouets. Mais elle avait beau être, de fait, sa meilleure amie,
son antipathie pour elle n'était guère moins remarquable
que l'attachement passionné qu'il avait voué à ma mère et
à moi.

Autre trait qu'il convient de relever dans la psychologie de
cet animal ; c'est la douceur de ses manières envers ma mère.
Avec moi, comme, du reste, avec tout le monde, il se conduisait en vrai singe, avec une entière liberté d'allures ; mais
avec ma mère, il avait toute la douceur d'un jeune chat : on
aurait dit qu'il savait qu'à son âge et avec ses infirmités elle
n'était pas en état de supporter ses façons bruyantes.

Je rendis l'animal au jardin zoologique, vers la fin de février, et, jusqu'à sa mort, en octobre 1881, il se souvint de
moi comme au jour où il nous avait quittés. Chaque mois environ, j'allais visiter la maison des singes, et sitôt que je
m'approchais de sa cage, il me reconnaissait avec une rapidité
étonnante — la plupart du temps avant que je l'eusse distingué — et, courant à la grille, il me tendait les deux mains, à
travers les barreaux, avec l'expression de la plus grande
joie. Toutefois, il ne poussait aucun cri ; son esprit paraissait
trop occupé par les incidents de la vie commune au milieu de
ses congénères, pour laisser place aux émotions intenses qu'il
avait éprouvées dans le calme d'une existence solitaire. Frappé
de la rapidité de discernement dont il faisait preuve en me
reconnaissant, quel que fût le nombre des spectateurs autour
de sa cage, je résolus de voir s'il me distinguerait au milieu

de la foule compacte qui remplit la salle des singes le lundi de Pâques. L'expérience fut toute à son honneur. Quoique je me trouvasse derrière trois ou quatre rangs de spectateurs, il me reconnut presque immédiatement sans que j'eusse fait le moindre bruit pour appeler son attention, et traversa sa cage en courant pour me témoigner son plaisir. Quand je m'en allai, il me suivit, selon son habitude, jusqu'à l'extrémité de sa cage et y resta, m'accompagnant du regard, tant que je fus en vue.

En dernière analyse, le trait le plus remarquable de la psychologie de cet animal, le plus essentiellement distinctif quand on la compare à celle des autres, était à mon avis son infatigable esprit d'investigation. L'application soutenue dont fit preuve ce pauvre singe en consacrant heure sur heure à tâcher de se rendre compte, dans la mesure de son intelligence, des objets insolites qui tombaient entre ses mains, pourrait servir de leçon à plus d'un observateur superficiel. Et si l'on considère l'intensité de sa satisfaction après avoir réussi à faire quelque petite découverte, comme, par exemple, le mécanisme de la vis, la manière dont il confirmait qu'il avait réussi à comprendre par une pratique opiniâtre du résultat nouvellement acquis, l'étonnante puissance d'abstraction ainsi révélée, on se trouve en présence d'un phénomène si complètement unique dans le règne animal que, pour mon compte, je l'avoue, je n'y ai ajouté foi qu'à force de le voir de mes propres yeux. Selon l'expression de ma sœur, un jour que nous le regardions s'absorber dans ses recherches au point d'oublier tout le reste, « si un singe peut en faire autant, comment s'étonner que l'homme soit un animal scientifique ! » En présence de pareils faits, on comprend comment, partie de si haut, la psychologie du singe peut engendrer celle de l'homme.

FIN.

TABLE DES MATIÈRES

DU TOME DEUXIÈME.

VERSAILLES

IMPRIMERIE CERF ET FILS

59, RUE DUPLESSIS.

ANCIENNE LIBRAIRIE GERMER BAILLIERE ET Cⁱᵉ

FÉLIX ALCAN, ÉDITEUR

CATALOGUE

DES

LIVRES DE FONDS

(PHILOSOPHIE — HISTOIRE)

TABLE DES MATIÈRES

On peut se procurer tous les ouvrages qui se trouvent dans ce Catalogue par l'intermédiaire des libraires de France et de l'Étranger.

On peut également les recevoir *franco* par la poste, sans augmentation des prix désignés, en joignant à la demande des TIMBRES-POSTE FRANÇAIS ou un MANDAT sur Paris.

PARIS

108, BOULEVARD SAINT-GERMAIN, 108

Au coin de la rue Hautefeuille.

MARS 1888

Les titres précédés d'un *astérisque* sont recommandés par le Ministère de l'Instruction publique pour les Bibliothèques et pour les distributions des prix des lycées et collèges. — Les lettres V. P. indiquent les volumes adoptés pour les distributions de prix et les Bibliothèques de la Ville de Paris.

BIBLIOTHÈQUE DE PHILOSOPHIE CONTEMPORAINE
Volumes in-12 brochés à 2 fr. 50.

Cartonnés toile. 3 francs. — En demi-reliure, plats papier. 4 francs.

Quelques-uns de ces volumes sont épuisés, et il n'en reste que peu d'exemplaires imprimés sur papier vélin; ces volumes sont annoncés au prix de 5 francs.

ALAUX, professeur à la Faculté des lettres d'Alger. **Philosophie de M. Cousin.**

AUBER (Ed.). **Philosophie de la médecine.**

BALLET (G.), professeur agrégé à la Faculté de médecine. **Le Langage intérieur** et les diverses formes de l'aphasie, avec figures dans le texte. 2ᵉ édit.

BARTHÉLEMY SAINT-HILAIRE, de l'Institut. **De la Métaphysique.**

* BEAUSSIRE, de l'Institut. **Antécédents de l'hégélianisme dans la philosophie française.**

* BERSOT (Ernest), de l'Institut. **Libre Philosophie.** (V. P.)

* BERTAULD, de l'Institut. **L'Ordre social et l'Ordre moral.**

— **De la Philosophie sociale.**

BINET (A.). **La Psychologie du raisonnement,** expériences par l'hypnotisme.

BOST. **Le Protestantisme libéral.**

BOUILLIER. **Plaisir et Douleur.** Papier vélin.   5 fr.

* BOUTMY (E.), de l'Institut. **Philosophie de l'architecture en Grèce.** (V. P.)

* CHALLEMEL-LACOUR. **La Philosophie** individualiste, étude sur G. de Humboldt. (V. P.)

COIGNET (Mᵐᵉ C.). **La Morale indépendante.**

COQUEREL Fils (Ath.). **Transformations historiques du christianisme.**

— **La Conscience et la Foi.**

— **Histoire du Credo.**

COSTE (Ad.). **Les Conditions sociales du bonheur et de la force.** (V. P.)

DELBŒUF (J.). **La Matière brute et la matière vivante.** Étude sur l'origine de la vie et de la mort.

* ESPINAS (A.), professeur à la Faculté des lettres de Bordeaux. **La Philosophie expérimentale en Italie.**

FAIVRE (E.), professeur à la Faculté des sciences de Lyon. **De la Variabilité des espèces.**

FÉRÉ (Ch.). **Sensation et mouvement.** Étude de psycho-mécanique, avec figures.

— **Dégénérescence et criminalité,** avec figures.

FONTANÈS. **Le Christianisme moderne.**

FONVIELLE (W. de). **L'Astronomie moderne.**

* FRANCK (Ad.), de l'Institut. **Philosophie du droit pénal.** 2ᵉ édit.

— **Des Rapports de la religion et de l'Etat.** 2ᵉ édit.

— **La Philosophie mystique en France au XVIIIᵉ siècle.**

* GARNIER. **De la Morale dans l'antiquité.** Papier vélin.   5 fr.

GAUCKLER. **Le Beau et son histoire.**

HAECKEL, prof. à l'Université d'Iéna. **Les Preuves du transformisme.** 2ᵉ édit.

— **La Psychologie cellulaire.**

HARTMANN (E. de). **La Religion de l'avenir.** 2ᵉ édit.

— **Le Darwinisme,** ce qu'il y a de vrai et de faux dans cette doctrine. 3ᵉ édit.

* HERBERT SPENCER. **Classification des sciences,** trad. de M. Cazelles. 4ᵉ édit.

— **L'Individu contre l'État,** traduit par M. Gerschel. 2ᵉ édit.

Suite de la *Bibliothèque de philosophie contemporaine*, format in-12,
à 2 fr. 50 le volume.

* JANET (Paul), de l'Institut. **Le Matérialisme contemporain.** 4ᵉ édit.
— * **La Crise philosophique.** Taine, Renan, Vacherot, Littré.
— * **Philosophie de la Révolution française.** 3ᵉ édit. (V. P.)
— * **Saint-Simon et le Saint-Simonisme.**
— **Les Origines du socialisme contemporain.**
* LAUGEL (Auguste). **L'Optique et les Arts.** (V. P.)
— * **Les Problèmes de la nature.**
— * **Les Problèmes de la vie.**
— * **Les Problèmes de l'âme.**
— * **La Voix, l'Oreille et la Musique.** Papier vélin.   5 fr.
LEBLAIS. **Matérialisme et Spiritualisme.**
* LEMOINE (Albert), maître de conférences à l'Ecole normale. **Le Vitalisme et l'Animisme.**
— * **De la Physionomie et de la Parole.**
— * **L'Habitude et l'Instinct.**
LEOPARDI. **Opuscules et Pensées,** traduit par M. Aug. Dapples.
LEVALLOIS (Jules). **Déisme et Christianisme.**
* LÉVÊQUE (Charles), de l'Institut. **Le Spiritualisme dans l'art.**
— * **La Science de l'invisible.**
LÉVY (Antoine). **Morceaux choisis des philosophes allemands.**
* LIARD, directeur de l'Enseignement supérieur. **Les Logiciens anglais con-**
    temporains. 2ᵉ édit.
— * **Des définitions géométriques et des définitions empiriques.** 2ᵉ édit.
* LOTZE (H.). **Psychologie physiologique,** traduit par M. Penjon.
MARIANO. **La Philosophie contemporaine en Italie.**
* MARION, professeur à la Faculté des lettres de Paris. **J. Locke, sa vie, son**
    œuvre.
* MILSAND. **L'Esthétique anglaise,** étude sur John Ruskin.
MOSSO. **La Peur.** Étude psycho-physiologique, trad. de l'italien par F. Hément
    (avec figures).
ODYSSE BAROT. **Philosophie de l'histoire.**
PAULHAN. **Les Phénomènes affectifs et les lois de leur apparition.** Essai de
    psychologie générale.
PI Y MARGALL. **Les Nationalités,** traduit par M. L. X. de Ricard.
* RÉMUSAT (Charles de), de l'Académie française. **Philosophie religieuse.**
RÉVILLE (A.), professeur au Collège de France. **Histoire du dogme de la divi-**
    nité de Jésus-Christ.
RIBOT (Th.), direct. de la *Revue philos.* **La Philosophie de Schopenhauer.** 2ᵉ édit.
— * **Les Maladies de la mémoire.** 4ᵉ édit.
— **Les Maladies de la volonté.** 4ᵉ édit.
— **Les Maladies de la personnalité.** 2ᵉ édit.
— **Le Mécanisme de l'attention.** (*Sous presse.*)
RICHET (Ch.), professeur à la Faculté de médecine. **Essai de psychologie géné-**
    rale (avec figures).
ROISEL. **De la Substance.**
SAIGEY. **La Physique moderne.** 2ᵉ tirage. (V. P.)
* SAISSET (Emile), de l'Institut. **L'Ame et la Vie.**
— * **Critique et Histoire de la philosophie** (fragm. et disc.).
SCHMIDT (O.). **Les Sciences naturelles et la Philosophie de l'inconscience.**
SCHŒBEL. **Philosophie de la raison pure.**

Suite de la *Bibliothèque de philosophie contemporaine*, format in-12,
à 2 fr. 50 le volume.

* SCHOPENHAUER. **Le Libre arbitre**, traduit par M. Salomon Reinach. 3ᵉ édit.
— * **Le Fondement de la morale**, traduit par M. A. Burdeau. 2ᵉ édit.
— **Pensées et Fragments**, avec intr. par M. J. Bourdeau. 7ᵉ édit.
SELDEN (Camille). **La Musique en Allemagne**, étude sur Mendelssohn. (V. P.)
SICILIANI (P.). **La Psychogénie moderne.**
STRICKER. **Le Langage et la Musique**, traduit par M. Schwiedland.
* STUART MILL. **Auguste Comte et la Philosophie positive**, traduit par M. Clé-
menceau. 2ᵉ édit. (V. P.)
— **L'Utilitarisme**, traduit par M. Le Monnier.
TAINE (H.), de l'Académie française. **L'Idéalisme anglais**, étude sur Carlyle.
— * **Philosophie de l'art dans les Pays-Bas.** 2ᵉ édit. (V. P.)
— * **Philosophie de l'art en Grèce.** 2ᵉ édit. (V. P.)
— * **De l'Idéal dans l'art.** Papier vélin.   5 fr.
— * **Philosophie de l'art en Italie.** Papier vélin.   5 fr.
— * **Philosophie de l'art.** Papier vélin.   5 fr.
TARDE. **La Criminalité comparée.**
TISSANDIER. **Des Sciences occultes et du Spiritisme.** Pap. vélin.   5 fr.
* VACHEROT (Et.), de l'Institut. **La Science et la Conscience.**
VÉRA (A.), professeur à l'Université de Naples. **Philosophie hégélienne.**
VIANNA DE LIMA. **L'Homme selon le transformisme.**
ZELLER. **Christian Baur et l'École de Tubingue**, traduit par M. Ritter.

BIBLIOTHÈQUE DE PHILOSOPHIE CONTEMPORAINE

Volumes in-8.

Brochés à 5 r., 7 fr. 50 et 10 fr. — Cart. anglais, 1 fr. en plus par volume.
Demi-reliure...................... 2 francs.

AGASSIZ. **De l'Espèce et des Classifications.** 1 vol.   5 fr.
BAIN (Alex.) *. **La Logique inductive et déductive.** Traduit de l'anglais par
M. G. Compayré. 2 vol. 2ᵉ édit.   20 fr.
— * **Les Sens et l'Intelligence.** 1 vol. Traduit par M. Cazelles.   10 fr.
— * **L'Esprit et le Corps.** 1 vol. 4ᵉ édit.   6 fr.
— **La Science de l'Éducation.** 1 vol. 6ᵉ édit.   6 fr.
— **Les Émotions et la Volonté.** Trad. par M. Le Monnier. 1 vol.   10 fr.
* BARDOUX, sénateur. **Les Légistes, leur influence sur la société française.**
1 vol.   5 fr.
* BARNI (Jules). **La Morale dans la démocratie.** 1 vol. 2ᵉ édit. précédée d'une
préface de M. D. NOLEN, recteur de l'académie de Douai. (V. P.)   5 fr.
BEAUSSIRE (Émile), de l'Institut. **Les Principes de la morale.** 1 vol.   5 fr.
— **Les Principes du droit.** 1 vol. in-8.   5 fr.
BERTRAND (A.), professeur à la Faculté des lettres de Lyon. **L'Aperception du
corps humain par la conscience.** 1 vol.   5 fr.
BÜCHNER. **Nature et Science.** 1 vol. 2ᵉ édit. Traduit par M. Lauth.   7 fr. 50
CARRAU (Ludovic), directeur des conférences de philosophie à la Sorbonne. **La
Philosophie religieuse en Angleterre,** depuis Locke jusqu'à nos jours. 1 vol. 5 fr.
CLAY (R.). **L'Alternative, contribution à la psychologie.** 1 vol. Traduit de
l'anglais par M. A. Burdeau, député, ancien prof. au lycée Louis-le-Grand. 10 fr.
EGGER (V.), professeur à la Faculté des lettres de Nancy. **La Parole intérieure.**
1 vol.   5 fr.

Suite de la *Bibliothèque de philosophie contemporaine*, format in-8.

ESPINAS (Alf.), professeur à la Faculté des lettres de Bordeaux. **Des Sociétés animales. 1 vol. 2ᵉ édit.** 7 fr. 50

FERRI (Louis), correspondant de l'Institut. **La Psychologie de l'association,** depuis Hobbes jusqu'à nos jours. 1 vol. 7 fr. 50

* FLINT, professeur à l'Université d'Edimbourg. **La Philosophie de l'histoire en France.** Traduit de l'anglais par M. Ludovic Carrau, directeur des conférences de philosophie à la Sorbonne. 1 vol. 7 fr. 50

— * **La Philosophie de l'histoire en Allemagne.** Trad. de l'angl. par M. Ludovic Carrau. 1 vol. 7 fr. 50

FONSEGRIVES. **Essai sur le libre arbitre.** Sa théorie, son histoire. 1 vol. 10 fr.

* FOUILLÉE (Alf.), ancien maître de conférences à l'École normale supérieure. **La Liberté et le Déterminisme.** 1 vol. 2ᵉ édit. 7 fr. 50

— **Critique des systèmes de morale contemporains.** 1 vol. 2ᵉ édit. 7 fr. 50

FRANCK (A.), de l'Institut. **Philosophie du droit civil.** 1 vol. 5 fr.

CAROFALO, agrégé de l'Université de Naples. **La Criminologie.** 1 vol. 7 fr. 50

* GUYAU. **La Morale anglaise contemporaine.** 1 vol. 2ᵉ édit. 7 fr. 50

— **Les Problèmes de l'esthétique contemporaine.** 1 vol. 5 fr.

— **Esquisse d'une morale sans obligation ni sanction.** 1 vol. 5 fr.

—. **L'Irréligion de l'avenir,** étude de sociologie. 1 vol. 2ᵉ édit. 7 fr. 50

HERBERT SPENCER *. **Les Premiers Principes.** Traduit par M. Cazelles. 1 fort volume. 10 fr.

— **Principes de biologie.** Traduit par M. Cazelles. 2 vol. 20 fr.

— * **Principes de psychologie.** Trad. par MM. Ribot et Espinas. 2 vol. 20 fr.

— * **Principes de sociologie :**
Tome I. Traduit par M. Cazelles. 1 vol. 10 fr.
Tome II. Traduit par MM. Cazelles et Gerschel. 1 vol. 7 fr. 50
Tome III. Traduit par M. Cazelles. 1 vol. 15 fr.
Tome IV. Traduit par M. Cazelles. 1 vol. 3 fr. 75

— * **Essais sur le progrès.** Traduit par M. A. Burdeau. 1 vol. 2ᵉ éd. 7 fr. 50

— **Essais de politique.** Traduit par M. A. Burdeau. 1 vol. 2ᵉ édit. 7 fr. 50

— **Essais scientifiques.** Traduit par M. A. Burdeau. 1 vol. 7 fr. 50

* **De l'Education physique, intellectuelle et morale.** 1 vol. 5ᵉ édit. 5 fr.

— * **Introduction à la science sociale.** 1 vol. 6ᵉ édit. 6 fr.

— **Les Bases de la morale évolutionniste.** 1 vol. 3ᵉ édit. 6 fr.

— * **Classification des sciences.** 1 vol. in-18. 2ᵉ édit. 2 fr. 50

— **L'Individu contre l'État.** Traduit par M. Gerschel. 1 vol. in-18. 2ᵉ édit. 2 fr. 50

— **Descriptive Sociology,** or Groups of sociological facts. French compiled by James Collier. 1 vol. in-folio. 50 fr.

* HUXLEY, de la Société royale de Londres. **Hume, sa vie, sa philosophie.** Traduit de l'anglais et précédé d'une Introduction par G. Compayré. 1 vol. 5 fr.

* JANET (Paul), de l'Institut. **Les Causes finales.** 1 vol. 2ᵉ édit. 10 fr.

— * **Histoire de la science politique dans ses rapports avec la morale.** 2 forts vol. in-8. 3ᵉ édit., revue, remaniée et considérablement augmentée. 20 fr.

* LAUGEL (Auguste). **Les Problèmes** (Problèmes de la nature, problèmes de la vie, problèmes de l'âme). 1 vol. 7 fr. 50

* LAVELEYE (de), correspondant de l'Institut. **De la Propriété et de ses formes primitives.** 1 vol. 4ᵉ édit. (*Sous presse.*)

* LIARD, directeur de l'enseignement supérieur. **La Science positive et la Métaphysique.** 1 vol. 2ᵉ édit. 7 fr. 50

— **Descartes.** 1 vol. 5 fr.

LOMBROSO. **L'Homme criminel** (criminel-né, fou-moral, épileptique). Étude anthropologique et médico-légale, précédée d'une préface de M. le docteur Letourneau. 1 vol. in-8. 10 fr.

— **Atlas de 32 planches,** contenant de nombreux portraits, fac-similés d'écritures et de dessins, tableaux et courbes statistiques pour accompagner ledit ouvrage. 8 fr.

Suite de la *Bibliothèque de philosophie contemporaine*, format in-8.

MARION (H.), professeur à la Faculté des lettres de Paris. **De la Solidarité morale.** Essai de psychologie appliquée. 1 vol. 2ᵉ édit. (V. P.) 5 fr.

MATTHEW ARNOLD. **La Crise religieuse.** 1 vol. 7 fr. 50

MAUDSLEY. **La Pathologie de l'esprit.** 1 vol. Trad. par M. Germont. 10 fr.

* NAVILLE (E.), correspond. de l'Institut. **La Logique de l'hypothèse.** 1 vol. 5 fr.

PÉREZ (Bernard). **Les trois premières années de l'enfant.** 1 fort vol. 3ᵉ édit. 5 fr.

— **L'Enfant de trois à sept ans.** 1 vol. 5 fr.

— **L'Éducation morale dès le berceau.** 1 vol. 2ᵉ édit. 5 fr.

— **L'Art et la Peinture chez l'enfant.** (*Sous presse.*)

PIDERIT. **La Mimique et la Physiognomonie.** Trad. de l'allemand par M. Girot. 1 vol. avec 95 figures dans le texte. 5 fr.

PREYER, professeur à la Faculté d'Iéna. **Éléments de physiologie.** Traduit de l'allemand par M. J. Soury. 1 vol. 5 fr.

— **L'Ame de l'enfant.** Observations sur le développement psychique des premières années. 1 vol., traduit de l'allemand par M. H. C. de Varigny. 10 fr.

* QUATREFAGES (Dᶜ), de l'Institut. **Ch. Darwin et ses précurseurs français.** 1 vol. 5 fr.

RIBOT (Th.), directeur de la *Revue philosophique.* **L'Hérédité psychologique.** 1 vol. 3ᵉ édit. 7 fr. 50

— * **La Psychologie anglaise contemporaine.** 1 vol. 3ᵉ édit. 7 fr. 50

— * **La Psychologie allemande contemporaine.** 1 vol. 2ᵉ édit. 7 fr. 50

RICHET (Ch.), professeur à la Faculté de médecine de Paris. **L'Homme et l'Intelligence.** Fragments de psychologie et de physiologie. 1 vol. 2ᵉ édit. 10 fr.

ROBERTY (E. de). **L'Ancienne et la Nouvelle philosophie.** 1 vol. 7 fr. 50

SAIGEY (Emile). **Les Sciences au XVIIIᵉ siècle.** La physique de Voltaire. 1 vol. 5 fr.

SCHOPENHAUER. **Aphorismes sur la sagesse dans la vie.** 3ᵉ édit. Traduit par M. Cantacuzène. 1 vol. 5 fr.

— **De la quadruple racine du principe de la raison suffisante,** suivi d'une *Histoire de la doctrine de l'idéal et du réel.* Trad. par M. Cantacuzène. 1 vol. 5 fr.

— **Le monde comme volonté et représentation.** Traduit de l'allemand par M. A. Burdeau. 3 vol. Tome I. 1 vol. 7 fr. 50

Les tomes II et III paraîtront dans le courant de l'année 1888.

SÉAILLES, maître de conférences à la Faculté des lettres de Paris. **Essai sur le génie dans l'art.** 1 vol. 5 fr.

SERGI, professeur à l'Université de Rome. **La Psychologie physiologique,** traduite de l'italien par M. Mouton. 1 vol. avec figures. 1888. 10 fr.

* STUART MILL. **La Philosophie de Hamilton.** 1 vol. 10 fr.

— * **Mes Mémoires.** Histoire de ma vie et de mes idées. Traduit de l'anglais par M. E. Cazelles. 1 vol. 5 fr.

— * **Système de logique déductive et inductive.** Trad. de l'anglais par M. Louis Peisse. 2 vol. 20 fr.

— * **Essais sur la religion.** 2ᵉ édit. 1 vol. 5 fr.

SULLY (James). **Le Pessimisme.** Trad. par MM. Bertrand et Gérard. 1 vol. 7 fr. 50

VACHEROT (Et.), de l'Institut. **Essais de philosophie critique.** 1 vol. 7 fr. 50

— **La Religion.** 1 vol. 7 fr. 50

WUNDT. **Éléments de psychologie physiologique.** 2 vol. avec figures, trad. de l'allem. par le Dʳ Élie Rouvier, et précédés d'une préface de M. D. Nolen. 20 fr.

ÉDITIONS ÉTRANGÈRES

Éditions anglaises.	*Éditions allemandes.*
AUGUSTE LAUGEL. The United States during the war. In-8. 7 shill. 6 p.	PAUL JANET. The Materialism of present day. 1 vol. in-18, rel. 3 shill.
ALBERT RÉVILLE. History of the doctrine of the deity of Jesus-Christ. 3 sh. 6 p.	JULES BARNI. Napoléon 1ᵉʳ. In-18. 3 m.
H. TAINE. Italy (Naples et Rome). 7 sh. 6 p.	PAUL JANET. Der Materialismus unsere Zeit. 1 vol. in-18. 3 m.
H. TAINE. The Philosophy of Art. 3 sh.	H. TAINE. Philosophie der Kunst. 1 volume in-18. 3 m.

COLLECTION HISTORIQUE DES GRANDS PHILOSOPHES

PHILOSOPHIE ANCIENNE

ARISTOTE (Œuvres d'), traduction de M. Barthélemy Saint-Hilaire.
— **Psychologie** (Opuscules), avec notes. 1 vol. in-8 .... 10 fr.
— **Rhétorique**, avec notes. 1870. 2 vol. in-8 .... 16 fr.
— **Politique**, 1868, 1 v. in-8. 10 fr.
— **Traité du ciel**, 1866. 1 fort vol. grand in-8 .... 10 fr.
— **La Métaphysique d'Aristote**. 3 vol. in-8, 1879 .... 30 fr.
— **Traité de la production et de la destruction des choses**, avec notes. 1866. 1 v. gr. in-8 .... 10 fr.
— **De la Logique d'Aristote**, par M. Barthélemy Saint-Hilaire. 2 vol. in-8 .... 10 fr.
* SOCRATE. **La Philosophie de Socrate**, par M. Alf. Fouillée. 2 vol. in-8 .... 16 fr.
* PLATON. **La Philosophie de Platon**, par M. Alfred Fouillée. 2 vol. in-8 .... 16 fr.
* — **Études sur la Dialectique dans Platon et dans Hegel**, par M. Paul Janet. 1 vol. in-8. 6 fr.
— **Platon et Aristote**, par Van der Rest. 1 vol. in-8 .... 10 fr.
* ÉPICURE. **La Morale d'Épicure** et ses rapports avec les doctrines contemporaines, par M. Guyau. 1 vol. in-8. 3e édit.... 7 fr. 50
* ÉCOLE D'ALEXANDRIE. **Histoire** de l'École d'Alexandrie, par M. Barthélemy Saint-Hilaire. 1 v. in-8................. 6 fr.

MARC-AURÈLE. **Pensées de Marc-Aurèle**, traduites et annotées par M. Barthélemy Saint-Hilaire. 1 vol. in-18................ 4 fr. 50

BÉNARD. **La Philosophie ancienne**, histoire de ses systèmes. Première partie : *La Philosophie et la Sagesse orientales. — La Philosophie grecque avant Socrate. — Socrate et les socratiques. — Etudes sur les sophistes grecs.* 1 vol. in-8. 1885 .... 9 fr.

BROCHARD (V.). **Les Sceptiques grecs** (couronné par l'Académie des sciences morales et politiques). 1 vol. in-8. 1887 .... 8 fr.

* FABRE (Joseph). **Histoire de la philosophie, antiquité et moyen âge**. 1 vol. in-18..... 3 fr. 50

OGEREAU. **Essai sur le système philosophique des stoïciens**. 1 vol. in-8. 1885 .... 5 fr.

FAVRE (Mme Jules), née Velten. **La Morale des stoïciens**. 1 volume in-18. 1887 .... 3 fr. 50
— **La Morale de Socrate**. 1 vol. in-18. 1888 .... 3 fr. 50

TANNERY (Paul). **Pour l'histoire de la science hellène** (de Thalès à Empédocle). 1 v. in-8. 1887. 7 fr. 50

PHILOSOPHIE MODERNE

* LEIBNIZ. **Œuvres philosophiques**, avec introduction et notes par M. Paul Janet. 2 vol. in-8. 16 fr.
— **Leibniz et Pierre le Grand**, par Foucher de Careil. 1 v. in-8. 2 fr.
— **Leibniz et les deux Sophie**, par Foucher de Careil. In-8. 2 fr.
DESCARTES, par Louis Liard. 1 vol. in-8.................. 5 fr.
— **Essai sur l'Esthétique de Descartes**, par Krantz. 1 v. in-8. 6 fr.
* SPINOZA. **Dieu, l'homme et la béatitude**, trad. et précédé d'une Introd. de P. Janet. In-18. 2 fr. 50
— **Benedicti de Spinoza opera** quotquot reperta sunt, recognoverunt J. Van Vloten et J.-P.-N. Land. 2 forts vol. in-8 sur papier de Hollande .... 45 fr.

* LOCKE. **Sa vie et ses œuvres**, par M. Marion. 1 vol. in-18. 2 fr. 50
* MALEBRANCHE. **La Philosophie de Malebranche**, par M. Ollé-Laprune. 2 vol. in-8...... 16 fr.
PASCAL. **Études sur le scepticisme de Pascal**, par M. Droz, 1 vol. in-8.............. 6 fr.
* VOLTAIRE. **Les Sciences au XVIIIe siècle**. Voltaire physicien, par M. Em. Saigey. 1 vol. in-8. 5 fr.
FRANCK (Ad.). **La Philosophie mystique en France au XVIIIe siècle**. 1 vol. in-18... 2 fr. 50
* DAMIRON. **Mémoires pour servir à l'histoire de la philosophie au XVIIIe siècle**. 3 vol. in-8. 15 fr.

PHILOSOPHIE ÉCOSSAISE

* DUGALD STEWART. **Éléments de la philosophie de l'esprit humain**, traduits de l'anglais par L. PEISSE. 3 vol. in-12... 9 fr.
* HAMILTON. **La Philosophie de Hamilton**, par J. STUART MILL, 1 vol. in-8............. 10 fr.
* HUME. **Sa vie et sa philosophie**, par Th. HUXLEY, trad. de l'angl. par M. G. COMPAYRÉ. 1 vol. in-8. 5 fr.

PHILOSOPHIE ALLEMANDE

KANT. **Critique de la raison pure**, trad. par M. TISSOT. 2 v. in-8. 16 fr.

— Même ouvrage, traduction par M. Jules BARNI. 2 vol. in-8.. 16 fr.

* — **Éclaircissements sur la Critique de la raison pure**, trad. par M. J. TISSOT. 1 vol. in-8... 6 fr.

— **Principes métaphysiques de la morale**, augmentés des *Fondements de la métaphysique des mœurs*, traduct. par M. TISSOT. 1 v. in-8. 8 fr.

— Même ouvrage, traduction par M. Jules BARNI. 1 vol. in-8... 8 fr.

* — **La Logique**, traduction par M. TISSOT. 1 vol. in-8..... 4 fr.

* — **Mélanges de logique**, traduction par M. TISSOT. 1 v. in-8. 6 fr.

* — **Prolégomènes à toute métaphysique future** qui se présentera comme science, traduction de M. TISSOT. 1 vol. in-8... 6 fr.

* — **Anthropologie**, suivie de divers fragments relatifs aux rapports du physique et du moral de l'homme, et du commerce des esprits d'un monde à l'autre, traduction par M. TISSOT. 1 vol. in-8..... 6 fr.

— **Traité de pédagogie**, trad. J. BARNI; préface par M. Raymond THAMIN. 1 vol. in-12. 2 fr.

— **Critique de la raison pratique**, trad. et notes de M. PICAVET. 1 vol. in-8............. 5 fr.

* FICHTE. **Méthode pour arriver à la vie bienheureuse**, trad. par M. Fr. BOUILLIER. 1 vol. in-8. 8 fr.

— **Destination du savant et de l'homme de lettres**, traduit par M. NICOLAS. 1 vol. in-8. 3 fr.

* — **Doctrines de la science**. 1 vol. in-8.............. 9 fr.

SCHELLING. **Bruno**, ou du principe divin. 1 vol. in-8....... 3 fr. 50

SCHELLING. **Écrits philosophiques** et morceaux propres à donner une idée de son système, traduit par M. Ch. BÉNARD. 1 vol. in-8. 9 fr.

HEGEL. * **Logique**. 2e édit. 2 vol. in-8.................. 14 fr.

* — **Philosophie de la nature**. 3 vol. in-8............. 25 fr.

* — **Philosophie de l'esprit**. 2 vol. in-8............. 18 fr.

* — **Philosophie de la religion**. 2 vol. in-8............. 20 fr.

— **Essais de philosophie hégélienne**, par A. VÉRA. 1 vol. 2 fr. 50

— **La Poétique**, trad. par M. Ch. BÉNARD. Extraits de Schiller, Gœthe Jean, Paul, etc., et sur divers sujets relatifs à la poésie. 2 v. in-8. 12 fr.

— **Esthétique**. 2 vol. in-8, traduit par M. BÉNARD....... 16 fr.

— **Antécédents de l'hegelianisme dans la philosophie française**, par M. BEAUSSIRE. 1 vol. in-18......... 2 fr. 50

* — **La Dialectique dans Hegel et dans Platon**, par M. Paul JANET. 1 vol. in-8............ 6 fr.

— **Introduction à la philosophie de Hegel**, par VÉRA. 1 vol. in-8, 2e édit............... 6 fr. 50

HUMBOLDT (G. de). **Essai sur les limites de l'action de l'État**. 1 vol. in-18.......... 3 fr. 50

—* **La Philosophie individualiste**, étude sur G. de HUMBOLDT, par M. CHALLEMEL-LACOUR. 1 v. in-18. 2 fr. 50

* STAHL. **Le Vitalisme et l'Animisme de Stahl**, par M. Albert LEMOINE. 1 vol. in-18.... 2 fr. 50

LESSING. **Le Christianisme moderne**. Étude sur Lessing, par M. FONTANÈS. 1 vol. in-18. 2 fr. 50

PHILOSOPHIE ALLEMANDE CONTEMPORAINE

L. BUCHNER. **Nature et Science.** 1 vol. in-8. 2ᵉ édit...... 7 fr. 50

— * **Le Matérialisme contemporain,** par M. P. JANET. 4ᵉ édit. 1 vol. in-18......... 2 fr. 50

CHRISTIAN BAUR et l'École de **Tubingue,** par M. Ed. ZELLER. 1 vol. in-18.......... 2 fr. 50

HARTMANN (E. de). **La Religion de l'avenir.** 1 vol. in-18.. 2 fr. 50

— **Le Darwinisme,** ce qu'il y a de vrai et de faux dans cette doctrine. 1 vol. in-18. 3ᵉ édition.. 2 fr. 50

HAECKEL. **Les Preuves du transformisme.** 1 vol. in-18. 2 fr. 50

— **Essais de psychologie cellulaire.** 1 vol. in-18... 2 fr. 50

O. SCHMIDT. **Les Sciences naturelles et la Philosophie de l'inconscient.** 1 v. in-18. 2fr. 50

LOTZE (H.). **Principes généraux de psychologie physiologique.** 1 vol. in-18.......... 2 fr. 50

PIDERIT. **La Mimique et la Physiognomonie.** 1 v. in-8. 5 fr.

PREYER. **Éléments de physiologie.** 1 vol. in-8....... 5 fr.

— **L'Ame de l'enfant.** Observations sur le développement psychique des premières années. 1 vol. in-8. 10 fr.

SCHŒBEL. **Philosophie de la raison pure.** 1 vol. in-18. 2 fr. 50

SCHOPENHAUER. **Essai sur le libre arbitre.** 1 vol. in-18. 3ᵉ éd. 2 fr. 50

— **Le Fondement de la morale.** 1 vol. in-18........... 2 fr. 50

— **Essais et fragments,** traduit et précédé d'une Vie de Schopenhauer, par M. BOURDEAU. 1 vol. in-18. 6ᵉ édit........ 2 fr. 50

— **Aphorismes sur la sagesse dans la vie.** 1 vol. in-8. 3ᵉ éd. 5 fr.

— **De la quadruple racine du principe de la raison suffisante.** 1 vol. in-8....... 5 fr.

— **Le Monde comme volonté et représentation.** Tome premier. 1 vol. in-8.......... 7 fr. 50

— **Schopenhauer et les origines de sa métaphysique,** par M. L. DUCROS. 1 vol. in-8..... 3 fr. 50

— **La Philosophie de Schopenhauer,** par M. Th. RIBOT. 1 vol. in-18. 2ᵉ édit......... 2 fr. 50

RIBOT (Th.). **La Psychologie allemande contemporaine.** 1 vol. in-8. 2ᵉ édit........ 7 fr. 50

STRICKER. **Le Langage et la Musique.** 1 vol. in-18....... 2 fr. 50

WUNDT. **Psychologie physiologique.** 2 vol. in-8 avec fig. 20 fr.

PHILOSOPHIE ANGLAISE CONTEMPORAINE

STUART MILL *. **La Philosophie de Hamilton.** 1 fort vol. in-8. 10 fr.

— * **Mes Mémoires.** Histoire de ma vie et de mes idées. 1 v. in-8. 5 fr.

— * **Système de logique** déductive et inductive. 2 v. in-8. 20 fr.

— * **Auguste Comte** et la philosophie positive. 1 vol. in-18. 2 fr. 50

— **L'Utilitarisme.** 1 v. in-18. 2 fr. 50

— **Essais sur la Religion.** 1 vol. in-8. 2ᵉ édit........... 5 fr.

— **La République de 1848 et ses détracteurs.** 1 v. in-18. 1 fr.

— **La Philosophie de Stuart Mill,** par H. LAURET. 1 v. in-8. 6 fr.

HERBERT SPENCER *. **Les Premiers Principes.** 1 fort volume in-8.............. 10 fr.

HERBERT SPENCER *. **Principes de biologie.** 2 forts vol. in-8. 20 fr.

— * **Principes de psychologie.** 2 vol. in-8........... 20 fr.

— * **Introduction à la science sociale.** 1 v. in-8 cart. 6ᵉ édit. 6 fr.

— * **Principes de sociologie.** 4 vol. in-8.............. 36 fr. 25

— * **Classification des sciences.** 1 vol. in-18, 2ᵉ édition. 2 fr. 50

— * **De l'éducation intellectuelle, morale et physique.** 1 vol. in-8, 5ᵉ édit............. 5 fr.

— * **Essais sur le progrès.** 1 vol. in-8. 2ᵉ édit......... 7 fr. 50

— **Essais de politique.** 1 vol. in-8. 2ᵉ édit........ 7 fr. 50

— **Essais scientifiques.** 1 vol. in-8................ 7 fr. 50

*

HERBERT SPENCER *. **Les Bases de la morale évolutionniste.** 1 vol. in-8. 3ᵉ édit. .... 6 fr.

— **L'Individu contre l'État.** 1 vol in-18. 2ᵉ édit. .... 2 fr. 50

BAIN *. **Des sens et de l'Intelligence.** 1 vol. in-8.... 10 fr.

— **Les Émotions et la Volonté.** 1 vol. in-8............ 10 fr.

— * **La Logique inductive et déductive.** 2 vol. in-8. 2ᵉ édit. 20 fr.

— * **L'Esprit et le Corps.** 1 vol. in-8, cartonné, 4ᵉ édit .... 6 fr.

— * **La Science de l'éducation.** 1 vol. in-8, cartonné. 6ᵉ édit. 6 fr.

DARWIN *. **Ch. Darwin et ses précurseurs français,** par M. de QUATREFAGES. 1 vol. in-8.. 5 fr.

— *. **Descendance et Darwinisme,** par Oscar SCHMIDT. 1 vol. in-8 cart. 5ᵉ édit. .... 6 fr.

— **Le Darwinisme,** par E. DE HARTMANN. 1 vol. in-18.. 2 fr. 50

FERRIER. **Les Fonctions du Cerveau.** 1 vol. in-8....... 10 fr.

CHARLTON BASTIAN. **Le cerveau, organe de la pensée chez l'homme et les animaux.** 2 vol. in-8. 12 fr.

CARLYLE. **L'Idéalisme anglais,** étude sur Carlyle, par H. TAINE. 1 vol. in-18........... 2 fr. 50

BAGEHOT *. **Lois scientifiques du développement des nations.** 1 vol. in-8, cart. 4ᵉ édit.... 6 fr.

DRAPER. **Les Conflits de la science et de la religion.** 1 volume in-8. 7ᵉ édit. .... 6 fr.

RUSKIN (JOHN) *. **L'Esthétique anglaise,** étude sur J. Ruskin, par MILSAND. 1 vol. in-18 ... 2 fr. 50

MATTHEW ARNOLD. **La Crise religieuse.** 1 vol. in-8.... 7 fr. 50

MAUDSLEY *. **Le Crime et la Folie.** 1 vol. in-8. cart. 5ᵉ édit... 6 fr.

— **La Pathologie de l'esprit.** 1 vol in-8............ 10 fr.

FLINT *. **La Philosophie de l'histoire en France et en Allemagne.** 2 vol in-8. Chacun, séparément .... 7 fr. 50

RIBOT (Th.). **La Psychologie anglaise contemporaine.** 3ᵉ édit. 1 vol. in-8........... 7 fr. 50

LIARD *. **Les Logiciens anglais contemporains.** 1 vol. in-18. 2ᵉ édit.............. 2 fr. 50

GUYAU *. **La Morale anglaise contemporaine.** 1 v. in-8. 2ᵉ éd. 7 fr. 50

HUXLEY *. **Hume, sa vie, sa philosophie.** 1 vol. in-8...... 5 fr.

JAMES SULLY. **Le Pessimisme.** 1 vol. in-8........... 7 fr. 50

— **Les Illusions des sens et de l'esprit.** 1 vol. in-8, cart.. 6 fr.

CARRAU (L.). **La Philosophie religieuse en Angleterre,** depuis Locke jusqu'à nos jours. 1 volume in-8 .... 5 fr.

PHILOSOPHIE ITALIENNE CONTEMPORAINE

SICILIANI. **La Psychogénie moderne.** 1 vol. in-18..... 2 fr. 50

ESPINAS *. **La Philosophie expérimentale en Italie,** origines, état actuel. 1 vol. in-18. 2 fr. 50

MARIANO. **La Philosophie contemporaine en Italie,** essais de philos. hégélienne. 1 v. in-18. 2 fr. 50

FERRI (Louis). **Essai sur l'histoire de la philosophie en Italie au XIXᵉ siècle.** 2 vol. in-8. 12 fr.

— **La Philosophie de l'association depuis Hobbes jusqu'à nos jours.** In-8........ 7 fr. 50

MINGHETTI. **L'État et l'Église.** 1 vol. in-8.................. 5 fr.

LEOPARDI. **Opuscules et pensées.** 1 vol. in-18.......... 2 fr. 50

MOSSO. **La Peur.** 1 vol. in-18. 2 fr. 50

LOMBROSO. **L'Homme criminel.** 1 vol. in-8............. 10 fr.

MANTEGAZZA. **La Physionomie et l'Expression des sentiments.** 1 vol. in-8 cart. .... 6 fr.

SERGI. **La Psychologie physiologique.** 1 vol. in-8... 7 fr. 50

GAROFALO. **La Criminologie.** 1 volume in-8............. 7 fr. 50

BIBLIOTHÈQUE
D'HISTOIRE CONTEMPORAINE

Volumes in-18 brochés à 3 fr. 50. — Volumes in-8 brochés à 5 et 7 francs.

Cartonnage anglais, 50 cent. par vol. in-18; 1 fr. par vol. in-8.

Demi-reliure, 1 fr. 50 par vol. in-18; 2 fr. par vol. in-8.

EUROPE

* SYBEL (H. de). **Histoire de l'Europe pendant la Révolution française,** traduit de l'allemand par Mlle DOSQUET. Ouvrage complet en 6 vol. in-8. 42 fr.
Chaque volume séparément. 7 fr.

FRANCE

BLANC (Louis). **Histoire de Dix ans.** 5 vol. in-8. (V. P.) 25 fr.
Chaque volume séparément. 5 fr.

— 25 pl. en taille-douce. Illustrations pour l'*Histoire de Dix ans.* 6 fr.

* BOERT. **La Guerre de 1870-1871,** d'après le colonel fédéral suisse Rustow. 1 vol. in-18. (V. P.) 3 fr. 50

CARLYLE. **Histoire de la Révolution française.** Traduit de l'anglais. 3 vol. in-18. Chaque volume. 3 fr. 50

* CARNOT (H.), sénateur. **La Révolution française,** résumé historique. 1 volume in-18. Nouvelle édit. (V. P.) 3 fr. 50

ÉLIAS REGNAULT. **Histoire de Huit ans** (1840-1848). 3 vol. in-8. 15 fr.
Chaque volume séparément. 5 fr.

— 14 planches en taille-douce, illustrations pour l'*Histoire de Huit ans.* 4 fr.

* GAFFAREL (P.), professeur à la Faculté des lettres de Dijon. **Les Colonies françaises.** 1 vol. in-8. 3e édit. (V. P.) 5 fr.

* LAUGEL (A.). **La France politique et sociale.** 1 vol. in-8. 5 fr.

ROCHAU (de). **Histoire de la Restauration.** 1 vol. in-18. 3 fr. 50

* TAXILE DELORD. **Histoire du second Empire** (1848-1870). 6 vol. in-8. 42 fr.
Chaque volume séparément. 7 fr.

WAHL, professeur au lycée Lakanal. **L'Algérie.** 1 vol. in-8. (V. P.) 5 fr.

LANESSAN (de), député. **L'Expansion coloniale de la France.** Étude économique, politique et géographique sur les établissements français d'outre-mer. 1 fort vol. in-8, avec cartes. 1886. 12 fr.

— **La Tunisie.** 1 vol. in-8 avec une carte en couleurs (1887). 5 fr.

— **L'Indo-Chine française.** 1 vol. in-8 avec cartes. (*Sous presse.*)

ANGLETERRE

* BAGEHOT (W.). **La Constitution anglaise.** Traduit de l'anglais. 1 volume in-18. (V. P.) 3 fr. 50

— * **Lombard-street.** Le Marché financier en Angleterre. 1 vol. in-18. 3 fr. 50

GLADSTONE (E. W.). **Questions constitutionnelles** (1873-1878). — Le prince-époux. — Le droit électoral. Traduit de l'anglais, et précédé d'une Introduction par Albert GIGOT. 1 vol. in-8. 5 fr.

* LAUGEL (Aug.). **Lord Palmerston et lord Russel.** 1 vol. in-18. 3 fr. 50

* SIR CORNEWAL LEWIS. **Histoire gouvernementale de l'Angleterre depuis 1770 jusqu'à 1830.** Traduit de l'anglais. 1 vol. in-8. 7 fr.

* REYNALD (H.), doyen de la Faculté des lettres d'Aix. **Histoire de l'Angleterre depuis la reine Anne jusqu'à nos jours.** 1 vol. in-18. 2e édit. (V. P.) 3 fr. 50

* THACKERAY. **Les Quatre George.** Traduit de l'anglais par LEFOYER. 1 vol. in-18. (V. P.) 3 fr. 50

ALLEMAGNE

* BOURLOTON (Ed.). **L'Allemagne contemporaine.** 1 vol. in-18. 3 fr. 50

* VÉRON (Eug.). **Histoire de la Prusse,** depuis la mort de Frédéric II jusqu'à la bataille de Sadowa. 1 vol. in-18. 4° édit. (V. P.) 3 fr. 50

— * **Histoire de l'Allemagne,** depuis la bataille de Sadowa jusqu'à nos jours. 1 vol. in-18. 2° édit. (V. P.) 3 fr. 50

AUTRICHE-HONGRIE

* ASSELINE (L.). **Histoire de l'Autriche,** depuis la mort de Marie-Thérèse jusqu'à nos jours. 1 vol. in-18. 3° édit. (V. P.) 3 fr. 50

SAYOUS (Ed.), professeur à la Faculté des lettres de Toulouse. **Histoire des Hongrois** et de leur littérature politique, de 1790 à 1815. 1 vol. in-18. 3 fr. 50

ITALIE

SORIN (Élie). **Histoire de l'Italie,** depuis 1815 jusqu'à la mort de Victor-Emmanuel. 1 vol. in-18. 3 fr. 50

ESPAGNE

* REYNALD (H.). **Histoire de l'Espagne** depuis la mort de Charles III jusqu'à nos jours. 1 vol. in-18. (V. P.) 3 fr. 50

RUSSIE

HERBERT BARRY. **La Russie contemporaine.** Traduit de l'anglais. 1 vol. in-18. (V. P.) 3 fr. 50

CRÉHANGE (M.). **Histoire contemporaine de la Russie.** 1 vol. in-18. (V. P.) 3 fr. 50

SUISSE

* DAENDLIKER. **Histoire du peuple suisse.** Trad. de l'allem. par Mme Jules FAVRE et précédé d'une Introduction de M. Jules FAVRE. 1 vol. in-8. (V. P.) 5 fr.

DIXON (H.). **La Suisse contemporaine.** 1 vol. in-18, trad. de l'angl. (V. P.) 3 fr. 50

AMÉRIQUE

DEBERLE (Alf.). **Histoire de l'Amérique du Sud,** depuis sa conquête jusqu'à nos jours. 1 vol. in-18. 2° édit. (V. P.) 3 fr. 50

* LAUGEL (Aug.). **Les États-Unis pendant la guerre.** 1861-1864. Souvenirs personnels. 1 vol. in-18. 3 fr. 50

---

* BARNI (Jules). **Histoire des idées morales et politiques en France au dix-huitième siècle.** 2 vol. in-18. (V. P.) Chaque volume. 3 fr. 50

— * **Les Moralistes français au dix-huitième siècle.** 1 vol. in-18 faisant suite aux deux précédents. (V. P.) 3 fr. 50

BEAUSSIRE (Émile), de l'Institut. **La Guerre étrangère et la Guerre civile.** 1 vol. in-18. 3 fr. 50

* DESPOIS (Eug.). **Le Vandalisme révolutionnaire.** Fondations littéraires, scientifiques et artistiques de la Convention. 2° édition, précédée d'une notice sur l'auteur par M. Charles BIGOT. 1 vol. in-18. (V. P.) 3 fr. 50

* CLAMAGERAN (J.), sénateur. **La France républicaine.** 1 vol. in-18. (V.P.) 3 fr. 50

LAVELEYE (E. de), correspondant de l'Institut. **Le Socialisme contemporain.** 1 vol. in-18. 3° édit. 3 fr. 50

MARCELLIN PELLET, ancien député. **Variétés révolutionnaires.** 2 vol. in-18, précédés d'une Préface de A. RANC. Chaque volume séparément. 3 fr. 50

SPULLER (E.), député, ancien ministre de l'Instruction publique. **Figures disparues,** portraits contemporains, littéraires et politiques. 1 vol. in-18. 2° édit. 3 fr. 50

BIBLIOTHÈQUE HISTORIQUE ET POLITIQUE

* ALBANY DE FONBLANQUE. **L'Angleterre, son gouvernement, ses institutions**. Traduit de l'anglais sur la 14ᵉ édition par M. F. C. DREYFUS, avec Introduction par M. H. BRISSON. 1 vol. in-8.   5 fr.

BENLOEW. **Les Lois de l'Histoire**. 1 vol. in-8.   5 fr.

* DESCHANEL (E.). **Le Peuple et la Bourgeoisie**. 1 vol. in-8.   5 fr.

DU CASSE. **Les Rois frères de Napoléon Iᵉʳ**. 1 vol. in-8.   10 fr.

MINGHETTI. **L'État et l'Église**. 1 vol. in-8.   5 fr.

LOUIS BLANC. **Discours politiques** (1848-1881). 1 vol. in-8.   7 fr. 50

PHILIPPSON. **La Contre-révolution religieuse au XVIᵉ siècle**. 1 vol. in-8.   10 fr.

HENRARD (P.). **Henri IV et la princesse de Condé**. 1 vol. in-8.   6 fr.

NOVICOW. **La Politique internationale**, précédé d'une Préface de M. Eugène VÉRON. 1 fort vol. in-8.   7 fr.

DREYFUS (F. C.). **La France, son gouvernement, ses institutions**. 1 vol. (*Sous presse.*)

PUBLICATIONS HISTORIQUES ILLUSTRÉES

HISTOIRE ILLUSTRÉE DU SECOND EMPIRE, par Taxile DELORD. 6 vol. in-8 colombier avec 500 gravures de FERAT, Fr. REGAMEY, etc.

Chaque vol. broché, 8 fr. — Cart. doré, tr. dorées.   11 fr. 50

HISTOIRE POPULAIRE DE LA FRANCE, depuis les origines jusqu'en 1815. — Nouvelle édition. — 4 vol. in-8 colombier avec 1323 gravures sur bois dans le texte.

Chaque vol., avec gravures, broché, 7 fr. 50 — Cart. doré, tranches dorées.. 11 fr.

RECUEIL DES INSTRUCTIONS

DONNÉES

AUX AMBASSADEURS ET MINISTRES DE FRANCE

DEPUIS LES TRAITÉS DE WESTPHALIE JUSQU'A LA RÉVOLUTION FRANÇAISE

Publié sous les auspices de la Commission des archives diplomatiques au Ministère des affaires étrangères.

Beaux volumes in-8 cavalier, imprimés sur papier de Hollande :

I. — **AUTRICHE**, avec Introduction et notes, par M. Albert SOREL.   20 fr.

II. — **SUÈDE**, avec Introduction et notes, par M. A. GEFFROY, membre de l'Institut... 20 fr.

III. — **PORTUGAL**, avec Introduction et notes, par le vicomte DE CAIX DE SAINT-AYMOUR.................................... 20 fr.

La publication se continuera par les volumes suivants

POLOGNE, par M. Louis Farges.

ROME, par M. Hanotaux.

ANGLETERRE, par M. Jusserand.

PRUSSE, par M. E. Lavisse.

RUSSIE, par M. A. Rambaud.

TURQUIE, par M. Girard de Rialle.

HOLLANDE, par M. H. Maze.

ESPAGNE, par M. Morel Fatio.

DANEMARK, par M. Geffroy.

SAVOIE ET MANTOUE, par M. Armingaud.

BAVIÈRE ET PALATINAT, par M. Lebon.

NAPLES ET PARME, par M. Joseph Reinach.

DIÈTE GERMANIQUE, par M. Chuquet.

VENISE, par M. Jean Kaulek.

INVENTAIRE ANALYTIQUE

DES

ARCHIVES DU MINISTÈRE DES AFFAIRES ÉTRANGÈRES

Publié sous les auspices de la Commission des archives diplomatiques

I. — **Correspondance politique de MM. de CASTILLON et de MARILLAC, ambassadeurs de France en Angleterre (1536-1540)**, par M. Jean Kaulek, avec la collaboration de MM. Louis Farges et Germain Lefèvre-Pontalis. 1 beau volume in-8 raisin sur papier fort.. 15 francs.

II. — **Papiers de BARTHÉLEMY**, ambassadeur de France en Suisse, de 1792 à 1797. Année 1792, par M. Jean Kaulek. 1 beau vol. in-8 raisin sur papier fort..................................... 15 fr.

III. — **Papiers de BARTHÉLEMY** (janvier-août 1793), par M. Jean Kaulek. 1 beau vol. in-8 raisin sur papier fort................ 15 fr.

IV. — **Angleterre**, 1546-1549. Ambassade de M. de Selve, par M. G. Lefèvre-Pontalis. 1 beau vol. in-8 raisin sur papier fort.... 15 fr

Sous presse : **Papiers de BARTHÉLEMY.** Fin de l'année 1793, par M. J. Kaulek.

ANTHROPOLOGIE ET ETHNOLOGIE

EVANS (John). **Les Ages de la pierre.** 1 vol. grand in-8, avec 467 figures dans le texte. 15 fr. — En demi-reliure. 18 fr.

EVANS (John). **L'Age du bronze.** 1 vol. grand in-8, avec 540 figures dans le texte, broché, 15 fr. — En demi-reliure. 18 fr.

GIRARD DE RIALLE. **Les Peuples de l'Afrique et de l'Amérique.** 1 vol. petit in-18. 60 cent.

GIRARD DE RIALLE. **Les Peuples de l'Asie et de l'Europe.** 1 vol. petit in-18. 60 c.

HARTMANN (R.). **Les Peuples de l'Afrique.** 1 vol. in-8, avec fig. 6 fr.

HARTMANN (R.). **Les Singes anthropoïdes.** 1 vol. in-8 avec fig. 6 fr.

JOLY (N.). **L'Homme avant les métaux.** 1 vol. in-8 avec 150 figures dans le texte et un frontispice. 4e édit. 6 fr.

LUBBOCK (Sir John). **Les Origines de la civilisation.** État primitif de l'homme et mœurs des sauvages modernes. 1877. 1 vol. gr. in-8, avec figures et planches hors texte. Trad. de l'anglais par M. Ed. Barbier. 2e édit. 1877. 15 fr. — Relié en demi-maroquin, avec tr. dorées. 18 fr.

LUBBOCK (Sir John). **L'Homme préhistorique.** 3e édit., avec figures dans le texte. 2 vol. in-8. 12 fr.

PIÉTREMENT. **Les Chevaux dans les temps préhistoriques et historiques.** 1 fort vol. gr. in-8. 15 fr.

DE QUATREFAGES. **L'Espèce humaine.** 1 vol. in-8. 6e édit. 6 fr.

WHITNEY. **La Vie du langage.** 1 vol. in-8. 3e édit. 6 fr.

CARETTE (le colonel). **Études sur les temps antéhistoriques.** Première étude : *Le langage.* 1 vol. in-8. 1878. 8 fr.

REVUE PHILOSOPHIQUE

DE LA FRANCE ET DE L'ÉTRANGER

Dirigée par TH. RIBOT

Professeur au Collège de France..

(13ᵉ *année*, 1888.)

La REVUE PHILOSOPHIQUE paraît tous les mois, par livraisons de 6 ou 7 feuilles grand in-8, et forme ainsi à la fin de chaque année deux forts volumes d'environ 680 pages chacun.

CHAQUE NUMÉRO DE LA *REVUE* CONTIENT :

1° Plusieurs articles de fond ; 2° des analyses et comptes rendus des nouveaux ouvrages philosophiques français et étrangers ; 3° un compte rendu aussi complet que possible des *publications périodiques* de l'étranger pour tout ce qui concerne la philosophie ; 4° des notes, documents, observations, pouvant servir de matériaux ou donner lieu à des vues nouvelles.

Prix d'abonnement :

Un an, pour Paris, 30 fr. — Pour les départements et l'étranger, 33 fr.

La livraison. . . . . 3 fr.

Les années écoulées se vendent séparément 30 francs, et par livraisons de 3 francs.

REVUE HISTORIQUE

Dirigée par G. MONOD

Maître de conférences à l'École normale, directeur à l'École des hautes études.

(13ᵉ *année*, 1888.)

La REVUE HISTORIQUE paraît tous les deux mois, par livraisons grand in-8 de 15 ou 16 feuilles, de manière à former à la fin de l'année trois beaux volumes de 500 pages chacun.

CHAQUE LIVRAISON CONTIENT :

I. Plusieurs *articles de fond*, comprenant chacun, s'il est possible, un travail complet. — II. Des *Mélanges et Variétés*, composés de documents inédits d'une étendue restreinte et de courtes notices sur des points d'histoire curieux ou mal connus. — III. Un *Bulletin historique* de la France et de l'étranger, fournissant des renseignements aussi complets que possible sur tout ce qui touche aux études historiques. — IV. Une *analyse des publications périodiques* de la France et de l'étranger, au point de vue des études historiques. — V. Des *Comptes rendus critiques* des livres d'histoire nouveaux.

Prix d'abonnement :

Un an, pour Paris, 30 fr. — Pour les départements et l'étranger, 33 fr.

La livraison. . . . . 6 fr.

Les années écoulées se vendent séparément 30 francs, et par fascicules de 6 francs. Les fascicules de la 1ʳᵉ année se vendent 9 francs.

Tables générales des matières contenues dans les cinq premières années de la Revue *historique.*

I. — Années 1876 à 1880, par M. CHARLES BÉMONT.

II. — Années 1881 à 1885, par M. RENÉ COUDERC.

Chaque Table formant un vol. in-8, 3 francs ; 1 fr. 50 pour les abonnés.

ANNALES DE L'ÉCOLE LIBRE

DES

SCIENCES POLITIQUES

RECUEIL TRIMESTRIEL

Publié avec la collaboration des professeurs et des anciens élèves de l'école

TROISIÈME ANNÉE, 1888

COMITÉ DE RÉDACTION :

M. Émile Boutmy, de l'Institut, directeur de l'École; M. Léon Say, de l'Académie française, ancien ministre des Finances; M. Alf. de Foville, chef du bureau de statistique au ministère des Finances, professeur au Conservatoire des arts et métiers; M. R. Stourm, ancien inspecteur des Finances et administrateur des Contributions indirectes; M. Alexandre Ribot, député; M. Gabriel Alix; M. L. Renault, professeur à la Faculté des lettres de Paris; M. André Lebon; M. Albert Sorel; M. Pigeonneau, professeur à la Sorbonne; M. A. Vandal, auditeur de 1re classe au Conseil d'État; Directeurs des groupes de travail, professeurs à l'École.

Secrétaire de la rédaction : M. Aug. Arnauné, docteur en droit.

La première livraison des **Annales de l'École libre des sciences politiques** a paru le 15 janvier 1886.

Les sujets traités embrassent tout le champ couvert par le programme d'enseignement de l'École : *Economie politique, finances, statistique, histoire constitutionnelle, droit international, public et privé, droit administratif, législations civile et commerciale privées, histoire législative et parlementaire, histoire diplomatique, géographie économique, ethnographie, etc.*

La direction du Recueil ne néglige aucune des questions qui présentent, tant en France qu'à l'étranger, un intérêt pratique et actuel. L'esprit et la méthode en sont strictement scientifiques.

Les *Annales* contiennent en outre des notices bibliographiques et des correspondances de l'étranger.

Cette publication présente donc un intérêt considérable pour toutes les personnes qui s'adonnent à l'étude des sciences politiques. Sa place est marquée dans toutes les Bibliothèques des Facultés, des Universités et des grands corps délibérants.

MODE DE PUBLICATION ET CONDITIONS D'ABONNEMENT

Les *Annales de l'École libre des sciences politiques* paraissent tous les trois mois (15 janvier, 15 avril, 15 juillet et 15 octobre), par fascicules gr. in-8, de 160 pages chacun.

Les conditions d'abonnement sont les suivantes :

Un an (du 15 janvier) { Paris	16	francs.
Départements et étranger.	17	—
La livraison.	5	—

Les années précédentes se vendent chacune 16 francs ou, par livraisons de 5 francs.

BIBLIOTHÈQUE SCIENTIFIQUE
INTERNATIONALE

Publiée sous la direction de M. Émile ALGLAVE

La *Bibliothèque scientifique internationale* est une œuvre dirigée par les auteurs mêmes, en vue des intérêts de la science, pour la populariser sous toutes ses formes, et faire connaître immédiatement dans le monde entier les idées originales, les directions nouvelles, les découvertes importantes qui se font chaque jour dans tous les pays. Chaque savant expose les idées qu'il a introduites dans la science, et condense pour ainsi dire ses doctrines les plus originales.

On peut ainsi, sans quitter la France, assister et participer au mouvement des esprits en Angleterre, en Allemagne, en Amérique, en Italie, tout aussi bien que les savants mêmes de chacun de ces pays.

La *Bibliothèque scientifique internationale* ne comprend pas seulement des ouvrages consacrés aux sciences physiques et naturelles, elle aborde aussi les sciences morales, comme la philosophie, l'histoire, la politique et l'économie sociale, la haute législation, etc.; mais les livres traitant des sujets de ce genre se rattachent encore aux sciences naturelles, en leur empruntant les méthodes d'observation et d'expérience qui les ont rendues si fécondes depuis deux siècles.

Cette collection paraît à la fois en français, en anglais, en allemand et en italien : à Paris, chez Félix Alcan ; à Londres, chez C. Kegan, Paul et Cie ; à New-York, chez Appleton ; à Leipzig, chez Brockhaus ; et à Milan, chez Dumolard frères.

LISTE DES OUVRAGES PAR ORDRE D'APPARITION

VOLUMES IN-8, CARTONNÉS A L'ANGLAISE, A 6 FRANCS.

Les mêmes en demi-reliure veau, avec coins, tranche supérieure dorée, non rognés .... 10 francs.

* 1. J. TYNDALL. **Les Glaciers et les Transformations de l'eau,** avec figures. 1 vol. in-8. 5e édition.   6 fr.
* 2. BAGEHOT. **Lois scientifiques du développement des nations** dans leurs rapports avec les principes de la sélection naturelle et de l'hérédité. 1 vol. in-8. 4e édition.   6 fr.
* 3. MAREY. **La Machine animale,** locomotion terrestre et aérienne, avec de nombreuses fig. 1 vol. in-8. 4e édit. augmentée.   6 fr.
  4. BAIN. **L'Esprit et le Corps.** 1 vol. in-8. 4e édition.   6 fr.
* 5. PETTIGREW. **La Locomotion chez les animaux,** marche, natation. 1 vol. in-8, avec figures. 2e édit.   6 fr.
* 6. HERBERT SPENCER. **La Science sociale.** 1 v. in-8. 8e édit.   6 fr.
* 7. SCHMIDT (O.). **La Descendance de l'homme et le Darwinisme.** 1 vol. in-8, avec fig. 5e édition.   6 fr.

8. MAUDSLEY. **Le Crime et la Folie.** 1 vol. in-8. 4ᵉ édit. 6 fr.

* 9. VAN BENEDEN. **Les Commensaux et les Parasites dans le règne animal.** 1 vol. in-8, avec figures. 3ᵉ édit. 6 fr.

* 10. BALFOUR STEWART. **La Conservation de l'énergie,** suivi d'une Étude sur la *nature de la force,* par *M. P. de Saint-Robert,* avec figures. 1 vol. in-8. 4ᵉ édition. 6 fr.

11. DRAPER. **Les Conflits de la science et de la religion.** 1 vol. in-8. 7ᵉ édition. 6 fr.

12. L. DUMONT. **Théorie scientifique de la sensibilité.** 1 vol. in-8. 3ᵉ édition. 6 fr.

* 13. SCHUTZENBERGER. **Les Fermentations.** 1 vol. in-8, avec fig. 4ᵉ édition. 6 fr.

* 14. WHITNEY. **La Vie du langage.** 1 vol. in-8. 3ᵉ édit. 6 fr.

15. COOKE et BERKELEY. **Les Champignons.** 1 vol. in-8, avec figures. 3ᵉ édition. 6 fr.

16. BERNSTEIN. **Les Sens.** 1 vol. in-8, avec 91 fig. 4ᵉ édit. 6 fr.

* 17. BERTHELOT. **La Synthèse chimique.** 1 vol. in-8. 5ᵉ édit. 6 fr.

* 18. VOGEL. **La Photographie et la Chimie de la lumière,** avec 95 figures. 1 vol. in-8. 4ᵉ édition. 6 fr.

* 19. LUYS. **Le Cerveau et ses fonctions,** avec figures. 1 vol. in-8. 6ᵉ édition. 6 fr.

* 20. STANLEY JEVONS. **La Monnaie et le Mécanisme de l'échange.** 1 vol. in-8. 4ᵉ édition. 6 fr.

21. FUCHS. **Les Volcans et les Tremblements de terre.** 1 vol. in-8, avec figures et une carte en couleur. 4ᵉ édition. 6 fr.

* 22. GÉNÉRAL BRIALMONT. **Les Camps retranchés et leur rôle dans la défense des États,** avec fig. dans le texte et 2 planches hors texte. 3ᵉ édit. 6 fr.

23. DE QUATREFAGES. **L'Espèce humaine.** 1 vol. in-8. 8ᵉ édit. 6 fr.

* 24. BLASERNA et HELMHOLTZ. **Le Son et la Musique.** 1 vol. in-8, avec figures. 4ᵉ édition. 6 fr.

* 25. ROSENTHAL. **Les Nerfs et les Muscles.** 1 vol. in-8, avec 75 figures. 3ᵉ édition. 6 fr.

* 26. BRUCKE et HELMHOLTZ. **Principes scientifiques des beaux-arts.** 1 vol. in-8, avec 39 figures. 2ᵉ édition. 6 fr.

* 27. WURTZ. **La Théorie atomique.** 1 vol. in-8. 4ᵉ édition. 6 fr.

* 28-29. SECCHI (le père). **Les Étoiles.** 2 vol. in-8, avec 63 figures dans le texte et 17 planches en noir et en couleur hors texte. 2ᵉ édit. 12 fr.

30. JOLY. **L'Homme avant les métaux.** 1 vol. in-8, avec figures. 4ᵉ édition. 6 fr.

* 31. A. BAIN. **La Science de l'éducation.** 1 vol. in-8. 6ᵉ édition. 6 fr.

* 32-33. THURSTON (R.). **Histoire de la machine à vapeur,** précédée d'une Introduction par M. HIRSCH. 2 vol. in-8, avec 140 figures dans le texte et 16 planches hors texte. 3ᵉ édition. 12 fr.

34. HARTMANN (R.). **Les Peuples de l'Afrique.** 1 vol. in-8, avec figures. 2ᵉ édition. 6 fr.

* 35. HERBERT SPENCER. **Les Bases de la morale évolutionniste.** 1 vol. in-8. 3ᵉ édition. 6 fr.

36. HUXLEY. **L'Écrevisse,** introduction à l'étude de la zoologie. 1 vol. in-8, avec figures. 6 fr.

37. DE ROBERTY. **De la Sociologie.** 1 vol. in-8. 2ᵉ édition. 6 fr.

* 38. ROOD. **Théorie scientifique des couleurs.** 1 vol. in-8, avec figures et une planche en couleur hors texte. 6 fr.

39. DE SAPORTA et MARION. **L'Évolution du règne végétal** (les Crypto-
    games). 1 vol. in-8 avec figures.   6 fr.
40-41. CHARLTON BASTIAN. **Le Cerveau, organe de la pensée chez
    l'homme et chez les animaux.** 2 vol. in-8, avec figures.   12 fr.
42. JAMES SULLY. **Les Illusions des sens et de l'esprit.** 1 vol. in-8,
    avec figures.   6 fr.
43. YOUNG. **Le Soleil.** 1 vol. in-8, avec figures.   6 fr.
44. DE CANDOLLE. **L'Origine des plantes cultivées.** 3e édition. 1 vol.
    in-8.   6 fr.
45-46. SIR JOHN LUBBOCK. **Fourmis, abeilles et guêpes.** Études
    expérimentales sur l'organisation et les mœurs des sociétés d'insectes
    hyménoptères. 2 vol. in-8, avec 65 figures dans le texte et 13 plan-
    ches hors texte, dont 5 coloriées.   12 fr.
47. PERRIER (Edm.). **La Philosophie zoologique avant Darwin.**
    1 vol. in-8. 2e édition.   6 fr.
48. STALLO. **La Matière et la Physique moderne.** 1 vol. in-8, pré-
    cédé d'une Introduction par FRIEDEL.   6 fr.
49. MANTEGAZZA. **La Physionomie et l'Expression des sentiments.**
    1 vol. in-8 avec huit planches hors texte.   6 fr.
50. DE MEYER. **Les Organes de la parole et leur emploi pour
    la formation des sons du langage.** 1 vol. in-8 avec 51 figures,
    traduit de l'allemand et précédé d'une Introduction par M. O. CLA-
    VEAU.   6 fr.
51. DE LANESSAN. **Introduction à l'Étude de la botanique** (le Sapin).
    1 vol. in-8, avec 143 figures dans le texte.   6 fr.
52-53. DE SAPORTA et MARION. **L'évolution du règne végétal** (les
    Phanérogames). 2 vol. in-8, avec 136 figures.   12 fr.
54. TROUESSART. **Les Microbes, les Ferments et les Moisissures.**
    1 vol. in-8, avec 107 figures dans le texte.   6 fr.
55. HARTMANN (R.). **Les Singes anthropoïdes, et leur organisation
    comparée à celle de l'homme.** 1 vol. in-8, avec 63 figures dans
    le texte.   6 fr.
56. SCHMIDT (O.). **Les Mammifères dans leurs rapports avec leurs
    ancêtres géologiques.** 1 vol. in-8 avec 51 figures.   6 fr.
57. BINET et FÉRÉ. **Le Magnétisme animal.** 1 vol. in-8 avec fig.   6 fr.
58-59. ROMANES. **L'Intelligence des animaux.** 2 vol. in-8 avec fig. 12 fr.
60. F. LAGRANGE. **Physiologie des exercices du corps.** 1 vol. in-8. 6 fr.
61. DREYFUS (Camille). **La Théorie de l'évolution.** 1 vol. in-8.   6 fr.
62-63. SIR JOHN LUBBOCK. **L'Homme préhistorique.** 2 vol. in-8,
    avec figures dans le texte. 3e édit.   12 fr.
64. DAUBRÉE. **Les Régions invisibles du globe et de l'espace
    céleste.** 1 vol. in-8, avec figures.   9 fr.

OUVRAGES SUR LE POINT DE PARAITRE :

BERTHELOT. **La Philosophie chimique.** 1 vol.
BEAUNIS. **Les Sensations internes.** 1 vol. avec figures.
MORTILLET (de). **L'Origine de l'homme.** 1 vol. avec figures.
PERRIER (E.) **L'Embryogénie générale.** 1 vol. avec figures.
LACASSAGNE. **Les Criminels.** 1 vol. avec figures.
CARTAILHAC. **La France préhistorique.** 1 vol. avec figures.
DURAND-CLAYE (A.). **L'Hygiène des villes.** 1 vol. avec figures.
POUCHET (G.). **La Vie du sang.** 1 vol. avec figures.
RICHER (Charles). **La Chaleur animale.** 1 vol. avec figures.

LISTE DES OUVRAGES

DE LA

BIBLIOTHÈQUE SCIENTIFIQUE INTERNATIONALE

PAR ORDRE DE MATIÈRES.

Chaque volume in-8, cartonné à l'anglaise......... **6 francs.**
En demi-rel. veau avec coins, tranche supérieure dorée, non rogné. **10 fr.**

SCIENCES SOCIALES

* **Introduction à la science sociale**, par HERBERT SPENCER. 1 vol. in-8,
7ᵉ édit. 6 fr.
* **Les Bases de la morale évolutionniste**, par HERBERT SPENCER. 1 vol.
in-8, 3ᵉ édit. 6 fr.
Les Conflits de la science et de la religion, par DRAPER, professeur à
l'Université de New-York. 1 vol. in-8, 7ᵉ édit. 6 fr.
Le Crime et la Folie, par H. MAUDSLEY, professeur de médecine légale
à l'Université de Londres. 1 vol. in-8, 5ᵉ édit. 6 fr.
* **La Défense des États et les camps retranchés**, par le général A. BRIAL-
MONT, inspecteur général des fortifications et du corps du génie de
Belgique. 1 vol. in-8 avec nombreuses figures dans le texte et 2 pl. hors
texte, 3ᵉ édit. 6 fr.
* **La Monnaie et le Mécanisme de l'échange**, par W. STANLEY JEVONS,
professeur d'économie politique à l'Université de Londres. 1 vol. in-8,
4ᵉ édit. (V. P.) 6 fr.
La Sociologie, par DE ROBERTY. 1 vol. in-8, 2ᵉ édit. (V. P.) 6 fr.
* **La Science de l'éducation**, par Alex. BAIN, professeur à l'Université
d'Aberdeen (Écosse). 1 vol. in-8, 6ᵉ édit. (V. P.) 6 fr.
Lois scientifiques du développement des nations dans leurs rapports
avec les principes de l'hérédité et de la sélection naturelle, par W. BA-
GEHOT. 1 vol. in-8, 5ᵉ édit. 6 fr.
* **La Vie du langage**, par D. WHITNEY, professeur de philologie comparée
à Yale-College de Boston (Etats-Unis). 1 vol. in-8, 3ᵉ édit. (V. P.) 6 fr.

PHYSIOLOGIE

Les Illusions des sens et de l'esprit, par James SULLY. 1 vol. in-8.
2ᵉ édit. (V. P.) 6 fr.
* **La Locomotion chez les animaux** (marche, natation et vol), suivie d'une
étude sur l'*Histoire de la navigation aérienne*, par J.-B. PETTIGREW, professeur au Collège royal de chirurgie d'Édimbourg (Écosse). 1 vol. in-8
avec 140 figures dans le texte. 2ᵉ édit. 6 fr.
* **Les Nerfs et les Muscles**, par J. ROSENTHAL, professeur de physiologie à
l'Université d'Erlangen (Bavière). 1 vol. in-8 avec 75 figures dans le
texte, 3ᵉ édit. (V. P.) 6 fr.
* **La Machine animale**, par E.-J. MAREY, membre de l'Institut, professeur
au Collège de France. 1 vol. in-8 avec 117 figures dans le texte, 4ᵉ édit.
(V. P.) 6 fr.
* **Les Sens**, par BERNSTEIN, professeur de physiologie à l'Université de Halle
(Prusse). 1 vol. in-8 avec 91 figures dans le texte, 4ᵉ édit. (V. P.) 6 fr.
Les Organes de la parole, par H. DE MEYER, professeur à l'Université de
Zurich, traduit de l'allemand et précédé d'une introduction sur l'*Ensei-
gnement de la parole aux sourds-muets*, par O. CLAVEAU, inspecteur géné-
ral des établissements de bienfaisance. 1 vol. in-8 avec 51 figures dans
le texte. 6 fr.
La Physionomie et l'Expression des sentiments, par P. MANTEGAZZA,
professeur au Muséum d'histoire naturelle de Florence. 1 vol. in-8 avec
figures et 8 planches hors texte, d'après les dessins originaux d'Edouard
Ximenès. 6 fr.
Physiologie des exercices du corps, par le docteur LAGRANGE. 1 vol.
in-8. 6 fr.

PHILOSOPHIE SCIENTIFIQUE

*** Le Cerveau et ses fonctions**, par J. Luys, membre de l'Académie de médecine, médecin de la Salpêtrière. 1 vol. in-8 avec fig. 5ᵉ édit. (V. P.)   6 fr.

Le Cerveau et la Pensée chez l'homme et les animaux, par Charlton Bastian, professeur à l'Université de Londres. 2 vol. in-8 avec 184 fig. dans le texte.   12 fr.

Le Crime et la Folie, par H. Maudsley, professeur à l'Université de Londres. 1 vol. in-8, 5ᵉ édit.   6 fr.

L'Esprit et le Corps, considérés au point de vue de leurs relations, suivi d'études sur les *Erreurs généralement répandues au sujet de l'esprit*, par Alex. Bain, professeur à l'Université d'Aberdeen (Écosse). 1 vol. in-8, 4ᵉ édit. (V. P.)   6 fr.

*** Théorie scientifique de la sensibilité :** *le Plaisir et la Peine*, par Léon Dumont. 1 vol. in-8, 3ᵉ édit.   6 fr.

La Matière et la Physique moderne, par Stallo, précédé d'une préface par M. Ch. Friedel, de l'Institut. 1 vol. in-8.   6 fr.

Le Magnétisme animal, par A. Binet et Ch. Féré. 1 vol. in-8, avec figures dans le texte. 2ᵉ édit.   6 fr.

L'Intelligence des animaux, par Romanes. 2 vol. in-8, précédés d'une préface de M. E. Perrier, professeur au Muséum d'histoire naturelle.   12 fr.

La Théorie de l'évolution, par C. Dreyfus, député de la Seine. 1 v. in-8. 6 fr.

ANTHROPOLOGIE

*** L'Espèce humaine**, par A. de Quatrefages, membre de l'Institut, professeur d'anthropologie au Muséum d'histoire naturelle de Paris. 1 vol. in-8, 9ᵉ édit. (V. P.)   6 fr.

*** L'Homme avant les métaux**, par N. Joly, correspondant de l'Institut, professeur à la Faculté des sciences de Toulouse. 1 vol. in-8 avec 150 figures dans le texte et un frontispice, 4ᵉ édit. (V. P.)   6 fr.

*** Les Peuples de l'Afrique**, par R. Hartmann, professeur à l'Université de Berlin. 1 vol. in-8 avec 93 figures dans le texte, 2ᵉ édit. (V. P.)   6 fr.

Les Singes anthropoïdes, et leur organisation comparée à celle de l'homme, par R. Hartmann, professeur à l'Université de Berlin. 1 vol. in-8 avec 63 figures gravées sur bois.   6 fr.

L'Homme préhistorique, par Sir John Lubbock, membre de la Société royale de Londres. 2 vol. in-8, avec de nombreuses fig. dans le texte. 3ᵉ édit. 12 fr.

ZOOLOGIE

*** Descendance et Darwinisme**, par O. Schmidt, professeur à l'Université de Strasbourg. 1 vol. in-8 avec figures, 5ᵉ édit.   6 fr.

Les Mammifères dans leurs rapports avec leurs ancêtres géologiques, par O. Schmidt. 1 vol. in-8 avec 51 figures dans le texte.   6 fr.

Fourmis, Abeilles et Guêpes, par sir John Lubbock, membre de la Société royale de Londres. 2 vol. in-8 avec figures dans le texte et 13 planches hors texte, dont 5 coloriées. (V. P.)   12 fr.

L'Écrevisse, introduction à l'étude de la zoologie, par Th.-H. Huxley, membre de la Société royale de Londres et de l'Institut de France, professeur d'histoire naturelle à l'École royale des mines de Londres. 1 vol. in-8 avec 82 figures.   6 fr.

*** Les Commensaux et les Parasites** dans le règne animal, par P.-J. Van Beneden, professeur à l'Université de Louvain (Belgique). 1 vol. in-8 avec 82 figures dans le texte. 3ᵉ édit. (V. P.)   6 fr.

La Philosophie zoologique avant Darwin, par Edmond Perrier, professeur au Muséum d'histoire naturelle de Paris. 1 vol. in-8, 2ᵉ édit. (V. P.) 6 fr.

BOTANIQUE — GÉOLOGIE

Les Champignons, par Cooke et Berkeley. 1 vol. in-8 avec 110 figures. 3ᵉ édition.   6 fr.

L'Évolution du règne végétal, par G. de Saporta, correspondant de l'Institut, et Marion, correspondant de l'Institut, professeur à la Faculté des sciences de Marseille.

    I. *Les Cryptogames.* 1 vol. in-8 avec 85 figures dans le texte.   6 fr.

    II. *Les Phanérogames.* 2 vol. in-8 avec 136 figures dans le texte. 12 fr.

*** Les Volcans et les Tremblements de terre**, par Fuchs, professeur à l'Université de Heidelberg. 1 vol. in-8 avec 36 figures et une carte en couleur, 5ᵉ édition. (V. P.)   6 fr.

Les Régions invisibles du globe et des espaces célestes, par DAUBRÉE, de l'Institut, professeur au Muséum d'histoire naturelle. 1 vol. in-8, avec 85 figures dans le texte et 2 cartes.   6 fr.

L'Origine des plantes cultivées, par A. DE CANDOLLE, correspondant de l'Institut. 1 vol. in-8, 3ᵉ édit.   6 fr.

Introduction à l'étude de la botanique (le Sapin), par J. DE LANESSAN, professeur agrégé à la Faculté de médecine de Paris. 1 vol. in-8 avec figures dans le texte. (V. P.)   6 fr.

Microbes, Ferments et Moisissures, par le docteur L. TROUESSART. 1 vol. in-8 avec 108 figures dans le texte. (V. P.)   6 fr.

CHIMIE

Les Fermentations, par P. SCHUTZENBERGER, membre de l'Académie de médecine, professeur de chimie au Collège de France. 1 vol. in-8 avec figures, 4ᵉ édit.   6 fr.

* **La Synthèse chimique**, par M. BERTHELOT, membre de l'Institut, professeur de chimie organique au Collège de France. 1 vol. in-8, 6ᵉ édit.   6 fr.

* **La Théorie atomique**, par Ad. WURTZ, membre de l'Institut, professeur à la Faculté des sciences et à la Faculté de médecine de Paris. 1 vol. in-8, 4ᵉ édit., précédée d'une introduction sur la *Vie et les travaux* de l'auteur, par M. CH. FRIEDEL, de l'Institut.   6 fr.

ASTRONOMIE — MÉCANIQUE

* **Histoire de la Machine à vapeur, de la Locomotive et des Bateaux à vapeur**, par R. THURSTON, professeur de mécanique à l'Institut technique de Hoboken, près de New-York, revue, annotée et augmentée d'une Introduction par M. HIRSCH, professeur de machines à vapeur à l'École des ponts et chaussées de Paris. 2 vol. in-8 avec 160 figures dans le texte et 16 planches tirées à part. 3ᵒ édit. (V. P.)   12 fr.

* **Les Étoiles**, notions d'astronomie sidérale, par le P. A. SECCHI, directeur de l'Observatoire du Collège Romain. 2 vol. in-8 avec 68 figures dans le texte et 16 planches en noir et en couleurs, 2ᵉ édit. (V. P.)   12 fr.

Le Soleil, par C.-A. YOUNG, professeur d'astronomie au Collège de New-Jersey. 1 vol. in-8 avec 87 figures. (V. P.)   6 fr.

PHYSIQUE

La Conservation de l'énergie, par BALFOUR STEWART, professeur de physique au collège Owens de Manchester (Angleterre), suivi d'une étude sur la *Nature de la force*, par P. DE SAINT-ROBERT (de Turin). 1 vol. in-8 avec figures, 4ᵉ édit.   6 fr.

* **Les Glaciers et les Transformations de l'eau**, par J. TYNDALL, professeur de chimie à l'Institution royale de Londres, suivi d'une étude sur le même sujet, par HELMHOLTZ, professeur à l'Université de Berlin. 1 vol. in-8 avec nombreuses figures dans le texte et 8 planches tirées à part sur papier teinté, 5ᵉ édit. (V. P.)   6 fr

* **La Photographie et la Chimie de la lumière**, par VOGEL, professeur à l'Académie polytechnique de Berlin. 1 vol. in-8 avec 95 figures dans le texte et une planche en photoglyptie, 4ᵉ édit. (V. P.)   6 fr.

La Matière et la Physique moderne, par STALLO. 1 vol. in-8.   6 fr.

THÉORIE DES BEAUX-ARTS

* **Le Son et la Musique**, par P. BLASERNA, professeur à l'Université de Rome, suivi des *Causes physiologiques de l'harmonie musicale*, par H. HELMHOLTZ, professeur à l'Université de Berlin. 1 vol. in-8 avec 41 figures, 3ᵉ édit. (V. P.)   6 fr.

Principes scientifiques des Beaux-Arts, par E. BRUCKE, professeur à l'Université de Vienne, suivi de *l'Optique et les Arts*, par HELMHOLTZ, professeur à l'Université de Berlin. 1 vol. in-8 avec figures, 3ᵉ édit. (V. P.)   6 fr.

* **Théorie scientifique des couleurs** et leurs applications aux arts et à l'industrie, par O. N. ROOD, professeur de physique à Colombia-Collège de New-York (Etats-Unis). 1 vol. in-8 avec 130 figures dans le texte et une planche en couleurs. (V. P.)   6 fr.

PUBLICATIONS
HISTORIQUES, PHILOSOPHIQUES ET SCIENTIFIQUES
qui ne se trouvent pas dans les collections précédentes.

ALAUX. **La Religion progressive.** 1 vol. in-18. 3 fr. 50

ALGLAVE. **Des Juridictions civiles chez les Romains.** 1 vol. in-8. 2 fr. 50

ALTMEYER (J. J.). **Les Précurseurs de la réforme aux Pays-Bas.** 2 forts volumes in-8°. 12 fr.

ARRÉAT. **Une Éducation intellectuelle.** 1 vol. in-18. 2 fr. 50

ARRÉAT. **La Morale dans le drame, l'épopée et le roman.** 1 vol. in-18. 1883. 2 fr. 50

ARRÉAT. **Journal d'un philosophe.** 1 vol. in-18. 1887. 3 fr. 50

AUBRY. **La Contagion du meurtre.** 1 vol. in-8. 1887. 4 fr.

AZAM. **Le Caractère dans la santé et dans la maladie.** 1 vol. in-8. précédé d'une préface de Th. RIBOT. 1887. 4 fr,

BALFOUR STEWART et TAIT. **L'Univers invisible.** 1 vol. in-8, traduit de l'anglais. 7 fr.

BARNI. **Les Martyrs de la libre pensée.** 1 vol. in-18. 2e édit. 3 fr. 50

BARNI. **Napoléon Ier.** 1 vol. in-18, édition populaire. 1 fr.

BARNI. Voy. p. 4 ; KANT, p. 4 ; p. 12 et 31.

BARTHÉLEMY SAINT-HILAIRE. Voy. pages 2 et 6, ARISTOTE.

BAUTAIN. **La Philosophie morale.** 2 vol, in-8. 12 fr.

BEAUNIS (H.). **Impressions de campagne** (1870-1871). 1 volume in-18. 3 fr. 50

BÉNARD (Ch.). **De la philosophie dans l'éducation classique.** 1862. 1 fort vol. in-8. 6 fr.

BÉNARD. Voy. p. 7 et 8, SCHELLING et HEGEL.

BERTAULD (P.-A.). **Introduction à la recherche des causes premières. — De la méthode.** 3 vol. in-18. Chaque volume, 3 fr. 50

BLACKWELL (Dr Elisabeth). **Conseils aux parents** sur l'éducation de leurs enfants au point de vue sexuel. In-18. 2 fr.

BLANQUI. **L'Éternité par les astres.** In-8. 2 fr.

BLANQUI. **Critique sociale,** capital et travail. Fragments et notes. 2 vol. in-18. 1885. 7 fr.

BOUCHARDAT. **Le Travail,** son influence sur la santé (conférences faites aux ouvriers). 1 vol. in-18. 2 fr. 50

BOUILLET (Ad.). **Les Bourgeois gentilshommes. — L'Armée de Henri V.** 1 vol. in-18. 3 fr. 50

BOUILLET (Ad.). **Types nouveaux.** 1 vol. in-18. 1 fr. 50

BOUILLET (Ad.). **L'Arrière-ban de l'ordre moral.** 1 vol. in-18. 3 fr. 50

BOURBON DEL MONTE. **L'Homme et les Animaux.** 1 vol. in-8. 5 fr.

BOURDEAU (Louis). **Théorie des sciences,** plan de science intégrale. 2 vol. in-8. 20 fr.

BOURDEAU (Louis). **Les Forces de l'industrie,** progrès de la puissance humaine. 1 vol. in-8. 5 fr.

BOURDEAU (Louis). **La Conquête du monde animal.** In-8. 5 fr.

BOURDEAU (Louis). **L'Histoire et les Historiens.** 2 vol. in-8 (S. presse.)

BOURDET (Eug.). **Principes d'éducation positive,** précédés d'une préface de M. Ch. ROBIN. 1 vol. in-18. 3 fr. 50

BOURDET. **Vocabulaire des principaux termes de la philosophie positive.** 1 vol. in-18. 3 fr. 50

BOURLOTON (Edg.) et ROBERT (Edmond). **La Commune et ses idées à travers l'histoire.** 1 vol. in-18. 3 fr. 50

BOURLOTON. Voy. p. 12.

BROCHARD (V.). **De l'Erreur.** 1 vol. in-8. 3 fr. 50

BROCHARD. Voy. p. 7.

BUCHNER. **Essai biographique sur Léon Dumont.** 1 vol. in 18 (1884). 2 fr.

Bulletins de la Société de psychologie physiologique. 1re année 1885. 1 broch. in-8, 1 fr. 50. — 2e année 1886, 1 broch. in-8, 1 fr. 50. — 3e année. 1887. 1 fr. 50

BUSQUET. **Représailles,** poésies. 1 vol. in-18. 3 fr.

CAIX DE SAINT-AYMOUR (le vicomte de). **Recueil des instructions données aux ambassadeurs et ministres de France en Portugal,** depuis les traités de Westphalie jusqu'à la Révolution française. 1 fort vol. in-8 sur papier de Hollande. 20 fr.

CADET. **Hygiène, inhumation, crémation.** In-18. 2 fr.

CARRAU (Lud.). **Études historiques et critiques sur les preuves du Phédon de Platon en faveur de l'immortalité de l'âme humaine.** In-8. 2 fr.

CHASSERIAU (Jean). **Du principe autoritaire et du principe rationnel** 1 vol. in-18. 3 fr. 50

CLAMAGERAN. **L'Algérie,** impressions de voyage. 3e édit. 1 vol. in-18. 1884. 3 fr. 50

CLAMAGERAN. Voy. p. 12.

CLAVEL (Dr), **La Morale positive.** 1 vol. in-8. 3 fr.

CLAVEL (Dr). **Critique et conséquence des principes de 1789.** 1 vol. in-18. 3 fr.

CLAVEL (Dr). **Les Principes au XIXe siècle.** In-18. 1 fr.

CONTA. **Théorie du fatalisme.** 1 vol. in-18. 4 fr.

CONTA. **Introduction à la métaphysique.** 1 vol. in-18. 3 fr.

COQUEREL (Charles). **Lettres d'un marin à sa famille.** 1 vol. in-18. 3 fr. 50

COQUEREL fils (Athanase). **Libres Études** (religion, critique, histoire, beaux-arts). 1 vol. in-8. 5 fr.

CORTAMBERT (Louis). **La Religion du progrès.** In-18. 3 fr. 50

COSTE (Adolphe). **Hygiène sociale contre le paupérisme** (prix de 5000 fr. au concours Pereire). 1 vol. in-8. 6 fr.

COSTE (Adolphe). **Les Questions sociales contemporaines,** comptes rendus du concours Pereire, et études nouvelles sur le *paupérisme, la prévoyance, l'impôt, le crédit, les monopoles, l'enseignement,* avec la collaboration de MM. A. BURDEAU et ARRÉAT pour la partie relative à l'enseignement. 1 fort. vol. in-8. 10 fr.

COSTE (Ad.) Voy. p. 2.

DANICOURT (Léon). **La Patrie et la République.** In-18. 2 fr. 50

DANOVER. **De l'esprit moderne.** 1 vol. in-18. 1 fr. 50

DAURIAC. **Psychologie et pédagogie.** 1 br. in-8. 1884. 1 fr.

DAURIAC. **Sens commun et raison pratique.** 1 br. in-8. 1 fr. 50

DAVY. **Les Conventionnels de l'Eure.** 2 forts vol. in-8. 18 fr.

DELBŒUF. **Psychophysique,** mesure des sensations de lumière et de fatigue, théorie générale de la sensibilité. 1 vol. in-18. 3 fr. 50

DELBŒUF. **Examen critique de la loi psychophysique,** sa base et sa signification. 1 vol. in-18. 1883. 3 fr. 50

DELBŒUF. **Le Sommeil et les Rêves,** considérés principalement dans leurs rapports avec les théories de la certitude et de la mémoire. 1 vol. in-18. 3 fr. 50

DELBŒUF. **De l'origine des effets curatifs de l'hypnotisme.** Étude de psychologie expérimentale. 1887. In-8. 1 fr. 50.

DELBŒUF. Voy. p. 2.

DESTREM (J.). **Les Déportations du Consulat.** 1 br. in-8. 1 fr. 50

DOLLFUS (Ch.). **De la nature humaine.** 1868. 1 vol. in-8. 5 fr.

DOLLFUS (Ch.). **Lettres philosophiques.** In-18. 3 fr.

DOLLFUS (Ch.). **Considérations sur l'histoire. Le monde antique.** 1 vol. in-8. 7 fr. 50

DOLLFUS (Ch.). **L'Ame dans les phénomènes de conscience.** 1 vol. in-18.   3 fr. 50

DUBOST (Antonin). **Des conditions de gouvernement en France.** 1 vol. in-8.   7 fr. 50

DUFAY. **Etudes sur la destinée.** 1 vol. in-18. 1876.   3 fr.

DUMONT (Léon). **Le Sentiment du gracieux.** 1 vol. in-8.   3 fr.

DUMONT (Léon). Voy. p. 18 et 21.

DUNAN. **Essai sur les formes à priori de la sensibilité.** 1 vol. in-8. 1884.   5 fr.

DUNAN. **Les Arguments de Zénon d'Elée contre le mouvement.** 1 br. in-8. 1884.   1 fr. 50

DU POTET. **Manuel de l'étudiant magnétiseur.** Nouvelle édition. 1 vol. in-18.   3 fr. 50

DU POTET. **Traité complet de magnétisme, cours en douze leçons.** 4e édition. 1 vol. in-8 de 634 pages.   8 fr.

DURAND-DÉSORMEAUX. **Réflexions et Pensées**, précédées d'une Notice sur la vie, le caractère et les écrits de l'auteur, par Ch. YRIARTE. 1 vol. in-8. 1884.   2 fr. 50

DURAND-DESORMEAUX. **Études philosophiques**, théorie de l'action, théorie de la connaissance. 2 vol. in-8. 1884.   15 fr.

DUTASTA. **Le Capitaine Vallé**, ou l'Armée sous la Restauration. 1 vol. in-18. 1883.   3 fr. 50

DUVAL-JOUVE. **Traité de logique.** 1 vol. in-8.   6 fr.

DUVERGIER DE HAURANNE (Mme E.). **Histoire populaire de la Révolution française.** 1 vol. in-18. 3e édit.   3 fr. 50

Éléments de science sociale. Religion physique, sexuelle et naturelle. 1 vol. in-18. 4e édit. 1885.   3 fr. 50

ÉLIPHAS LÉVI. **Dogme et rituel de la haute magie.** 2e édit., 2 vol. in-8, avec 24 fig.   18 fr.

ÉLIPHAS LÉVI. **Histoire de la magie.** 1 vol. in-8, avec fig.   12 fr.

ÉLIPHAS LÉVI. **Clef des grands mystères.** 1 vol. in-8.   12 fr.

ÉLIPHAS LÉVI. **La Science des esprits.** 1 vol. in-8.   7 fr.

ESCANDE. **Hoche en Irlande** (1795-1798), d'après les documents inédits. 1 vol. in-18 en caractères elzéviriens (1888).   3 fr. 50

ESPINAS. **Idée générale de la pédagogie.** 1 br. in-8. 1884.   1 fr.

ESPINAS. **Du sommeil provoqué chez les hystériques.** Essai d'explication psychologique de sa cause et de ses effets. 1 brochure in-8.   1 fr.

ESPINAS. Voy. p. 2 et 5.

ÉVELLIN. **Infini et quantité.** Étude sur le concept de l'infini dans la philosophie et dans les sciences. 1 vol. in-8. 2e édit. (*Sous presse.*)

FABRE (Joseph). **Histoire de la philosophie.** Première partie : Antiquité et moyen âge. 1 vol. in-12.   3 fr. 50

FAU. **Anatomie des formes du corps humain**, à l'usage des peintres et des sculpteurs. 1 atlas de 25 planches avec texte. 2e édition. Prix, figures noires. 15 fr. ; fig. coloriées.   30 fr.

FAUCONNIER. **Protection et libre échange.** In-8.   2 fr.

FAUCONNIER. **La morale et la religion dans l'enseignement.** in-8.   75 c.

FAUCONNIER. **L'Or et l'Argent.** In-8.   2 fr. 50

FEDERICI. **Les Lois du progrès.** 1 vol. in-18. (*Sous presse.*)

FERBUS (N.). **La Science positive du bonheur.** 1 vol. in-18.   3 fr.

FERRIÈRE (Em.). **Les Apôtres**, essai d'histoire religieuse, d'après la méthode des sciences naturelles. 1 vol. in-12.   4 fr. 50

FERRIÈRE (Em.). **L'Ame est la fonction du cerveau.** 2 volumes in-18. 1883.   7 fr.

FERRIÈRE (Em.). **Le Paganisme des Hébreux jusqu'à la captivité de Babylone.** 1 vol. in-18. 1884.   3 fr. 50

FERRIÈRE (Em.). **La Matière et l'Énergie.** 1 vol. in-18. 1887.   4 fr. 50

FERRIÈRE (Em.). Voy. p. 32.

FERRON (de). **Institutions municipales et provinciales** dans les différents États de l'Europe. Comparaison. Réformes. 1 vol. in-8. 1883.   8 fr.

FERRON (de). **Théorie du progrès.** 2 vol. in-18.   7 fr.

FERRON (de). **De la division du pouvoir législatif en deux chambres**, histoire et théorie du Sénat. 1 vol. in-8.   8 fr.

FONCIN. **Essai sur le ministère Turgot.** In-8. 2° édit. (*Sous presse.*)

FOX (W.-J.). **Des idées religieuses.** In-8.   3 fr.

FRIBOURG (E.). **Le Paupérisme parisien.** 1 vol. in-12.   1 fr. 25

GALTIER-BOISSIÈRE. **Sématotechnie**, ou Nouveaux signes phonographiques. 1 vol. in-8 avec figures.   3 fr. 50

GASTINEAU. **Voltaire en exil.** 1 vol. in-18.   3 fr.

GAYTE (Claude). **Essai sur la croyance.** 1 vol. in-8.   3 fr.

GEFFROY. **Recueil des instructions données aux ministres et ambassadeurs de France en Suède**, depuis les traités de Westphalie jusqu'à la Révolution française. 1 fort vol. in-8 raisin sur papier de Hollande.   20 fr.

GILLIOT (Alph.). **Études sur les religions et institutions comparées.** 2 vol. in-12, tome Ier. 3 fr. — Tome II.   5 fr.

GOBLET D'ALVIELLA. **L'Évolution religieuse** chez les Anglais, les Américains, les Hindous, etc. 1 vol. in-8. 1883.   7 fr. 50

GOURD. **Le Phénomène.** Essai de philosophie générale. 1 vol. in-8.   (*Sous presse.*)

GRESLAND. **Le Génie de l'homme**, libre philosophie. Gr. in-8.   7 fr.

GUILLAUME (de Moissey). **Traité des sensations.** 2 vol. in-8.   12 fr.

GUILLY. **La Nature et la Morale.** 1 vol. in-18. 2e édit.   2 fr. 50

GUYAU. **Vers d'un philosophe.** 1 vol. in-18.   3 fr. 50

GUYAU. Voy. p. 5 et 10.

HAYEM (Armand). **L'Être social.** 1 vol. in-18. 2e édit.   3 fr. 50

HERZEN. **Récits et Nouvelles.** 1 vol. in-18.   3 fr. 50

HERZEN. **De l'autre rive.** 1 vol. in-18.   3 fr. 50

HERZEN. **Lettres de France et d'Italie.** In-18.   3 fr. 50

HUXLEY. **La Physiographie**, introduction à l'étude de la nature, traduit et adapté par M. G. Lamy. 1 vol. in-8 avec figures dans le texte et 2 planches en couleurs, broché, 8 fr. — En demi-reliure, tranches dorées.   11 fr.

HUXLEY. Voy. p. 5 et 32.

ISSAURAT. **Moments perdus de Pierre-Jean.** 1 vol. in-18.   3 fr.

ISSAURAT. **Les Alarmes d'un père de famille.** In-8.   1 fr.

JANET (Paul). **Le Médiateur plastique de Cudworth.** 1 vol. in-8.   1 fr.

JANET (Paul). Voy. p. 3, 5, 7, 8 et 9.

JEANMAIRE. **L'Idée de la personnalité dans la psychologie moderne.** 1 vol. in-8. 1883.   5 fr.

JOIRE. **La Population, richesse nationale; le travail, richesse du peuple.** 1 vol. in-8. 1886.   5 fr.

JOYAU. **De l'Invention dans les arts et dans les sciences.** 1 vol. in-8.   5 fr.

JOZON (Paul). **De l'écriture phonétique.** In-18.   3 fr. 50

KAULEK (Jean). **Correspondance politique de MM. de Castillon et de Marillac**, ambassadeurs de France en Angleterre (1538-1542). 1 fort vol. gr. in-8.   15 fr.

KAULEK (Jean). **Papiers de Barthélemy**, ambassadeur de France en Suisse de 1792 à 1797. — I, année 1792. 1 vol. gr. in-8.   15 fr.
II (janvier-août 1793). 1 vol. in-8.   15 fr.

LABORDE. **Les Hommes et les Actes de l'insurrection de Paris** devant la psychologie morbide. 1 vol. in-18.   2 fr. 50

LACHELIER. **Le Fondement de l'induction.** 1 vol. in-8.   3 fr. 50

LACOMBE. **Mes droits.** 1 vol. in-12.   2 fr. 50

LAFONTAINE. **L'Art de magnétiser** ou le Magnétisme vital, considéré au point de vue théorique, pratique et thérapeutique. 5e éd., 1886. In-8. 5 fr.

LAGGROND. **L'Univers, la force et la vie.** 1 vol. in-8. 1884. 2 fr. 50
LA LANDELLE (de). **Alphabet phonétique.** In-18. 2 fr. 50
LANGLOIS. **L'Homme et la Révolution.** 2 vol. in-18. 7 fr.
LAURET (Henri). **Critique d'une morale sans obligation ni sanction.** In-8. 1 fr. 50
LAURET (Henri). Voy. p. 9.
LAUSSEDAT. **La Suisse.** Études méd. et sociales. In-18 3 fr. 50
LAVELEYE (Em. de). **De l'avenir des peuples catholiques.** In-8. 21e édit. 25 c.
LAVELEYE (Em. de). **Lettres sur l'Italie** (1878-1879). 1 volume in-18. 3 fr. 50
LAVELEYE (Em. de). **Nouvelles lettres d'Italie.** 1 vol. in-8. 1884. 3 fr.
LAVELEYE (Em. de). **L'Afrique centrale.** 1 vol. in-12. 3 fr.
LAVELEYE (Em. de). **La Péninsule des Balkans** (Vienne, Croatie, Bosnie, Serbie, Bulgarie, Roumélie, Turquie, Roumanie). 2 vol. in-12. 1886. 10 fr.
LAVELEYE (Em. de). **La Propriété collective du sol en différents pays.** In-8. 2 fr.
LAVELEYE (Em. de) et HERBERT SPENCER. **L'État et l'Individu, ou darwinisme social et christianisme.** In-8. 1 fr.
LAVELEYE (Em. de). Voy. p. 5 et 12.
LAVERGNE (Bernard). **L'Ultramontanisme et l'État.** In-8. 1 fr. 50
LEDRU-ROLLIN. **Discours politiques et écrits divers.** 2 vol. in-8 cavalier. 12 fr.
LEGOYT. **Le Suicide.** 1 vol. in-8. 8 fr.
LELORRAIN. **De l'aliéné au point de vue de la responsabilité pénale.** In-8. 2 fr.
LEMER (Julien). **Dossier des jésuites et des libertés de l'Église gallicane.** 1 vol. in-18. 3 fr. 50
LOURDEAU. **Le Sénat et la Magistrature dans la démocratie française.** 1 vol. in-18. 3 fr. 50
MAGY. **De la Science et de la Nature.** 1 vol. in-8. 6 fr.
MAINDRON (Ernest). **L'Académie des sciences** (Histoire de l'Académie, fondation de l'Institut national ; Bonaparte, membre de l'Institut). 1 beau vol. in-8 cavalier, avec 53 gravures dans le texte, portraits, plans, etc., 8 planches hors texte et 2 autographes, d'après des documents originaux. 12 fr.
MARAIS. **Garibaldi et l'Armée des Vosges.** In-18. (V. P.) 1 fr. 50
MASSERON (I.). **Danger et Nécessité du socialisme.** 1 vol. in-18 1883. 3 fr. 50
MAURICE (Fernand). **La Politique extérieure de la République française.** 1 vol. in-12. 3 fr. 50
MENIÈRE. **Cicéron médecin.** 1 vol. in-18. 4 fr. 50
MENIÈRE. **Les Consultations de Mme de Sévigné,** étude médico-littéraire. 1884. 1 vol. in-8. 3 fr.
MESMER. **Mémoires et Aphorismes,** suivis des procédés de d'Eslon. In-18. 2 fr. 50
MICHAUT (N.). **De l'Imagination.** 1 vol. in-8. 5 fr.
MILSAND. **Les Études classiques** et l'enseignement public. 1 vol. in-18. 3 fr. 50
MILSAND. **Le Code et la Liberté.** In-8. 2 fr.
MORIN (Miron). **De la séparation du temporel et du spirituel.** In-8. 3 fr. 50
MORIN (Miron). **Essais de critique religieuse.** 1 fort vol. in-8. 1885. 5 fr.
MORIN. **Magnétisme et Sciences occultes.** 1 vol. in-8. 6 fr.
MORIN (Frédéric). **Politique et Philosophie.** 1 vol. in-18. 3 fr. 50
MUNARET. **Le Médecin des villes et des campagnes.** 4e édition. 1 vol. grand in-18. 4 fr. 50

NIVELET. **Loisirs de la vieillesse ou l'Heure de philosopher.** 1 vol. in-12. 3 fr.

NOEL (E.). **Mémoires d'un imbécile,** précédé d'une préface de *M. Littré.* 1 vol. in-18. 3ᵉ édition. 3 fr. 50

NOTOVITCH. **La Liberté de la volonté.** 1 vol. in-18, en caractères elzéviriens. 1888. 3 fr. 50

OGER. **Les Bonaparte** et les frontières de la France. In-18. 50 c.

OGER. **La République.** In-8. 50 c.

OLECHNOWICZ. **Histoire de la civilisation de l'humanité,** d'après la méthode brahmanique. 1 vol. in-12. 3 fr. 50

PARIS (le colonel). **Le Feu à Paris et en Amérique.** 1 volume in-18. 3 fr. 50

PARIS (comte de). **Les Associations ouvrières en Angleterre** (Trades-unions). 1 vol. in-18. 7ᵉ édit. 1 fr.
Édition sur papier fort, 2 fr. 50. — Sur papier de Chine, broché, 12 fr. — Rel. de luxe. 20 fr.

PELLETAN (Eugène). **La Naissance d'une ville** (Royan). 1 vol. in-18, cart. 1 fr. 40

PELLETAN (Eug.). **Jarousseau, le pasteur du désert.** 1 vol. in-18 (couronné par l'Académie française), toile, tr. jaspées. 2 fr. 50

PELLETAN (Eug.). **Élisée, voyage d'un homme à la recherche de lui-même.** 1 vol. in-18. 3 fr. 50

PELLETAN (Eug.). **Un Roi philosophe, Frédéric le Grand.** 1 vol. in-18. 3 fr. 50

PELLETAN (Eug.). **Le monde marche** (la loi du progrès). In-18. 3 fr. 50

PELLETAN (Eug.). **Droits de l'homme.** 1 vol. in-12. 3 fr. 50

PELLETAN (Eug.). **Profession de foi du XIXᵉ siècle.** 1 vol. in-12. 3 fr. 50

PELLETAN (Eug.). **Dieu est-il mort ?** 1 vol. in-12. 3 fr. 50

PELLETAN (Eug.). **La Mère.** 1 vol. in-8, toile, tr. dorées. 4 fr. 25

PELLETAN (Eug.). **Les Rois philosophes.** 1 vol. in-8, toile, tranches dorées. 4 fr. 25

PELLETAN (Eug.). **La Nouvelle Babylone.** 1 vol. in-12. 3 fr. 50

PÉNY (le major). **La France par rapport à l'Allemagne.** Étude de géographie militaire. 1 vol. in-8. 2ᵉ édit. 6 fr.

PEREZ (Bernard). **Thiery Tiedmann. — Mes deux chats.** 1 brochure in-12. 2 fr.

PEREZ (Bernard). **Jacotot et sa méthode d'émancipation intellectuelle.** 1 vol. in-18. 3 fr.

PEREZ (Bernard). — Voyez page 5.

PETROZ (P.). **L'Art et la Critique en France** depuis 1822. 1 vol. in-18. 3 fr. 50

PETROZ. **Un Critique d'art au XIXᵉ siècle.** In-18. 1 fr. 50

PHILBERT (Louis). **Le Rire,** essai littéraire, moral et psychologique. 1 vol. in-8. (Ouvrage couronné par l'Académie française, prix Montyon.) 7 fr. 50

POEY. **Le Positivisme.** 1 fort vol. in-12. 4 fr. 50

POEY. **M. Littré et Auguste Comte.** 1 vol. in-18. 3 fr. 50

POULLET. **La Campagne de l'Est** (1870-1871). 1 vol. in-8 avec 2 cartes, et pièces justificatives. 7 fr.

QUINET (Edgar). **Œuvres complètes.** 30 volumes in-18. Chaque volume... 3 fr. 50

Chaque ouvrage se vend séparément :

1. Génie des religions. 6e édition.
2. Les Jésuites. — L'Ultramontanisme. 11e édition.
3. Le Christianisme et la Révolution française. 6e édition.
4-5. Les Révolutions d'Italie. 5e édition. 2 vol.
6. Marnix de Sainte-Aldegonde. — Philosophie de l'Histoire de France. 4e édition.
7. Les Roumains. — Allemagne et Italie. 3e édition.
8. Premiers travaux : Introduction à la Philosophie de l'histoire. — Essai sur Herder. — Examen de la Vie de Jésus. — Origine des dieux. — l'Église de Brou. 3e édition.
9. La Grèce moderne. — Histoire de la poésie. 3e édition.
10. Mes Vacances en Espagne. 5e édition.
11. Ahasverus. — Tablettes du Juif errant. 5e édition.
12. Prométhée. — Les Esclaves. 4e édition.
13. Napoléon (poème). (*Épuisé.*)
14. L'Enseignement du peuple. — Œuvres politiques avant l'exil. 8 édition.
15. Histoire de mes idées (Autobiographie). 4e édition.
16-17. Merlin l'Enchanteur. 2e édition. 2 vol.
18-19-20. La Révolution. 10e édition. 3 vol.
21. Campagne de 1815. 7e édition.
22-23. La Création. 3e édition. 2 vol.
24. Le Livre de l'exilé. — La Révolution religieuse au XIXe siècle. — Œuvres politiques pendant l'exil. 2e édition.
25. Le Siège de Paris. — Œuvres politiques après l'exil. 2e édition.
26. La République. Conditions de régénération de la France. 2e édition.
27. L'Esprit nouveau. 5e édition.
28. Le Génie grec. 1re édition.
29-30. Correspondance. Lettres à sa mère. 1re édition. 2 vol.

RÉGAMEY (Guillaume). **Anatomie des formes du cheval**, à l'usage des peintres et des sculpteurs. 6 planches en chromolithographie, publiées sous la direction de Félix Régamey, avec texte par le Dr Kuhff. 8 fr.

RIBERT (Léonce). **Esprit de la Constitution** du 25 février 1875. 1 vol. in-18. 3 fr. 50

RIBOT (Paul). **Spiritualisme et Matérialisme.** Étude sur les limites de nos connaissances. 2e édit. 1887. 1 vol. in-8. 6 fr.

ROBERT (Edmond). **Les Domestiques.** 1 vol. in-18. 3 fr. 50

ROSNY (Ch. de). **La Méthode consciencielle.** Essai de philosophie exactiviste. 1 vol. in-8. 1887. 4 fr.

SANDERVAL (O. de). **De l'Absolu.** La loi de vie. 1887. 1 vol. in-8. 5 fr.

SECRÉTAN. **Philosophie de la liberté.** 2 vol. in-8. 10 fr.

SECRÉTAN. **Le Droit de la femme.** In-12. 1 fr. 20

SECRÉTAN. **La Civilisation et la Croyance.** 1 vol. in-8. 1887. 7 fr. 50

SIEGFRIED (Jules). **La Misère, son histoire, ses causes, ses remèdes.** 1 vol. grand in-18. 3e édition. 1879. 2 fr. 50

SIÈREBOIS. **Psychologie réaliste.** Étude sur les éléments réels de l'âme et de la pensée. 1876. 1 vol. in-18. 2 fr. 50

SOREL (Albert). **Le Traité de Paris du 20 novembre 1815.** 1 vol. in-8.   **4 fr. 50**

SOREL (Albert). **Recueil des instructions données aux ambassadeurs et ministres de France en Autriche,** depuis les traités de Westphalie jusqu'à la Révolution française. 1 fort vol. gr. in-8, sur papier de Hollande.   **20 fr.**

SPIR (A.). **Esquisses de philosophie critique,** précédées d'une préface de M. A. PENJON. 1 vol. in-18. 1887.   **2 fr. 50**

STUART MILL (J.). **La République de 1848 et ses détracteurs,** traduit de l'anglais, avec préface par M. SADI CARNOT. 1 vol. in-18. 2e éditiou.   **1 fr.**

STUART MILL. Voy. p. 4, 6 et 9.

TÉNOT (Eugène). **Paris et ses fortifications** (1870-1880). 1 vol. in-8. **5 fr.**

TÉNOT (Eugène). **La Frontière** (1870-1881). 1 fort vol. grand in-8.   **8 fr.**

THIERS (Édouard). **La Puissance de l'armée par la réduction du service.** In-8.   **1 fr. 50**

THULIÉ. **La Folie et la Loi.** 2e édit. 1 vol. in-8.   **3 fr. 50**

THULIÉ. **La Manie raisonnante du docteur Campagne.** In-8.   **2 fr.**

TIBERGHIEN. **Les Commandements de l'humanité.** 1 vol. in-18.   **3 fr.**

TIBERGHIEN. **Enseignement et philosophie.** 1 vol. in-18.   **4 fr.**

TIBERGHIEN. **Introduction à la philosophie.** 1 vol. in-18.   **6 fr.**

TIBERGHIEN. **La Science de l'âme.** 1 vol. in-12. 3e édit.   **6 fr.**

TIBERGHIEN. **Éléments de morale universelle.** In-12.   **2 fr.**

TISSANDIER. **Études de théodicée.** 1 vol. in-8.   **4 fr.**

TISSOT. **Principes de morale.** 1 vol. in-8.   **6 fr.**

TISSOT. — Voy. KANT, page 7.

TISSOT (J.). **Essai de philosophie naturelle.** Tome Ier. 1 vol. in-8. **12 fr.**

VACHEROT. **La Science et la Métaphysique.** 3 vol. in-18.   **10 fr. 50**

VACHEROT. — Voy. pages 4 et 6.

VALLIER. **De l'intention morale.** 1 vol. in-8.   **3 fr. 50**

VAN ENDE (U.). **Histoire naturelle de la croyance,** *première partie :* l'Animal. 1887. 1 vol. in-8.   **5 fr.**

VERNIAL. **Origine de l'homme,** d'après les lois de l'évolution naturelle. 1 vol. in-8.   **3 fr.**

VILLIAUMÉ. **La Politique moderne.** 1 vol. in-8.   **6 fr.**

VOITURON (P.). **Le Libéralisme et les Idées religieuses.** 1 volume in-12.   **4 fr.**

WEILL (Alexandre). **Le Pentateuque selon Moïse et le Pentateuque selon Esra,** avec *vie, doctrine et gouvernement authentique de Moïse.* 1 fort vol. in-8.   **7 fr. 50**

WEILL (Alexandre). **Vie, doctrine et gouvernement authentique de Moïse,** d'après des textes hébraïques de la Bible jusqu'à ce jour incompris. 1 vol. in-8.   **3 fr.**

YUNG (Eugène). **Henri IV écrivain.** 1 vol. in-8.   **5 fr.**

ZIESING (Th.). **Érasme ou Salignac.** Étude sur la lettre de François Rabelais, avec un fac-similé de l'original de la Bibliothèque de Zurich. 1 brochure gr. in-8. 1887.   **4 fr.**

BIBLIOTHÈQUE UTILE

99 VOLUMES PARUS.

Le volume de 190 pages, broché, 60 centimes.

Cartonné à l'anglaise ou en cartonnage toile dorée, 1 fr.

Le titre de cette collection est justifié par les services qu'elle rend et la part pour laquelle elle contribue à l'instruction populaire.

Elle embrasse l'*histoire*, la *philosophie*, le *droit*, les *sciences*, l'*économie politique* et les *arts*, c'est-à-dire qu'elle traite toutes les questions qu'il est aujourd'hui indispensable de connaître. Son esprit est essentiellement démocratique. La plupart de ses volumes sont adoptés pour les Bibliothèques par le *Ministère de l'instruction publique, le Ministère de la guerre, la Ville de Paris, la Ligue de l'enseignement*, etc.

HISTOIRE DE FRANCE

Les Mérovingiens, par BUCHEZ, anc. présid. de l'Assemblée constituante.

Les Carlovingiens, par BUCHEZ.

Les Luttes religieuses des premiers siècles, par J. BASTIDE, 4e édit.

Les Guerres de la Réforme, par J. BASTIDE. 4e édit.

La France au moyen âge, par F. MORIN.

Jeanne d'Arc, par Fréd. LOCK.

Décadence de la monarchie française, par Eug. PELLETAN. 4e édit.

La Révolution française, par CARNOT, sénateur (2 volumes).

La Défense nationale en 1792, par P. GAFFAREL.

Napoléon Ier, par Jules BARNI.

Histoire de la Restauration, par Fréd. LOCK. 3e édit.

Histoire de la marine française, par Alfr. DONEAUD. 2e édit.

Histoire de Louis-Philippe, par Edgar ZEVORT. 2e édit.

Mœurs et Institutions de la France, par P. BONDOIS. 2 volumes.

Léon Gambetta, par J. REINACH.

PAYS ÉTRANGERS

L'Espagne et le Portugal, par E. RAYMOND. 2e édition.

Histoire de l'empire ottoman, par L. COLLAS. 2e édit.

Les Révolutions d'Angleterre, par Eug. DESPOIS. 3e édit.

Histoire de la maison d'Autriche, par Ch. ROLLAND. 2 édit.

L'Europe contemporaine (1789-1879), par P. BONDOIS.

Histoire contemporaine de la Prusse, par Alfr. DONEAUD.

Histoire contemporaine de l'Italie, par Félix HENNEGUY.

Histoire contemporaine de l'Angleterre, par A. REGNARD.

HISTOIRE ANCIENNE

La Grèce ancienne, par L. COMBES, conseiller municipal de Paris. 2e éd.

L'Asie occidentale et l'Égypte, par A. OTT. 2e édit.

L'Inde et la Chine, par A. OTT.

Histoire romaine, par CREIGHTON.

L'Antiquité romaine, par WILKINS (avec gravures).

GÉOGRAPHIE

Torrents, fleuves et canaux de la France, par H. BLERZY.

Les Colonies anglaises, par le même.

Les Îles du Pacifique, par le capitaine de vaisseau JOUAN (avec 1 carte).

Les Peuples de l'Afrique et de l'Amérique, par GIRARD DE RIALLE.

Les Peuples de l'Asie et de l'Europe, par le même.

L'Indo-Chine française, par FAQUE.

Géographie physique, par GEIKIE, prof. à l'Univ. d'Edimbourg (avec fig.).

Continents et Océans, par GROVE (avec figures).

Les Frontières de la France, par P. GAFFAREL.

COSMOGRAHPIE

Les Entretiens de Fontenelle sur la pluralité des mondes, mis au courant de la science par BOILLOT.

Le Soleil et les Étoiles, par le P. SECCHI, BRIOT, WOLF et DELAUNAY. 2e édit. (avec figures).

Les Phénomènes célestes, par ZURCHER et MARGOLLÉ.

A travers le ciel, par AMIGUES.

Origines et Fin des mondes, par Ch. RICHARD. 3e édit.

Notions d'astronomie, par L. CATALAN, professeur à l'Université de Liège. 4e édit.

SCIENCES APPLIQUÉES

* Le Génie de la science et de l'industrie, par B. GASTINEAU.

* Causeries sur la mécanique, par BROTHIER. 2e édit.

Médecine populaire, par le docteur TURCK. 4e édit.

La Médecine des accidents, par le docteur BROQUÈRE.

Les Maladies épidémiques (Hygiène et Protection), par le docteur L. MONIN.

* Hygiène générale, par le docteur L. CRUVEILHIER. 6e édit.

Petit Dictionnaire des falsifications, avec moyens faciles pour les reconnaître, par DUFOUR.

Les Mines de la France et de ses colonies, par P. MAIGNE.

Les Matières premières et leur emploi dans les divers usages de la vie, par H. GENEVOIX.

La Machine à vapeur, par H. GOSSIN, avec figures.

La Photographie, par le même, avec figures.

La Navigation aérienne, par G. DALLET (avec figures).

L'Agriculture française, par A. LARBALÉTRIER, avec figures.

SCIENCES PHYSIQUES ET NATURELLES

Télescope et Microscope, par ZURCHER et MARGOLLÉ.

* Les Phénomènes de l'atmosphère, par ZURCHER. 4e édit.

* Histoire de l'air, par Albert LÉVY.

* Histoire de la terre, par le même.

* Principaux faits de la chimie, par SAMSON, prof. à l'Ec. d'Alfort. 5e édit.

Les Phénomènes de la mer, par E. MARGOLLÉ. 5e édit.

* L'Homme préhistorique, par L. ZABOROWSKI. 2e édit.

* Les Grands Singes, par le même.

Histoire de l'eau, par BOUANT.

* Introduction à l'étude des sciences physiques, par MORAND. 5e édit.

* Le Darwinisme, par E. FERRIÈRE.

* Géologie, par GEIKIE (avec fig.).

* Les Migrations des animaux et le Pigeon voyageur, par ZABOROWSKI.

* Premières Notions sur les sciences, par Th. HUXLEY.

La Chasse et la Pêche des animaux marins, par le capitaine de vaisseau JOUAN.

Les Mondes disparus, par L. ZABOROWSKI (avec figures).

Zoologie générale, par H. BEAUREGARD, aide-naturaliste au Muséum (avec figures).

PHILOSOPHIE

La Vie éternelle, par ENFANTIN. 2e éd.

Voltaire et Rousseau, par Eug. NOEL. 3e édit.

* Histoire populaire de la philosophie, par L. BROTHIER. 3e édit.

* La Philosophie zoologique, par Victor MEUNIER. 2e édit.

* L'Origine du langage, par L. ZABOROWSKI.

Physiologie de l'esprit, par PAULHAN (avec figures).

L'Homme est-il libre? par RENARD. 2e édition.

La Philosophie positive, par le docteur ROBINET. 2e édit.

ENSEIGNEMENT. — ÉCONOMIE DOMESTIQUE

* De l'Éducation, par Herbert Spencer.

La Statistique humaine de la France, par Jacques BERTILLON.

Le Journal, par HATIN.

De l'Enseignement professionnel, par CORBON, sénateur. 3e édit.

* Les Délassements du travail, par Maurice CRISTAL. 2e édit.

Le Budget du foyer, par H. LENEVEUX.

* Paris municipal, par le même.

* Histoire du travail manuel en France, par le même.

L'Art et les Artistes en France, par Laurent PICHAT, sénateur. 4e édit.

Premiers principes des beauxarts, par J. COLLIER.

Économie politique, par STANLEY JEVONS. 3e édit.

* Le Patriotisme à l'école, par JOURDY, capitaine d'artillerie.

Histoire du libre échange en Angleterre, par MONGREDIEN.

Économie rurale et agricole, par PETIT.

Les Industries d'art, par Achille MERCIER.

DROIT

* La Loi civile en France, par MORIN. 3e édit.

La Justice criminelle en France, par G. JOURDAN. 3e édit.

13585. — Imprimeries réunies, A, rue Mignon, 2, Paris.

www.ingramcontent.com/pod-product-compliance
Ingram Content Group UK Ltd.
Pitfield, Milton Keynes, MK11 3LW, UK
UKHW020729120726
13693UKWH00001B/245